U0266523

《冰冻圈变化及其影响研究》丛书得到下列项目资助

- 全球变化研究国家重大科学研究计划项目
  "冰冻圈变化及其影响研究"（2013CBA01800）

- 国家自然科学基金创新群体项目
  "冰冻圈与全球变化"（41421061）

- 国家自然科学基金重大项目
  "中国冰冻圈服务功能形成过程及其综合区划研究"（41690140）

本书由下列项目资助

- 全球变化研究国家重大科学研究计划"冰冻圈变化及其影响研究"项目
  "冰冻圈变化影响综合分析与适应机理研究"课题（2013CBA01808）

- 中国科学院战略性先导科技专项（A 类）
  "'美丽冰冻圈'增值增效途径与应用示范"课题（XDA23060700）

- 国家自然科学基金重点项目
  "西北内陆河山区流域水文内循环过程及机理研究"（41730751）

- 中国科学院战略性先导科技专项（A 类）
  "三极冰冻圈服务功能及重大工程决策支持"课题（XDA19070501）

"十三五"国家重点出版物出版规划项目

冰冻圈变化及其影响研究

丛书主编　丁永建　　丛书副主编　效存德

中国冰冻圈变化的脆弱性与适应研究

丁永建　杨建平　等／著

科学出版社
北京

内 容 简 介

本书系统阐述了冰冻圈脆弱性与适应的概念、理论方法、冰冻圈变化的影响、冰冻圈灾害风险分析等冰冻圈在社会经济领域的科学研究内容，也是冰冻圈科学有关应用研究的最新成果。同时，本书研究内容也是国际上前所未有的创新领域。本书主要以中国冰冻圈变化的影响、脆弱性、风险和适应为对象，针对不同冰冻圈要素影响的关键对象，以研究案例形式较翔实地分析了冰冻圈变化对水资源、生态等产生的影响及其脆弱程度和冰湖溃决、雪灾等带来的灾害风险。

本书可供对冰冻圈、地理、气候、水文、生态、环境、人文及社科等相关领域感兴趣的大专学历及以上人员、相关科研和教学人员以及政府管理部门有关人员阅读。

审图号：GS（2019）704 号

图书在版编目（CIP）数据

中国冰冻圈变化的脆弱性与适应研究／丁永建，杨建平等著 . —北京：科学出版社，2019.5

（冰冻圈变化及其影响研究／丁永建主编）

"十三五"国家重点出版物出版规划项目

ISBN 978-7-03-058137-2

Ⅰ.①中⋯ Ⅱ.①丁⋯ ②杨⋯ Ⅲ.①冰川学–研究–中国 Ⅳ.①P343.6

中国版本图书馆 CIP 数据核字（2018）第 135055 号

责任编辑：周 杰／责任校对：樊雅琼
责任印制：肖 兴／封面设计：黄华斌

科 学 出 版 社 出版

北京东黄城根北街 16 号
邮政编码：100717

http://www.sciencep.com

中国科学院印刷厂 印刷
科学出版社发行 各地新华书店经销

*

2019 年 5 月第 一 版 开本：787×1092 1/16
2019 年 5 月第一次印刷 印张：16 1/2
字数：400 000

定价：188.00 元
（如有印装质量问题，我社负责调换）

全球变化研究国家重大科学研究计划
"冰冻圈变化及其影响研究"（2013CBA01800）项目

项目首席科学家 丁永建
项目首席科学家助理 效存德

项目第一课题 "山地冰川动力过程、机理与模拟"，课题负责人：
任贾文、李忠勤

项目第二课题 "复杂地形积雪遥感及多尺度积雪变化研究"，课题
负责人：张廷军、车涛

项目第三课题 "冻土水热过程及其对气候的响应"，课题负责人：
赵林、盛煜

项目第四课题 "极地冰雪关键过程及其对气候的响应机理研究"，
课题负责人：效存德

项目第五课题 "气候系统模式中冰冻圈分量模式的集成耦合及气候
变化模拟试验"，课题负责人：林岩銮、王磊

项目第六课题 "寒区流域水文过程综合模拟与预估研究"，课题负
责人：陈仁升、张世强

项目第七课题 "冰冻圈变化的生态过程及其对碳循环的影响"，课
题负责人：王根绪、宜树华

项目第八课题 "冰冻圈变化影响综合分析与适应机理研究"，课题
负责人：丁永建、杨建平

《冰冻圈变化及其影响研究》丛书编委会

主　　编　丁永建　中国科学院寒区旱区环境与工程研究所 研究员
副 主 编　效存德　北京师范大学 中国气象科学研究院 研究员
编　　委　（按姓氏汉语拼音排序）

　　　　　车　涛　中国科学院寒区旱区环境与工程研究所 研究员
　　　　　陈仁升　中国科学院寒区旱区环境与工程研究所 研究员
　　　　　李忠勤　中国科学院寒区旱区环境与工程研究所 研究员
　　　　　林岩銮　清华大学 教授
　　　　　任贾文　中国科学院寒区旱区环境与工程研究所 研究员
　　　　　盛　煜　中国科学院寒区旱区环境与工程研究所 研究员
　　　　　苏　洁　中国海洋大学 教授
　　　　　王　磊　中国科学院青藏高原研究所 研究员
　　　　　王澄海　兰州大学 教授
　　　　　王根绪　中国科学院水利部成都山地灾害与环境研究所 研究员
　　　　　杨建平　中国科学院寒区旱区环境与工程研究所 研究员
　　　　　宜树华　中国科学院寒区旱区环境与工程研究所 研究员
　　　　　张世强　西北大学 教授
　　　　　张廷军　兰州大学 教授
　　　　　赵　林　中国科学院寒区旱区环境与工程研究所 研究员

秘 书 组

　　　　　王世金　中国科学院寒区环境与工程研究所 副研究员
　　　　　王生霞　中国科学院寒区环境与工程研究所 助理研究员
　　　　　赵传成　兰州城市学院 副教授
　　　　　上官冬辉　中国科学院寒区环境与工程研究所 研究员

《中国冰冻圈变化的脆弱性与适应研究》
著 者 名 单

主　笔　丁永建　杨建平

成　员（按姓氏拼音排序）

陈虹举　邓茂芝　方一平　何　勇

王生霞　王世金

总　序　一

　　1972 年世界气象组织（WMO）在联合国环境与发展大会上首次提出了"冰冻圈"（又称"冰雪圈"）的概念。20 世纪 80 年代全球变化研究的兴起使冰冻圈成为气候系统的五大圈层之一。直到 2000 年，世界气候研究计划建立了"气候与冰冻圈"核心计划（WCRP-CliC），冰冻圈由以往多关注自身形成演化规律研究，转变为冰冻圈与气候研究相结合，拓展了研究范畴，实现了冰冻圈研究的华丽转身。水圈、冰冻圈、生物圈和岩石圈表层与大气圈相互作用，称为气候系统，是当代气候科学研究的主体。进入 21 世纪，人类活动导致的气候变暖使冰冻圈成为各方瞩目的敏感圈层。冰冻圈研究不仅要关注其自身的形成演化规律和变化，还要研究冰冻圈及其变化与气候系统其他圈层的相互作用，以及对社会经济的影响、适应和服务社会的功能等，冰冻圈科学的概念逐步形成。

　　中国科学家在冰冻圈科学建立、完善和发展中发挥了引领作用。早在 2007 年 4 月，在科学技术部和中国科学院的支持下，中国科学院在兰州成立了国际上首次以冰冻圈科学命名的"冰冻圈科学国家重点实验室"。是年七月，在意大利佩鲁贾（Perugia）举行的国际大地测量和地球物理学联合会（IUGG）第 24 届全会上，国际冰冻圈科学协会（IACS）正式成立。至此，冰冻圈科学正式诞生，中国是最早用"冰冻圈科学"命名学术机构的国家。

　　中国科学家审时度势，根据冰冻圈科学的发展和社会需求，将冰冻圈科学定位于冰冻圈过程和机理、冰冻圈与其他圈层相互作用以及冰冻圈与可持续发展研究三个主要领域，摆脱了过去局限于传统的冰冻圈各要素独立研究的桎梏，向冰冻圈变化影响和适应方向拓展。尽管当时对后者的研究基础薄弱、科学认知也较欠缺，尤其是冰冻圈影响的适应研究领域，则完全空白。2007 年，我作为首席科学家承担了国家重点基础研究发展计划（973 计划）项目"我国冰冻圈动态过程及其对气候、水文和生态的影响机理与适应对策"任务，亲历其中，感受深切。在项目设计理念上，我们将冰冻圈自身的变化过程及其对气候、水文和生态的影响作为研究重点，尽管当时对冰冻圈科学的内涵和外延仍较模糊，但项目组骨干成员反复讨论后，提出了"冰冻圈—冰冻圈影响—冰冻圈影响的适应"这一主体研究思路，这已经体现了冰冻圈科学的核心理念。当时将冰冻圈变化影响的脆弱性和适应性研究作为主要内容之一，在国内外仍属空白。此种情况下，我们做前人未做之事，大胆实践，实属创新之举。现在回头来看，其又具有高度的前瞻性。通过这一项目研究，不仅积累了研究经验，更重要的是深化了对冰冻圈科学内涵和外延的认识水平。在此基础上，通过进一步凝练、提升，提出了冰冻圈"变化—影响—适应"的核心科学内涵，并成为开展重大研究项目的指导思想。2013 年，全球变化研究国家重大科学研究计划首次设立了重大科学目标导向项目，即所谓的"超级 973"项目，在科学技术部支持下，丁永建研究员担任首席科学家的"冰冻圈变化及其影响研究"项目成功入选。项目经过 4 年实施，已经进入成果总结期。该丛书就是对上述一系列研究成果的系统总结，期待通过该丛书的出版，对丰富冰冻圈科学的研究内容、夯实冰冻圈科学的研究基础起到承前启后的作用。

该丛书共有 9 册，分 8 册分论及 1 册综合卷，分别为《山地冰川物质平衡和动力过程模拟》《北半球积雪及其变化》《青藏高原多年冻土及变化》《极地冰冻圈关键过程及其对气候的响应机理研究》《全球气候系统中冰冻圈的模拟研究》《冰冻圈变化对中国西部寒区径流的影响》《冰冻圈变化的生态过程与碳循环影响》《中国冰冻圈变化的脆弱性与适应研究》及综合卷《冰冻圈变化及其影响》。丛书针对冰冻圈自身的基础研究，主要围绕冰冻圈研究中关注点高、瓶颈性强、制约性大的一些关键问题，如山地冰川动力过程模拟，复杂地形积雪遥感反演，多年冻土水热过程以及极地冰冻圈物质平衡、不稳定性等关键过程，通过这些关键问题的研究，对深化冰冻圈变化过程和机理的科学认识将起到重要作用，也为未来冰冻圈变化的影响和适应研究夯实了冰冻圈科学的认识基础。针对冰冻圈变化的影响研究，从气候、水文、生态几个方面进行了成果梳理，冰冻圈与气候研究重点关注了全球气候系统中冰冻圈分量的模拟，这也是国际上高度关注的热点和难点之一。在冰冻圈变化的水文影响方面，对流域尺度冰冻圈全要素水文模拟给予了重点关注，这也是全面认识冰冻圈变化如何在流域尺度上以及在多大程度上影响径流过程和水资源利用的关键所在；针对冰冻圈与生态的研究，重点关注了冰冻圈与寒区生态系统的相互作用，尤其是冻土和积雪变化对生态系统的影响，在作用过程、影响机制等方面的深入研究，取得了显著的研究成果；在冰冻圈变化对社会经济领域的影响研究方面，重点对冰冻圈变化影响的脆弱性和适应进行系统总结。这是一个全新的研究领域，相信中国科学家的创新研究成果将为冰冻圈科学服务于可持续发展，开创良好开端。

系统的冰冻圈科学研究，不断丰富着冰冻圈科学的内涵，推动着学科的发展。冰冻圈脆弱性和风险是冰冻圈变化给社会经济带来的不利影响，但冰冻圈及其变化同时也给社会带来惠益，即它的社会服务功能和价值。在此基础上，冰冻圈科学研究团队于 2016 年又获得国家自然科学重大基金项目"中国冰冻圈服务功能形成机理与综合区划研究"的资助，从冰冻圈变化影响的正面效应开展冰冻圈在社会经济领域的研究，使冰冻圈科学从"变化—影响—适应"深化为"变化—影响—适应—服务"，这表明中国科学家在推动冰冻圈科学发展的道路上不懈的思考、探索和进取精神！

该丛书的出版是中国冰冻圈科学研究进入国际前沿的一个重要标志，标志着中国冰冻圈科学开始迈入系统化研究阶段，也是传统只关注冰冻圈自身研究阶段的结束。在这继往开来的时刻，希望《冰冻圈变化及其影响研究》丛书能为未来中国冰冻圈科学研究提供理论、方法和学科建设基础支持，同时也希望对那些对冰冻圈科学感兴趣的相关领域研究人员、高等院校师生、管理工作者学习有所裨益。

秦大河

中国科学院院士

2017 年 12 月

▪ 总 序 二 ▪

　　冰冻圈是气候系统的重要组成部分，在全球变化研究中具有举足轻重的作用。在科学技术部全球变化研究国家重大科学研究计划支持下，以丁永建研究员为首席的研究团队围绕"冰冻圈变化及其影响研究"这一冰冻圈科学中十分重要的命题开展了系统研究，取得了一批重要研究成果，不仅丰富了冰冻圈科学研究积累，深化了对相关领域的科学认识水平，而且通过这些成果的取得，极大地推动了我国冰冻圈科学向更加广泛的领域发展。《冰冻圈变化及其影响研究》系列专著的出版，是冰冻圈科学向深入发展、向成熟迈进的实证。

　　当前气候与环境变化已经成为全球关注的热点，其发展的趋向就是通过科学认识的深化，为适应和减缓气候变化影响提供科学依据，为可持续发展提供强力支撑。冰冻圈科学是一门新兴学科，尚处在发展初期，其核心思想是将冰冻圈过程和机理研究与其变化的影响相关联，通过冰冻圈变化对水、生态、气候等的影响研究，将冰冻圈与区域可持续发展联系起来，从而达到为社会经济可持续发展提供科学支撑的目的。该项目正是沿着冰冻圈变化—影响—适应这一主线开展研究的，抓住了国际前沿和热点，体现了研究团队与时俱进的创新精神。经过 4 年的努力，项目在冰冻圈变化和影响方面取得了丰硕成果，这些成果主要体现在山地冰川物质平衡和动力过程模拟、复杂地形积雪遥感及多尺度积雪变化、青藏高原多年冻土及变化、极地冰冻圈关键过程及其对气候的影响与响应、全球气候系统中冰冻圈的模拟研究、冰冻圈变化对中国西部寒区径流的影响、冰冻圈生态过程与机理及中国冰冻圈变化的脆弱性与适应等方面，全面系统地展现了我国冰冻圈科学最近几年取得的研究成果，尤其是在冰冻圈变化的影响和适应研究具有创新性，走在了国际相关研究的前列。在该系列成果出版之际，我为他们取得的成果感到由衷的高兴。

　　最近几年，在我国科学家推动下，冰冻圈科学体系的建设取得了显著进展，这其中最重要的就是冰冻圈的研究已经从传统的只关注冰冻圈自身过程、机理和变化，转变为冰冻圈变化对气候、生态、水文、地表及社会等影响的研究，也就是关注冰冻圈与其他圈层相互作用中冰冻圈所起到的主要作用。2011 年 10 月，在乌鲁木齐举行的 International Symposium on Changing Cryosphere, Water Availability and Sustainable Development in Central Asia 国际会议上，我应邀做了 *Ecosystem services*, *Landscape services and Cryosphere services* 的报告，提出冰冻圈作为一种特殊的生态系统，也具有服务功能和价值。当时的想法尽管还十分模糊，但反映的是冰冻圈研究进入社会可持续发展领域的一个方向。令人欣慰的是，经过最近几年冰冻圈科学的快速发展及其认识的不断深化，该系列丛书在冰冻圈科学体系建设的研究中，已经将冰冻圈变化的风险和服务作为冰冻圈科学进入社会经济领域的两大支柱，相关的研究工作也相继展开并取得了初步成果。从这种意义上来说，我作为冰冻圈科学发展的见证人，为他们取得的成果感到欣慰，更为我国冰冻圈科学家们开拓进取、兼容并蓄的创新精神而感动。

　　在《冰冻圈变化及其影响研究》丛书出版之际，谨此向长期在高寒艰苦环境中孜孜以求的冰冻圈科学工作者致以崇高敬意，愿中国冰冻圈科学研究在砥砺奋进中不断取得辉煌成果！

傅伯杰

中国科学院院士

2017 年 12 月

前　　言

当前全球环境变化研究领域正在掀起一场由自然科学为主向以自然、人文和社会经济交叉融合为主，服务于可持续发展的跨学科集成研究的转变。作为这种转变的排头兵，冰冻圈科学领域早在2007年就启动了国家重点基础研究发展计划项目"我国冰冻圈动态过程及其对气候、水文和生态的影响机理与适应对策"，在全球首先开展了对冰冻圈及其变化的脆弱性与适应领域的探索性研究。2013年又启动了全球变化研究国家重大科学研究计划重大科学目标导向项目"冰冻圈变化及其影响研究"，在前述项目研究积累的基础上，进一步深入研究了冰冻圈变化的社会经济影响、风险与适应机制。尽管冰冻圈变化与可持续发展研究目前仍处于起步阶段，但10年来，经过前期探索初步形成了一套独特的研究体系，并且开展了一系列针对不同冰冻圈要素变化的影响、风险、脆弱性与适应研究，积累了研究经验和方法体系，形成了一些初步研究成果，本书就是对这些成果的系统总结。

本书是目前国际上第一部较系统阐述冰冻圈变化影响、脆弱性、风险和适应研究的专著，是冰冻圈与可持续发展研究这一新兴研究领域的最新科研成果。本书开篇剖析脆弱性与适应的概念与特征，重点阐述冰冻圈变化影响、脆弱性与适应研究方法，为后续宏观与典型区两个层面研究的展开奠定理论与方法框架。为便于读者理解后续研究内容，从多圈层相互作用角度综合概述冰冻圈变化的自然影响，为本书勾勒了开展风险、脆弱性与适应研究的大背景。之后，从自然属性层面，综合评价了冰冻圈自身对气候变化的脆弱性。在此基础上，依据中国冰冻圈变化及其影响的显著区域差异性，选取若干典型地区，量化研究这些地区受冰冻圈变化影响的程度、社会-生态系统对冰冻圈变化的脆弱性，并针对不同典型区存在的问题，提出适应措施。最后，本书从宏观层面上呈现中国冰冻圈变化的脆弱性，预估其未来变化，并提出基于问题的中国冰冻圈变化适应战略与对策措施。

全书共8章，杨建平撰写第1章、第2章、第4章、5.1节、5.4节和5.5节、7.1节、7.4节和第8章；丁永建和王生霞撰写第3章和7.4节；方一平撰写5.3节；王世金撰写第6章。5.2节与7.2节和7.3节引用邓茂芝与何勇的研究成果。效存德、赵林、庞强强和怀保娟对书稿进行了第一次审阅，提出了许多修改建议。书稿修改后钟歆 、崔祥斌和王生霞对书稿进行了第二次审阅并提出了进一步修改建议。这些修改建议为提高书稿质量起到重要作用，在此深表谢忱。杨建平对全书文字进行了统稿，并汇编了参考文献。

本书在撰写和出版过程中得到"冰冻圈变化及其影响研究"项目全体成员的大力支持，科学出版社也给予了全方位技术支持。项目组同仁对本书章节布局、内容取舍、逻辑合理性等方面提出了宝贵修改意见。邓茂芝为本书提供了新疆阿克苏河与乌鲁木齐河流域冰川变化水资源脆弱性资料，何勇提供了冰冻圈变化脆弱性评估材料，陈虹举编辑了本书的部分图件，对此一并表示衷心感谢。

项目秘书组的王世金、王生霞、赵传成、上官冬辉和王文华在本书研讨、会议组织、材料编制等方面进行了大量工作，付出了很大努力，在幕后做出了重要贡献。在本书即将付印之际，对他们的无私奉献表示由衷的感谢！

作　者

2018 年 9 月

目 录

第 1 章 绪 论

1.1 脆弱性与适应的概念与特征

1.1.1 脆弱性与适应的概念

（1）脆弱性概念的多样性

脆弱性是一个既传统又新兴的概念。它最早由法国学者 Albinet 和 Margat（1970）提出，用于地下水的脆弱性评估。20 世纪 80 年代中后期以来，全球环境问题日益突出，并成为人们关注的焦点和热点。脆弱性的概念也从不同层面、不同角度得到较大发展而广泛应用于经济与社会福利、灾害风险、农业、生态环境、全球气候变化、可持续科学等研究领域。近年来，脆弱性更成为全球环境变化研究的中心组织概念之一（Downing，2000；O'Brien and Leichenko，2000；McCarthy et al.，2007a；Turner et al.，2003；Schröter et al.，2005）。截至 2012 年年底，以影响、适应与脆弱性为主题，以英文方式发表（出版）的期刊论文、专著及会议论文数量达到 164 728 篇（部）（IPCC，2014）。

脆弱性一般是指人类和环境系统因外部干扰或胁迫而可能遭受损害的程度（Turner et al.，2003），但不同学科，甚至在同一学科也常常有不同的概念和含义。脆弱性概念的多样性源于不同的认识倾向和方法论实践，以及选择的研究地区（全球、国家、区域、地区、发达国家、发展中国家等）、系统（人类–环境系统、人群、经济部门、地理区域、自然系统等）和系统暴露的风险变化（饥荒、洪水、干旱、污染、地震等）（Cutter，1996；Füssel，2007）。尽管脆弱性概念多样，但可以将其分为三大主要类型。

1）风险和灾害领域的脆弱性。在风险与灾害管理领域，脆弱性被定义为系统外部灾害与其不利影响之间的剂量–反应关系（UNDHA，1993；Dilley and Boudreau，2001；Downing and Patwardhan，2003）。

2）社会经济领域的脆弱性。在政治经济学和人类地理学领域，（社会）脆弱性被看作由社会经济和政治因素决定的家庭或社区的先验条件（Dow，1992；Blaikie et al.，1994；Adger and Kelly，1999），相关研究主要集中于社区应对外部压力的能力。依据这种观点，脆弱性被视为敏感性和暴露度的社会经济原因。

3）气候变化领域的脆弱性。政府间气候变化专门委员会（Intergovernmental Panel on Climate Change，IPCC）将脆弱性定义为系统易受或没有能力应付气候变化包括气候变率和极端气候事件不利影响的程度，系统脆弱性是气候的变率特征、幅度和变化速率及其敏感性和适应能力的函数（McCarthy et al.，2007；Houghton et al.，2001）。气候变化领域的脆弱性在全球变化和气候变化研究领域表现得最为突出。根据全球变化和气候变化脆弱性研究的观点，脆弱性既包括外部因素——系统对气候变化（climate variations）的暴露度，又包括内部因素——系统对外部压力的敏感性和适应能力。

（2）适应概念及其与脆弱性、适应能力的关系

适应一词起源于自然科学，尤其是进化生态学，但目前主要使用于全球变化领域。因此，在气候变化领域，适应仍是一个新颖的概念。与脆弱性概念类似，适应概念亦具有多样性，在自然科学、社会科学、灾害风险、政治生态、气候变化等领域，适应概念及其含义差别很大（Smit and Wandel，2006）。尽管适应在不同学科具有不同的概念，但在气候变化领域，科学家对适应的概念已基本形成共识，即气候变化适应是指自然和人类系统对实际的或预期的气候刺激因素及其影响所做出的趋利避害的反应。适应可分为预期性适应和反应性适应、私人适应和公共适应、自动适应和有计划的适应（IPCC，2001，2007a）。

在气候变化领域，适应并非一个独立的概念，而是隶属脆弱性概念框架，其与脆弱性、适应能力的概念密切相关（图1-1）。适应是适应能力的表现，代表了降低脆弱性的方式、方法。适应能力是系统适应气候变化（包括气候变率和极端气候事件）、减轻潜在损失、利用机遇或应付气候变化影响的能力（IPCC，2001，2007a），其具有针对性、具体性、动态变化性的特征。适应的目的是减轻或抵消气候变化的不利影响，降低系统对气候变化影响的脆弱性，提高适应能力。

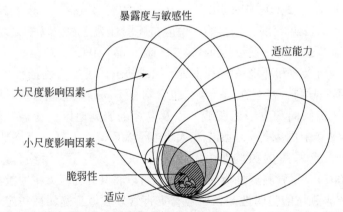

图1-1　适应与脆弱性、适应能力概念的关系（Smit and Wandel，2006）

1.1.2　脆弱性与适应概念内涵的扩展

（1）脆弱性概念内涵的扩展

脆弱性概念源于自然灾害研究。20世纪70年代和80年代早期脆弱性通常和自然的易损性联系在一起，目前脆弱性概念已远远超越了自然结构和内容的含义（Bankoff et al.，2004）。例如，联合国国际减灾战略对脆弱性定义为由自然、社会、经济和环境因素或过

程决定的，增加社区对灾害影响的敏感性条件（United Nations International Strategy for Disaster Reduction，2004）。尽管大部分研究者承认，脆弱性是关于灾害频度、严重性的条件，但脆弱性通常被认为是系统或要素的一种内在特征（赵平等，1998；王小丹和钟祥浩，2003；Cardona，2004；Wisner，2002；Thywissen，2006）。Wisner（2002）强调，从灾害事件负面影响中的恢复难度也是脆弱性的重要组成部分。因此，应对和恢复也是脆弱性评估的重要内容，脆弱性的双重理解包括敏感性（susceptibility）和应对能力（coping capacity）。不过，脆弱性概念已从双面结构向多面结构进行了扩展（图1-2）。例如，在全球环境变化脆弱性研究中，脆弱性不仅涵盖了敏感性和应对能力，而且还包括了适应能力、暴露度，以及压力和干扰之间的相互作用（Turner et al.，2003）。总体看，脆弱性概念已经扩展得较为综合，包括：敏感性、暴露度、应对能力、适应能力以及不同的热点领域，如自然、社会、经济、环境和制度脆弱性（Birkmann，2006；Birkmann，2007）。

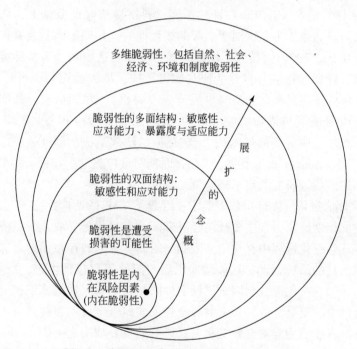

图 1-2　脆弱性概念的扩展（Birkmann，2005）

尽管脆弱性仍无通用的定义，各学科对脆弱性涵义仍有不同的理解，但近年来随着脆弱性研究实践的发展和理论探讨的不断深入，脆弱性概念趋于综合性的共识已显现，尤其在气候变化研究领域，脆弱性普遍被认为是暴露度、敏感性和适应能力的函数（Schneider and Sarukhan，2001）。

然而，2007 年以来，全球气候持续变化，尤其是极端天气与气候事件变化对自然生态系统、社会经济发展的影响频率更加频繁，影响范围与强度不断扩大与增强（IPCC，2013）。与此同时，学者对气候变化及其影响的认识也进一步深入，已由侧重自然环境影响方面逐步转向社会经济可持续发展影响领域（Reid et al.，2010），对脆弱性概念从气候变化的新视角重新进行了解读。IPCC 发布的《管理极端事件和灾害风险，推进气候变化适应》特别报告（*Managing the Risks of Extreme Events and Disasters to Advance Climate Change Adaptation: A Special Report of Working Groups I and II of the International Panel on Climate Change*, SREX）将脆弱性定义为"有受到不利影响的倾向或趋势"，脆弱性是各种历史、社会、经济、政治、文化、体制、自然资源、环境状况与过程的综合（IPCC, 2012）。IPCC 之前将脆弱性定义为系统易受或没有能力应付气候变化包括气候变率和极端气候事件不利影响的程度，系统脆弱性是暴露度、敏感性与适应能力的函数。这个定义明确强调了脆弱性的自然原因及其影响，并将社会因素涵盖于敏感性与适应能力概念中。与IPCC 之前的脆弱性定义相比，SREX 明确强调了脆弱性的社会内涵。脆弱性定义的变化体现了概念随知识、需求和背景发展演变的规律。

（2）气候变化适应概念内涵的扩展

IPCC 第三次评估报告（TAR）在评述不同学科适应概念的基础上，从广义角度将气候变化适应定义为自然或人为系统对于实际的或预期的气候刺激因素及其影响所做出的趋利避害的反应（IPCC, 2001）。按照不同的方式，可以将适应划分为多种类型与层次。例如，自动适应和有计划的适应、自然适应与政策适应、消极适应与积极适应（目的性）；预期性适应和反应性适应、事前适应与事后适应（时机）；短期适应与长期适应、战术适应与战略适应、瞬时适应与累积适应（时间尺度）；私人适应和公共适应（参与角色）；地方性适应与广域性适应（空间尺度）；结构适应、法律适应、制度适应、经济适应、技术适应（形式）等（Smit et al., 1999）。TAR 时期对适应概念、特征、类型、影响因素较全面、深入的阐述为后续研究奠定了概念框架基础。

IPCC 第四次评估报告（AR4）基本继承、沿袭了 TAR 的适应性定义（IPCC, 2007a）。然而，在不同发展程度国家、在主要社会经济部门（基础设施、农业、经济）开展的适应行动显示，适应气候变化过程中存在诸多限制与阻碍，它们的存在使高适应能力并不一定能转变成降低脆弱性的适应行动。这些适应限制与阻碍不仅包括生态、技术、经济因素，而且包括信息、认知、文化等社会因素。社会性限制与阻碍因素的认识扩展了适应的社会内涵，使适应行动由注重公共的、大型的资金投入式向资金投入与社会资本参与相结合的全面式转变，适应真正成为应对气候变化及其影响的重要战略之一。

IPCC 第五次评估报告（AR5）将适应定义为"对实际或预期的气候及其影响进行调整的过程。在人类系统中，适应是为了趋利避害。在自然系统中，人为干预可能促进对预期的气候及其影响的调整"（IPCC, 2014）。比较 TAR、AR4 和 AR5 对适应的定义，TAR 和 AR4 的定义主要强调适应的结果，而 AR5 更加注重适应的过程，而且对自然与人类系统适应进行了区别。在分类上，突破了以往以目的性和时机为依据的分类方法，而是以调整程度为标准，将适应分为增量适应与转型适应。

纵观 IPCC 的气候变化适应定义，AR4 虽然在适应的社会因素方面有所涉及，但适应概念框架基本与 TAR 一致。然而，AR5 以来，不仅适应的定义，而且整个概念框架都发生了明显变化。主要表现如下。

1）就适应对象而言，AR4 之前侧重对气候平均状态变化的适应；AR4 之后，除适应平均状态的变化及其影响之外，更加注重对气候变化风险与极端事件的适应。

2）就适应办法而言，AR4 之前，各种类型的适应均是在保持系统的本质与完整性的基础上，对人类行为进行的不同程度的调整；AR4 之后，除了这种渐进式适应之外，适应气候变化被认为是可持续发展路径的一部分，转型适应成为从根本上应对气候变化及其影响的适应办法。

3）就适应因素而言，AR4 之前，主要关注环境、生态、技术、经济等自然与宏观因素对适应的作用，虽然认识到可能存在信息、认知、文化等限制与阻碍适应行动的社会因素，但对其影响方式、程度等不甚了解；AR4 之后，更加重视社会资本、社会网络、价值观、观念、习俗、传统与认知水平、信息、文化等影响适应的社会因素。

气候变化适应概念及其内涵的发展是内外因素综合驱动的结果，持续变化的全球气候及其不断扩大与深入的影响是外因，管理极端事件和灾害风险，推动气候变化适应，促进人类社会经济可持续发展是内需，适应定义的变化是概念随认知提升、基础增强、需求深化的集中体现。

1.1.3 气候变化脆弱性与适应的基本要素

（1）气候变化脆弱性的基本要素

气候变化脆弱性涵盖以下 5 个方面的基本要素。

1）系统（system）。首先应明确所研究系统的性质，是耦合的人类–环境系统、人群、经济部门、地理区域，还是自然系统等。不同性质的系统，脆弱性的影响因素不同，因而在评价过程中对脆弱性指标的选择和测度也迥然不同。例如，评价自然系统的脆弱性可能更加关注系统内部特征和其自然因素，不涉及社会经济因素。

2）关注属性（attribute of concern）。各个系统均具有复杂的结构和功能，不可能对其所有方面做评价，因此，必须选择其中一些有价值的方面开展有针对性的评价。例如，森林生态系统的生物多样性、木材产量、碳捕获潜力；社区人们的生活和健康、收入与文化；人类–环境耦合系统的水资源量等。

3）灾害（hazard）。系统之所以脆弱，除与其内部特征有关外，与系统所受的灾害、压力、干扰、风险等有密切关系。联合国将灾害定义如下："导致生命损失、财物损害、社会经济破坏或环境退化的有潜在破坏性的自然事件、现象或人类活动"（United Nations International Strategy for Disaster Reduction，2004），因此，灾害可以理解为对系统有价值属性的不利影响。所分析系统不同、对系统的关注属性不同，系统所受的灾害也将因之而变化。对于地下水系统而言，水质状况是关注的焦点，污染就是其外部灾害；农业生态系统关注作物产量，系统的外在压力为气候变化；对于我国东南沿海地区，海平面上升是其潜在风险；对于冰川系统，温度升高为其主要压力。

4）尺度（scale）。脆弱性因分析单元的尺度不同而不同。尺度变化很大，从全球、大洲、国家、区域，到地方、局部、社区、家庭、个体等。

5）时间参考（time reference）。时间是指时间点或时间段，如 1963 年为时间点，未来30年为时间段。在脆弱性评估期间，当系统灾害显著变化时，确定时间尤其重要。例如，评价对气候变化的脆弱性时，作为外部压力的气候变化是持续变化的，而系统内在因素随气候变化而变化，在这种情况下，必须有明确的参考时间。这也表明脆弱性是动态变化的。

（2）气候变化适应的基本要素

气候变化适应包含以下4个方面的基本要素。

1）适应什么。确定适应的对象是设计适应措施、开展适应行动的前提与基础。20世纪90年代末期，大部分影响与适应研究是以气候变化情景为基础的，气候变化情景通常是指气候的平均状态或条件，而适应与气候变化有关的影响，不限于气候平均状态的变化，还包含自然气候变率和极端事件。因此，适应气候变化就是适应气候平均状态的变化、自然气候变率和极端气候事件。这些变化、变率与极端事件具有多种时空尺度，决定了适应具有针对性、时域性、区域性特点。

2）谁或什么适应。即适应的主体，也称为利益系统、分析单元、暴露单元、敏感系统（Carter et al., 1994a；Smithers and Smit, 1997；UNEP, 1998；Reilly and Schimmelpfennig, 2000）。在自然系统中，物种与群落自主和被动地响应环境变化。在人类系统中，私人与公共利益激发了人类系统的适应。私人决策者包括个体、家庭、企业和公司，各级政府部门服务于公共利益。因此，适应主体具有层阶、角色、尺度之分。在层阶上，系统分为自然与人类系统；在角色上，适应主体分为私人与政府；在尺度上，利益相关者包括个体、家庭、企业、公司、政府和国际组织。

3）适应类型。适应有多种类型与形式，除目的性、时机、时间尺度、空间尺度、参与角色、形式这些不同划分方式外，AR5还增加了基于调整程度划分的增量适应与转型适应。此外，AR5还可根据个人的选择选项将适应区分为容忍损失、分享损失、改变威胁、阻止影响、改变利用、变更位置（Burton et al., 1993；Rayner and Malone, 1998），而且选择分类已经扩展到包括社区结构、制度安排、公共政策的作用方面（Downing et al., 1997；UNEP, 1998）。

4）适应效果评估。适应决策实施之后，以成本、效益、公平、效率和可执行性为标准，对适应战略和措施的相对优点或实际效果进行评估。Carter等（1994a）和UNEP（1998）给出了评估有计划适应的一般步骤，Smith和Lenhart（1996）及Smith（1997）概述了评估预期性适应政策的详细程序，Klein等（1999）发展了一个有计划适应过程的概念框架，在这个概念框架中，适应被分为4个步骤：信息搜集和提高意识、规划与设计、实施、监测和评估。适应效果评估是适应过程中不可或缺的一环。

1.1.4　气候变化脆弱性与适应的影响因素

1.1.4.1　脆弱性的影响因素

清晰地描述脆弱状况是避免对脆弱性内涵误解的重要环节，尽管对脆弱性本身还有不同的解释，实际上，这些不同的脆弱性概念或理解可以通过脆弱性影响因素来进行区分。

许多学者常用环境灾害的内部性、外部性来区分系统暴露的内在压力和系统影响的外部因素，有时也习惯用社会经济结构的内在因素（以人类生态学、政治经济、权利理论为主导）和组织机构的外在要素（以财产使用权、风险、冲突理论、行为理论为主导）将其进行区分。

2004 年联合国把脆弱性因素分为 4 组：①自然因素，描述区域脆弱要素的暴露；②经济因素，描述个体、人群和社区的经济资源；③社会因素，描述决定个体、人群、社区福利的非经济因素，如教育、安全、人权、社会治理等；④环境因素，描述区域环境状态。

IPCC SREX（IPCC，2012）则从 3 个维度对脆弱性因素进行了划分：①环境维度，主要包括潜在脆弱的自然系统、对系统的影响、导致这些影响的机制和对环境状况的响应与适应，具体因素有自然、地理、位置、场所、居住格局与发展轨迹等。②社会维度，社会维度是多面的、交错的，主要聚焦在社会组织和集体层面，而非个体。但是，在探讨灾害中和灾害后的心理创伤问题时，个体观念是可以考虑的。主要因素包括人口、移民、搬迁、社会群体、教育、幸福感、文化、体制和管理。③经济维度，指经济系统对灾害毁坏和损失的敏感性，主要影响因素有收入水平、GDP、税收、国内储蓄率、金融市场状况、负债情况、外部援助等。

可见，脆弱性关键因素的分类彼此间并没有形成共识，主要原因是没有很好区分两类独立的脆弱性维度，即层次或尺度及知识范畴。

层次或尺度：包括内在的（本土的、地方的）脆弱性因素（指的是脆弱性或社区本身的属性）和外部的（外来、外地的）脆弱性因素（指的是脆弱系统之外的要素）。这种区分反映了系统的地理界限和影响力量，内外部特殊要素的设计取决于脆弱性评估的范畴，如在国家评估中，国家政策被认为是内在要素，而作为区域评估则被视为外部要素。

知识范畴：最明显、最常见的即是我们所熟知的自然和社会经济知识范畴的划分。社会经济脆弱性因素和经济、政治、社会制度、文化等人文科学特征相关联。相反，自然脆弱性因素，按照自然科学规律，相关因素和系统自然属性相关联，两种分类可能重叠。

显然，通过描述层次（内在、外在）和知识范畴（自然、社会经济）相互独立的两个方面，脆弱性划分的 4 类因素（内在、外在、自然、社会经济）组成了特殊系统或社区在一定时间、一定地点对气候变化特殊灾害脆弱性的全部轮廓。为了较明确地描述特殊评估背景下的相关要素，每一类型还可进一步划分。

1.1.4.2　适应的影响因素

适应能力是系统适应气候变化（包括气候变率和极端气候事件）、减轻潜在损失、利用机遇或应付气候变化影响的能力，而适应是适应能力的表现，代表了降低脆弱性的方式、方法。适应能力是设计与实施有效适应措施的必要条件，但不是充分条件，高适应能力并不一定能转变成有效的适应行动，适应过程中存在诸多约束、障碍与限制性因素。由于适应与适应能力密切相关，因此，适应影响因素可分为两个层面：适应能力的决定因素与适应的约束和极限因素。

（1）适应能力的决定因素

气候变化与风险适应发生于一个动态的生态、社会、经济、技术和政治环境中，其因时间、地点和部门变化而变化，这种复杂的混合环境决定了系统的适应能力。经济资源、技术、信息与技能、基础设施、制度、公平是系统适应能力的主要决定因素（IPCC，2001）。不管经济资源表达为何种形式，国家和群体的经济状况显然是适应能力的一个决定因素。人们普遍认为，富裕国家要比不富裕国家更愿意承担适应气候变化影响和风险的成本。贫穷与脆弱性直接相关，尽管贫穷不应被视为脆弱的同义词，但在适应能力评价中，它是一个粗略指标（Dow，1992）。就技术而言，缺乏技术有可能严重阻碍一个国家实施适应方案的能力。适应能力是变化的，其取决于不同尺度上（从地方到国家）所有部门可利用和可获得的技术，在气候变化管理中，许多适应战略可能直接或间接涉及技术，如预警系统、作物育种与灌溉、安置搬迁、防洪措施等。因此，一个国家当前的技术水平与其发展技术的能力是适应能力的重要决定因素。不同利益相关者的参与对成功适应至关重要，缺乏训练有素的和技能娴熟的参与者会限制一个国家实施适应方案的能力。一般而言，具有较高层次知识储备的国家比发展中国家和转型国家有更高的适应能力（Smith and Lenhart，1996）。基础设施也是适应能力的一个重要因素，一些研究者认为，系统的适应能力是决策者和人口脆弱部门可利用资源与可获得资源的函数（Kelly and Adger，1999），在一定时期，可利用的资源与可获得的资源越多，适应能力相应越高。就制度与机构而言，通常认为具有发达社会制度的国家较缺乏有效制度安排的国家具有更高的适应能力（Smith and Lenhart，1996），发达国家建立的机构不仅有利于管理当代气候风险，而且还提供了一种制度能力，以帮助应对与未来气候变化相关的风险。农业政策不稳定、经济政策环境急剧变化、地区冲突、政治与体制低效等严重制约了发展中国家与转型国家的适应能力。公平是适应能力的一个重要决定因素，如果社会制度能够在一个社区、国家或全球范围内保证权力与资源获得公平分配，那么适应能力将更强。国家或社区在何种程度上"有权"利用资源极大地影响其适应能力和应对能力（Adger and Kelly，1999）。在技术创新的情况下，一个组织内信息不平等分布会增加适应措施实施的阻碍（Cyert and Kumar，1996）。由年龄、性别、种族、教育程度与健康的差异化所引发的经济、技术、信息等资源的不公平是脆弱群体适应能力弱的重要原因（Chan and Parker，1996；Burton et al.，1998；Scheraga and Grambsch，1998）。

除了上述6方面的决定因素之外，适应能力还受社会资本、社会网络、价值观、感知、习俗、传统、认知水平等社会因素与治理结构的影响。例如，南太平洋萨摩亚社区依靠非正式的非货币安排和社会网络应对风暴的破坏（Adger，2001；Barnett，2001；Sutherland et al.，2005），同样，强大的当地和国际支持网络，使开曼群岛的社区从热带风暴中得以恢复并进一步预防其风暴的破坏（Tompkins，2005）。古巴之所以能从灾害中恢复，得益于一种公共责任感（Sygna，2005）。目前在各种尺度上，社会和人类资本已成为适应能力的关键决定因素，它们与收入水平、技术能力同等重要。

适应能力的这些决定因素不是相互独立的，也不是相互排斥的。适应能力是这些决定因素组合、共同作用的结果。适应能力在社会内部，不同国家、地区、部门是不平衡的，其随时间变化而变化。这些决定因素代表了限制或提高适应能力的条件，因而影响地区、国家和社区的脆弱性。

（2）适应的约束和极限因素

适应的影响因素众多，根据其在适应方案实施过程中的作用，可划分为适应约束（adaptation constraints）与适应极限（adaptation limits）两类。适应约束是指使适应规划和实施更加困难的因素或过程，它降低了实施适应方案的范围，增加了实施成本。IPCC AR5 对适应约束进行了系统总结：知识、意识与技术以及自然、生物、经济、金融资本、人类资源、社会和文化、监管与制度。我们将这 8 类归为 4 个维度：环境维度（自然和生物）、经济维度（经济和金融资本）、社会维度（知识、意识、文化、社会、监管、制度）、资源维度（技术水平和人类资源）。

相较于适应约束，适应极限更加严格，它意味着在一个给定的时间范围内没有可实施的适应方案，某些目标、行动或生计以及自然系统可能在不断变化的气候条件下是不可持续的，人类或自然系统必须接受无法承受的风险，或者实行适应转型。适应极限有多种术语，包括阈值、结构转变、临界点、危险的气候变化、关注理由、行星边界或关键脆弱性。为了便于研究和实践，将适应极限分为"硬性"与"软性"。硬性适应极限是指任何适应行动都不可避免难以承受的风险，如遗传多样性的丧失等。软性适应极限是目前还没有通过适应行动可避免难以承受的风险的方案，然而，由于态度或价值观的变化，又或者由于创新、其他资源使用成为可能，未来软性适应极限方案将成为可能。

上述适应能力的决定因素与适应的约束和极限因素是平行的，如经济、技术、文化等。具体地，二者是有区别的，适应能力的决定因素主要决定是否有适应能力、适应能力的大小、是否促进或阻碍适应能力的提高；而适应的约束和极限因素主要影响适应的过程，即适应规划和实施，是使适应过程更加顺利或更加困难。

1.2　冰冻圈及其变化的脆弱性概念

1.2.1　冰冻圈的脆弱性概念

冰川是在高寒地区由雪再结晶聚集成的巨大冰体，在自身重力作用下沿一定地形运动。冰川是一个开放系统，雪以堆积方式进入冰川系统，并转变成冰，冰在其重力作用下由堆积带向外流动，并在消融带以蒸发和消融方式离开系统，积累速度与消融速度之间的平衡决定了冰川系统的规模。近百年来气候变暖使得冰川消融速度大于积累速度，高寒地区冰川退缩成为全球普遍现象（IPCC，2013）。中国是中、低纬度地区冰川最发育的国家，有冰川 48 571 条，面积达 51 766.08km² （刘时银等，2015），面积占全球中、低纬度冰川面积的 50% 以上。20 世纪后半叶，中国西部 82.2% 的冰川处于退缩状态（刘时银等，2006），过去 40 年青藏高原冰川面积减少了 7.0%，近 20 年青藏高原冰川加速退缩，青藏高原冰川面积减少了 4.5% （Ren et al.，2003；气候变化国家评估报告编写委员会，2007）。

冻土是指0℃以下，并含有冰的各种岩石和土壤，一般分为短时冻土、季节冻土和多年冻土（周幼吾等，2000）。中国多年冻土面积约占全国陆地面积的1/5，70%以上陆地表面每年要经历季节冻融循环。冻土对温度变化极为敏感。随着全球气候持续变暖，多年冻土温度逐渐升高，活动层厚度增加，季节冻结厚度减薄，土壤季节冻融面积减少（金会军等，2000）。

积雪是覆盖在陆地和海冰表面的雪层。中国积雪面积达 $9 \times 10^6 km^2$，其中稳定积雪（持续时间在2个月以上）区面积为 $4.2 \times 10^6 km^2$，主要包括我国东北、内蒙古东部和北部、新疆北部和西部、青藏高原，不稳定季节积雪（持续时间不足2个月）区面积为 $4.8 \times 10^6 km^2$，其南界位于 $25°N \sim 24°N$（Xiao et al.，2007）。随着全球气候变暖，中国西部积雪并未出现持续减少，相反呈现普遍增加趋势，青藏高原积雪增加尤为明显，1957~1998年青藏高原累积雪深每年增加2.3%（Qin et al.，2006）。中国西部积雪变化主要受降雪和温度影响，1951~1997年积雪增加与降雪变化趋势一致，但与区域气候变暖相反（Qin et al.，2006）。

综上所述，主要由冰川、冻土和积雪组成的中国冰冻圈的发展/消退主要受气候变化，尤其是温度和固态降水变化的控制。对冰冻圈系统而言，气候变化是永存的外在扰动，然而近百年来，尤其是近几十年来的气候变化（自然气候变率和人类活动导致的气候变化）对冰冻圈系统产生了不利影响，加之冰冻圈对气候变化响应存在滞后性，这种不利影响在未来一段时间还将继续存在。冰冻圈健康与否直接关系干旱区绿洲经济的发展和寒区生态系统的稳定，健康状况是冰冻圈系统受关注的核心价值特征。因此，本书认为冰冻圈的脆弱性是指冰冻圈系统对气候变化的脆弱性，是一种自然系统的脆弱性，具有以下几个特征。

1）冰冻圈的脆弱性是由冰冻圈的构成特征决定的，是其本身具有的一种特性。

2）冰冻圈的脆弱性是有差异的，这种差异性既表现在空间上，又表现在各组成要素上。作为一个整体系统，因气候、地形、地貌等综合形成条件、区域气候变化以及冰冻圈对气候变化的响应的不同，冰冻圈脆弱性具有空间差异性。就子系统而言，冰川、冻土、积雪各自存在的形式、空间分布、对气候变化的响应程度等都存在明显差异，因此，它们各自的脆弱性不仅具有空间差异性，而且其表现形式也明显不同，如冰川主要表现为敏感性，冻土则主要表现为稳定性。

3）冰冻圈的脆弱性是动态变化的。作为外在驱动力的气候变化是随时间变化的，而且在气候变化的情况下，冰冻圈自身也在发生相应的变化，这些变化使冰冻圈脆弱性呈现动态变化特征。

基于上述对中国冰冻圈主要组成要素分布和变化特征的分析，以及对冰冻圈脆弱性的认识，同时在汲取冰冻圈相关领域专家思想精髓，并借鉴IPCC气候变化脆弱性概念的基础上，将冰冻圈的脆弱性定义如下："冰冻圈及其组成要素易受气候变化，尤其是温度和固态降水变化不利影响的程度，是气候的变率特征、幅度和变化速率及其敏感性和自适应能力的函数。自适应能力是冰冻圈系统对气候刺激或影响（climatic stimuli or effects）具有的，在一定范围内自我调整的一种能力，主要由冰冻圈系统的内在结构、组成、规模、类型等特征所决定。"

1.2.2 冰冻圈变化的脆弱性概念

冰冻圈变化通过灾害、水文水资源过程、冻融作用直接影响我国西部干旱区绿洲社会经济的发展和高寒生态系统的健康，并通过气候、环境等效应间接地、潜在地影响其他地区。因此，对干旱区环境–绿洲社会经济系统、寒区生态系统，以及其他人类–环境耦合系统而言，冰冻圈变化的影响是压力、风险和干扰。近期冰冻圈变化对这些系统既有有利影响，又有不利影响。从长远来看，如果气候仍将持续变暖，冰冻圈急剧萎缩对这些系统将可能主要是不利影响。

事实上，上述这些系统受到的压力是多重的，如冰冻圈变化、气候变化、环境变化等，但我们的关注点是冰冻圈变化。而且，压力对上述诸系统冰冻圈变化并不总是外部的，如寒区生态系统。

因此，冰冻圈变化的脆弱性是指系统对冰冻圈变化影响的脆弱性，是系统易受冰冻圈变化不利影响的程度，这种脆弱性是系统对冰冻圈变化影响的暴露度、敏感性及其适应能力的函数（杨建平与张廷军，2010）。

冰冻圈及其变化的脆弱性概念包含两个层面（图 1-3）：① 冰冻圈的脆弱性，是冰冻

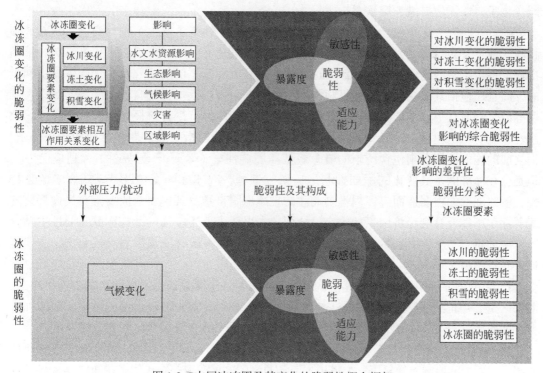

图 1-3　中国冰冻圈及其变化的脆弱性概念框架

圈对气候变化的脆弱性，是一种自然系统的脆弱性。根据冰冻圈组成要素的不同，可以进一步分为冰川的脆弱性、冻土的脆弱性、积雪的脆弱性等。② 冰冻圈变化的脆弱性，即系统对冰冻圈变化影响的脆弱性，系统可以是家庭、社区、干旱区环境–绿洲社会经济系统、寒区生态系统等。根据冰冻圈主要组成要素变化影响的差异性，可以细分为水资源系统、干旱区绿洲系统对冰川变化影响的脆弱性，高寒生态系统对冻土变化影响的脆弱性和畜牧业对积雪变化影响的脆弱性等。

冰冻圈变化的脆弱性与冰冻圈的脆弱性具有以下关系。

1）研究系统不同。冰冻圈脆弱性的研究系统是冰冻圈自身，而冰冻圈变化的脆弱性的分析系统是干旱区环境–绿洲社会经济系统、寒区生态系统和其他人类–环境耦合系统。

2）压力不同。气候变化是冰冻圈系统的外部压力，对于冰冻圈变化的脆弱性而言，冰冻圈变化的影响是干旱区环境–绿洲社会经济系统、寒区生态系统和其他人类–环境耦合系统的压力、风险。

3）研究目的不同。研究冰冻圈脆弱性目的在于了解其空间分布、驱动脆弱性的关键因素，以及发展趋势和未来格局；研究冰冻圈变化的脆弱性，目的是促进和实施适应冰冻圈变化影响的措施与对策。

4）冰冻圈脆弱性研究是冰冻圈变化脆弱性研究的基础。冰冻圈脆弱性主要研究冰冻圈对气候变化的脆弱性，确定驱动区域和局部地区脆弱性的关键因素，并预估未来不同时段冰冻圈系统的脆弱性。这些研究是开展冰冻圈变化脆弱性研究的自然基础信息，为冰冻圈变化脆弱性评估提供关键参考指标。

随着气候进一步变化，人们认识的逐步深入，脆弱性概念发生了较大变化。IPCC AR5将脆弱性定义为"有受到不利影响的倾向与趋势"（IPCC，2014）。与 IPCC 第三次、第四次评估报告定义的脆弱性概念相比，这个概念外延更广，不仅包括气候变化产生的不利影响，而且还包括其他变化产生的不利影响。就内涵而言，不仅包括自然、经济、政策、制度等因素，而且更加强调了性别、公平、种族等社会内涵。尽管该概念也包括暴露度、敏感性、应对与适应能力这些脆弱性构成要素，但并未明确指出这些要素之间的内在关系，而之前的脆弱性概念则包含清晰的概念模型 [脆弱性 =（暴露度×敏感性）/ 适应能力]。但是，在冰冻圈及其变化的脆弱性与适应研究领域，因冰冻圈变化及其链式影响的独特性，就冰冻圈的脆弱性而言，因本书关注的是冰冻圈自身及其主要组成要素对气候变化的脆弱性，不涉及社会经济因素的内容，故而，本书认为上述定义的冰冻圈的脆弱性更贴合冰冻圈的特点。至于冰冻圈变化的脆弱性概念，在当前一段时期也沿用上述定义，主要有以下几点考量。

1）在冰冻圈变化脆弱性研究中，气候变化只是一个背景条件。然而，现实的干旱区、高寒区生态–社会经济系统的脆弱性是气候变化与冰冻圈变化综合作用的结果，而冰冻圈变化的脆弱性只是这个综合结果中的一个侧重面，很容易与气候变化脆弱性相混淆。

2）尽管冰冻圈变化对干旱区绿洲生态–社会经济系统具有深刻而长远的影响，但由于冰冻圈变化影响的地区差异显著，如塔里木河各源流区冰川融水补给比例多在 30% ~ 80%，而在河西中东部的黑河和石羊河流域，冰川融水补给比例低于 10%。另外，从山区到山前，再到流域中下游，冰冻圈变化的影响因人类的社会性管理而快速减弱。在这种情况下，本书很难强调冰冻圈变化脆弱性的社会内涵。

3）当前，中国冰冻圈及其变化脆弱性研究仍处于起步阶段，虽然本书对冰冻圈及其变化的脆弱性概念与内涵进行了探索性研究，但因中国冰冻圈要素众多，分布范围广，影响方式与程度的地区差异显著，同时，受知识量与学科所限等原因，本书对冰冻圈及其变化的脆弱性概念与内涵的理解具有一定的局限性。

综上所述，在现阶段，不论是冰冻圈自身的脆弱性评价，还是系统对冰冻圈变化影响的脆弱性评价，均基于上述冰冻圈及其变化的脆弱性概念开展，将来，随着对冰冻圈变化及其影响认识的进一步提升，对冰冻圈变化脆弱性研究的逐步深入，冰冻圈变化脆弱性概念与内涵将会与时俱进深入发展。

1.2.3　冰冻圈变化的暴露度、敏感性与适应能力概念

（1）暴露度概念

IPCC第三次评估报告将暴露度定义如下：系统暴露于主要气候变量的特性与程度（Houghton et al. , 2001；McCarthy et al. , 2007a）。Füssel和Klein（2006）根据对该定义的理解，进一步认为，一个系统对气候刺激的暴露度一方面取决于全球气候变化的水平，另一方面取决于系统所处的具体位置。IPCC第四次评估报告继续使用该定义。在第五次评估报告中，暴露度被定义为"人员、生计、环境服务和各种资源、基础设施，以及经济、社会或文化资产处在有可能受到不利影响的位置"（IPCC，2012）。上述两个定义均包含了谁暴露、暴露于谁、暴露属性这三层含义。就谁暴露而言，IPCC第三次、第四次评估报告中的暴露度定义比较笼统，只提及系统两字，而IPCC第五次评估报告明确指出了系统具体是指人员、生计、环境服务和各种资源、基础设施，以及经济、社会或文化资产；就暴露于谁而言，前者具体是指暴露于主要气候变量，而后者则没有明确提及；就暴露属性而言，前者主要是指暴露的特性与程度，而后者主要是指暴露位置。相较前后两个定义，二者在以下两方面具有明显差异。

1）研究范畴。IPCC第三次、第四次评估报告中的暴露定义主要囿于气候变化研究领域，而第五次评估报告中的定义跳出了气候变化研究范畴，已经扩展到范围更广、内容更丰富的全球变化研究领域，这主要体现于没有明确指出暴露于谁，也就是说研究对象既可以暴露于气候变化之下，也可以暴露于非气候变化之下，比如地震、人类活动引起的其他变化等。

2）关注属性。关注属性也发生显著变化，与前者主要关注自然领域变化相比，第五次评估报告中的暴露度定义更加关注与人类社会经济发展密切相关的人、物、环境、社会、经济、文化等要素。

可以说最新的暴露度定义是科学研究发展的必然结果，是人类在探索气候变化及其影响过程中认识的提升，它扩展了已有定义的内涵与外延，使其更加科学，更贴合实际。

在冰冻圈科学这个比较独特的研究领域，暴露度存在两个层面：①冰冻圈自身的暴露

度；②生态-社会经济系统对冰冻圈变化影响的暴露度。考虑到这两个层面的研究对象与暴露的对象不同，暴露度定义也有所变化。为此，在吸收、借鉴 IPCC 第三次、第四次和第五次评估报告对暴露度定义的基础上，本书将冰冻圈的暴露度定义为"冰冻圈有可能受到气候变化不利影响的程度"，而冰冻圈变化的暴露度定义为"人员、生计、环境服务和各种资源、基础设施，以及经济、社会或文化资产处在有可能受到冰冻圈变化不利影响的位置与程度"。本书主要关注冰冻圈变化产生的不利影响，对其他变化产生的影响不予以考虑。

（2）敏感性概念

IPCC 第三次、第四次评估报告将敏感性定义如下："系统受到与气候有关的刺激因素影响的程度"，包括不利和有利影响，影响也许是直接的或间接的（IPCC，2001）。在 IPCC 第五次评估报告中，敏感性被定义如下："系统或物种受气候变率或气候变化影响的程度，包括不利和有利影响，影响也许是直接的或间接的"（IPCC，2014）。第五次评估报告中的敏感性定义是对第三次、第四次评估报告定义的继承和发扬，其在以下两个方面更为明确具体：①研究对象，不仅包括系统，而且囊括了生态学范畴的物种；②外部影响，直接指出是自然气候变率与人类活动引起的气候变化。冰冻圈科学领域的敏感性也包含两个层面：冰冻圈的敏感性与冰冻圈变化的敏感性。冰冻圈的敏感性是指冰冻圈自身受气候变率或气候变化影响的程度，主要关注冰冻圈自然属性的敏感性；冰冻圈变化的敏感性是指系统受冰冻圈变化影响的程度，既包括有利影响，也包括不利影响，影响也许是直接的或间接的。

（3）适应能力概念

IPCC 将适应定义为自然或人类系统对实际的或预计的气候刺激或影响做出调整的过程，目的是缓减危害或利用各种有利机会。适应存在各种类型，如预期性适应（提前适应）与反应性适应（被动适应）、私人适应与公共适应、自主适应与有计划的适应（IPCC，2007a）。适应能力是指系统、机构、人类、其他生物对潜在危害做出调整的能力，以利用有利机遇，或应对后果（IPCC，2014）。冰冻圈科学领域的适应能力包含冰冻圈的适应能力与冰冻圈变化的适应能力。冰冻圈的适应能力是指冰冻圈的自适应能力；冰冻圈变化的适应能力是指人类系统针对实际的或预计的冰冻圈变化影响采取有效适应措施所需的能力、资源与机构的总和。

1.3 小　　结

本章评述了国际国内的脆弱性与适应概念，以 IPCC 评估报告为轴线，剖析了气候变化脆弱性与适应内涵随背景变化、知识深化、需求增加而不断的扩展，明晰了脆弱性与适应的基本构成要素与不同层次的影响因素。基于中国冰冻圈及其组成要素特征的分析，建立了冰冻圈变化的脆弱性概念框架，明确了冰冻圈及其变化的脆弱性概念，阐述了冰冻圈科学研究领域脆弱性的构成要素——暴露度、敏感性与适应能力的概念。通过评述与脆弱性和适应有关的核心概念，本章为后续各章奠定了理解冰冻圈及其变化的脆弱性与适应的概念基础。

　　本书第 2 章论述冰冻圈变化的脆弱性与适应研究内容、关键科学问题、研究方法、指标体系构建、研究布局等，奠定全书的理论与方法框架。第 3 章概述中国冰冻圈变化的影响，为后续开展脆弱性、灾害风险、适应研究勾绘冰冻圈变化背景。基于 1.2.1 小节的支持，第 4 章聚焦于冰冻圈本身，分别评价冰川、冻土及冰冻圈对气候变化的脆弱性，剖析脆弱性的关键驱动因素。基于 1.2.2 小节和 1.2.3 小节的支持，第 5 章在典型地区尺度，对冰冻圈变化的脆弱性进行案例分析，并基于脆弱性评价结果与当前适应实践提出相应的应对措施。鉴于冰冻圈灾害的特点，第 6 章着重分析冰冻圈灾害的影响，并对三江源牧区雪灾进行综合评价。第 7 章从宏观层面评价中国冰冻圈作用区受冰冻圈变化影响的脆弱性，并就不同冰冻圈变化问题，提出中国的冰冻圈变化适应战略与应对措施。第 8 章对全书进行总结，并依据当前发展趋势，展望未来冰冻圈变化脆弱性与适应研究方向。各章节关系如图 1-4 所示。

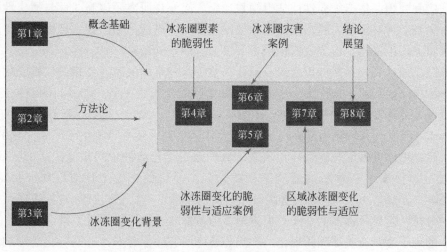

图 1-4　本书各章节主要内容及其关系

第 2 章　冰冻圈变化的脆弱性与适应 研究理论与方法

国际上气候变化领域的脆弱性与适应研究已有 20 多年的历史。1990 年 IPCC 首次发布气候变化影响评估报告，该报告主要关注气候变化对行业、部门和区域的影响（IPCC，1990）。1996 年 IPCC 第二次评估报告由气候变化的影响延伸到适应与减缓领域（IPCC，1996）。2001 年以来的第三次至第五次评估报告进一步发展为气候变化的影响、适应与脆弱性（IPCC，2001，2007a，2014），形成了相对完善的评估框架。IPCC 的气候变化影响评估、适应和减缓评估、脆弱性评估引领着当今气候变化研究领域脆弱性与适应性研究的方向，这为我们理解影响、脆弱性与适应提供了清晰的概念体系，为评价影响、脆弱性与适应提供了方法论工具，也为我们提供了可供参考借鉴的结论。

冰冻圈是地球气候系统的重要组成部分，鉴于这种隶属关系，在相关气候变化脆弱性研究中，冰冻圈要素只是被作为一个因子或指标处理（杨建平等，2007）。目前，虽然国际上高度关注冰冻圈变化的影响与适应（Haeberli et al.，2015；Grover et al.，2015；Mark et al.，2017），但已有研究均是在气候变化框架下开展，且主要关注冰冻圈变化的影响、灾害、风险；就冰冻圈变化的适应而言，一方面是总结已有的应对措施，从中吸取经验，另一方面虽然提出了一些新的适应路径或途径，但仍处于框架性质（Haeberli et al.，2015；Grover et al.，2015）。纵观这些研究，发现其由影响评估直接过渡到适应，中间缺失脆弱性分析，这导致提出的适应对策措施多为条框式，缺乏针对性。综合而言，目前虽然国际上涌现了诸多有关冰冻圈变化的影响与适应研究，但针对冰冻圈变化的影响、脆弱性与适应理论与方法探讨还未见报道。故而，本章将主要探讨冰冻圈变化的影响、脆弱性与适应的研究范畴，以及研究内容、关键科学问题、研究方法与工具、时空尺度等，以期构建冰冻圈变化的影响、脆弱性与适应研究体系。

2.1　冰冻圈变化的脆弱性与适应研究内容

2.1.1　研究范畴

冰冻圈是地球表层水以固态形式存在的圈层，包括冰川（山地冰川、冰帽、极地冰盖、冰架等）、冻土（季节冻土和多年冻土）、积雪、固态降水、海冰、河冰和湖冰等（IPCC，2007b）。过去几十年，冰冻圈研究主要集中于自然科学领域：①冰冻圈组成要素的形成、发育、演化过程，各要素之间的相互作用；②冰冻圈及其各要素与气候系统其他圈层（大气圈、水圈、岩石圈和生物圈）之间的相互作用、转化和影响。气候与冰冻圈计划（Climate and Cryosphere Project，CliC）（Climate and Cryosphere，2014）就是冰冻圈专注于自然科学领域的绝佳体现。冰冻圈及其变化的脆弱性与适应研究是集自然科学、社会科学、遥感、地理信息系统等学科与技术为一身的多学科交叉与集成研究，这一新兴分支学科的发展是内外因综合推动的结果，外部因素是全球气候持续变暖背景下冰冻圈快速变化导致的显著的环境、社会经济影响，内部因素是人类社会经济系统的可持续发展需求。过去，冰冻圈变化的人文社会影响主要是从社会经济角度切入，着重关注其负面影响，如各种冰冻圈灾害与不利影响。目前，除了研究负面影响之外，从冰冻圈自身切入，着重关注其变化引发的服务功能的价值、强弱与转化对可持续发展的贡献。冰冻圈变化的脆弱性是自然与人类系统有受到冰冻圈变化不利影响的倾向与趋势，人类系统通过调整自身发展轨迹、改变社会经济运行方式、引导公众的行为习惯等战略与战术措施提高适应能力，适应冰冻圈变化，推动社会经济可持续发展。可见，脆弱性是联系影响与适应的桥梁与纽带，是影响研究与科学、有效适应冰冻圈变化紧密联系不可或缺的一环。因此，冰冻圈变化的脆弱性与适应研究范畴可概况为以下 3 个方面。

1）冰冻圈灾害风险、冰冻圈变化的潜在风险、冰冻圈服务功能及其对社会经济可持续发展的贡献。

2）自然与人类系统对冰冻圈变化的脆弱性。

3）冰冻圈变化的适应、减缓和对策分析。

2.1.2 研究内容与关键科学问题

在冰冻圈变化的脆弱性与适应研究之初，因受国际、国内海量气候变化脆弱性与适应研究结果的影响，以及对冰冻圈及其变化脆弱性概念的理解和认识不足，未考虑冰冻圈变化的影响，直接切入到脆弱性评价与适应研究中，以致出现了以下一些问题：① 偏离冰冻圈变化脆弱性概念，而倾向气候变化脆弱性；② 在冰冻圈变化影响链条分析上，对下游环节——经济社会的影响及程度分析不足，以致遴选的指标未能很好地反映或代表冰冻圈变化影响的脆弱性，部分研究结果成为生态环境脆弱性的评价；③ 因研究倾向气候变化脆弱性，以致研究结果过于发散，提出的对策措施和政策建议不是针对冰冻圈变化的影响，而是对气候变化的应对与适应。因此，研究冰冻圈变化的影响，尤其是对社会经济的影响，是有针对性地研究冰冻圈变化脆弱性与适应的基础，而脆弱性是自然变化与社会经济之间有效联系的桥梁，脆弱性研究可使经济社会系统的适应更科学、更具有针对性。影响、脆弱性、适应构成了冰冻圈及其变化脆弱性与适应研究体系的三大研究内容（图 2-1）。

2.1.2.1 冰冻圈变化影响研究内容与关键科学问题

（1）研究内容

作为地球表层系统之一的冰冻圈，其变化首先影响气候、水文水资源、生态系统、环

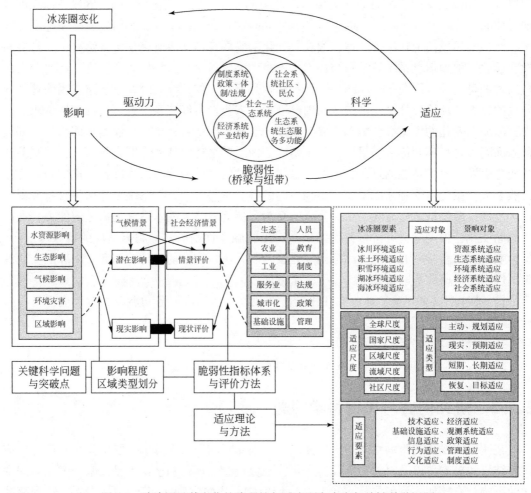

图 2-1　冰冻圈及其变化的脆弱性与适应研究内容与关键科学问题

境等，继而通过上述自然过程影响区域社会经济发展。故冰冻圈变化的影响呈现链式效应，自然影响为这一链条的上游环节，社会经济影响为下游环节。上游环节的自然影响研究是深入开展社会经济影响研究的前提与基础，但在冰冻圈及其变化的脆弱性与适应研究体系中，主要聚焦于下游环节——社会经济影响。以冰冻圈变化对气候、水资源、生态等的自然影响为链接点，辨识冰冻圈及其主要组成要素变化的主要影响领域或部门，分析对这些领域或部门影响的程度与方式，探寻关键影响因子。结合气候情景与社会经济情景，预估未来不同时段冰冻圈变化对区域社会经济的影响程度与范围。在此研究基础上，甄选关键影响因素，对冰冻圈变化影响进行区域类型划分（图 2-1）。

（2）关键科学问题

冰冻圈主要组成要素（冰川、冻土和积雪）的存在形式、空间分布、变化特征不同，这导致它们变化的影响范围、影响程度、影响方式等也明显不同。此外，这些要素变化的影响也存在显著的空间差异性。因此，在具有独特链式影响与区域显著差异性的情况下，如何确定冰冻圈及其主要组成要素变化的影响程度、影响范围，以及如何划分影响的区域类型成为冰冻圈变化影响研究的难点和取得突破的关键。

2.1.2.2 冰冻圈变化的脆弱性研究内容与关键科学问题

（1）研究内容

冰冻圈及其变化的脆弱性研究分为两个梯度：① 冰冻圈对气候变化的脆弱性评价与预估；② 系统对冰冻圈变化影响的脆弱性评价与预估。

冰冻圈对气候变化的脆弱性评价与预估。依据冰冻圈的脆弱性定义，以构成脆弱性的三大要素——暴露度、敏感性与适应能力为标准，遴选地理环境指标、压力（气候变化）表征指标、冰川敏感性指标、冻土和积雪稳定性指标，对冰冻圈系统的脆弱性进行分级评价，剖析冰冻圈空间分布在不同气候区、不同坡度坡向、不同地形遮蔽条件下所表现出的敏感性及暴露度差异，解读冰冻圈脆弱性的空间格局；通过分析冰冻圈敏感性与自适应能力特性，确定影响冰冻圈自身脆弱性的关键因素；解析冰冻圈敏感性、暴露度和自适应性与气候、地形、冰冻圈性质之间的关系，了解冰冻圈脆弱性的主要表现形式。在冰冻圈脆弱性现状评价的基础上，改变冰冻圈系统的外部压力水平，即气候变化水平，结合冰川、冻土和积雪变化的预估结果，对未来不同时段冰冻圈的脆弱性进行预估，揭示其未来发展趋势，并展示其空间情景变化。根据研究系统的不同，冰冻圈的脆弱性评价可进一步分为冰川的脆弱性评价、冻土的脆弱性评价和积雪的脆弱性评价。

系统对冰冻圈变化影响的脆弱性评价与预估。在冰冻圈变化社会经济影响研究的基础上，紧扣冰冻圈变化的脆弱性概念，遴选能够代表和反映受冰冻圈变化影响的脆弱性指标，构建系统对冰冻圈变化影响的脆弱性指标体系，将自然、社会、经济、技术等影响因素相结合，通过脆弱性评价，揭示系统对冰冻圈变化影响的暴露程度、脆弱程度与适应能力，并依据脆弱性与其三大要素（暴露度、敏感性与适应能力）的逻辑关系，探寻适应冰冻圈变化影响的途径。在此基础上，结合典型浓度路径（representative concentration pathways，RCPs）情景下对所选脆弱性指标的预估结果与遴选的社会经济情景，预估未来不同时段系统对冰冻圈变化影响的脆弱程度、分析其变化趋势与空间格局特征（图 2-1）。

与冰冻圈的脆弱性研究相比，系统对冰冻圈变化的脆弱性研究更加复杂，不仅涉及自然因素（气候、冰冻圈要素、生态系统等），还涉及社会经济因素（人口、农业、工业、城市化、教育、制度、管理等），它是多因素、多学科融合的一种综合性评价。根据系统所受冰冻圈变化影响的不同，可分为对冰川变化影响的脆弱性评价、对冻土变化影响的脆弱性评价、对积雪变化影响的脆弱性评价，以及对冰冻圈变化影响的脆弱性综合评价。

（2）关键科学问题

如何适应因冰冻圈变化所导致的气候、生态、水文与环境影响，及由此引发的社会经济问题，国际上尚没有可资借鉴的先例。科学适应冰冻圈变化影响的前提是要认识影响地区、影响对象的脆弱性程度、适应能力及分异规律，在此基础上才能评估影响可能带来的风险，进而分析在不同风险条件下，采取不同措施产生的成本与效益，为最终提出有针对性的、合理的科学适应途径奠定基础。在适应冰冻圈影响这一科学分析链条上，问题的关键是对冰冻圈影响地区、影响对象的脆弱性如何评价，在众多影响因子中如何较准确、科学地遴选出能够代表和反映冰冻圈变化影响的脆弱性指标，因此，需要在脆弱性评价方法和指标体系上寻求突破。

2.1.2.3 冰冻圈变化适应研究内容与关键科学问题

（1）研究内容

冰冻圈变化的适应是系统应对冰冻圈变化影响所表现出来的调整，这种调整的空间、时间、水平、程度可以用适应能力表示（Fang et al.，2011）。适应能力和脆弱性是事物对立的两个方面，是"矛"和"盾"的关系，适应能力越低，脆弱性越大，适应能力越高，脆弱性越小。为了降低系统的脆弱性，最直接、最有效的途径就是提高系统的适应能力。故评价系统对冰冻圈变化影响的适应能力水平，构筑提高适应能力的途径与方式是冰冻圈变化适应研究的重要内容之一。

尽管气候变化适应的分类多样（Biagini et al.，2014），但国内外关于冰冻圈变化的适应研究刚起步，目前还处于探索阶段，不过，根据冰冻圈变化的特点、影响属性以及适应内涵，适应对象、适应尺度、适应类型、适应要素是组成冰冻圈变化适应的 4 个组件。首先就适应对象而言，按照中国冰冻圈的基本组成要素划分，可以分为冰川环境适应、冻土环境适应、积雪环境适应、河湖冰环境适应和海冰环境适应；按照冰冻圈变化影响的对象划分，可分为资源系统适应、生态系统适应、环境系统适应、经济系统适应和社会系统适应。按照事物或现象变化的空间范围，适应尺度包括全球适应、国家适应、区域适应、流域适应和社区适应。就适应类型而言，按照驱动因素可分为主动适应、规划适应；按照场景性质可分为现实适应、预期适应；按照调整时长可分为短期适应、长期适应；按照实现渠道可分为恢复适应、目标适应。至于适应要素，按照相关联的调整因素划分，可分为技术适应、经济适应、基础设施适应、观测系统适应、信息适应、政策适应、行为适应、管理适应、文化适应、制度适应。在重点评估冰冻圈变化影响、评价冰冻圈变化不同作用对象的脆弱性基础上，应用统计分析、规划管理、系统分析模型等定量方法，通过适应对象、适应尺度、适应类型、适应要素的选择和综合分析，反映不同层级自然系统的恢复能力、不同人文系统的调整能力，提出冰冻圈变化的应对举措、实施方案，用于应对冰冻圈变化及其过程中生态、环境、经济、社会可持续发展的决策和管理（图2-1）。

（2）关键科学问题

科学适应冰冻圈变化的影响是冰冻圈科学研究的最终目的和归宿。然而，冰冻圈的多要素构成、多影响源、多影响方式、多影响结果，致使冰冻圈变化的适应相较气候变化适应更加复杂。因此，如何将众多的因素糅合在一个框架下，同时可协同、优化系统的结构与功能，使系统的风险最小、福利最大、成本最低，关键问题是需要构建冰冻圈变化的适应理论与方法论工具。

2.2 冰冻圈变化的脆弱性与适应研究方法

2.2.1 构建脆弱性与适应研究指标体系框架的思路

冰、雪、冻土是地球气候系统的重要组成部分，冰冻圈对全球变暖具有显著的敏感性。在过去的几十年里，北半球冰冻圈已经发生了明显变化，这种变化不仅表现在总量上，而且还表现在覆盖面积上。中国冰冻圈的主体为冰川、冻土和积雪，分布范围广泛，冰冻圈不仅有重要的气候效应，还是维系干旱区绿洲经济发展和确保寒区生态系统稳定的重要水源保障。实际上正是众多冰川的存在，才使得我国深居内陆腹地的干旱区形成了许多人类赖以生存的绿洲，也使得我国干旱区有别于世界其他地带性干旱区。冻土对我国寒区水文、生态和气候有着重要影响，正是青藏高原多年冻土的存在，才有了广泛发育的沼泽湿地和寒区生态系统。积雪作为冰冻圈中最为敏感的要素，其变化对我国经济建设和人们的日常生活影响较为广泛和直接。我国是受冰冻圈灾害影响最为严重的国家之一，冰湖溃决、冰川洪水、雪灾、雪崩、风吹雪等灾害影响着交通运输、通信、农牧业、旅游等行业以及人民生命财产安全、居民生计及聚落变迁。受气候变化的影响，全球冰冻圈发生了显著变化，冰冻圈变化的气候效应、环境效应、资源效应、生态效应、社会经济效应等在我国正日益显著，冰冻圈的未来变化趋势势必对西部生态与环境安全和水资源持续利用产生广泛和深刻的影响。目前，冰冻圈变化及其影响研究受到前所未有的重视，已成为国际气候系统及全球变化研究中最活跃的领域之一。中国冰冻圈要素众多，不仅其存在形式与变化的区域差异性显著，而且变化过程与影响方式、影响程度迥异。鉴于我国冰冻圈变化过程及其影响的复杂性，需要秉承整体理念，从全局出发，深入、综合、集成地开展系统研究，而其中开展冰冻圈对气候变化的脆弱性与在气候变化背景下系统对冰冻圈变化影响的脆弱性两个层面的评估研究，尤其是后者的评估研究，不论是从科学意义还是从国家需求看，更具迫切性和战略性。气候变化是影响冰冻圈变化的背景和基础，是冰冻圈变化的前提条件，而冰冻圈的变化又将进一步影响评价对象系统的结构和功能的变化，这种连锁关系进一步增加了对冰冻圈变化脆弱性理解和评价的复杂性。对此，本书拟从脆弱性评价的一般模型、脆弱性与适应研究的尺度问题和脆弱性评价的界面链接 3 个方面对构建冰冻圈及其变化的脆弱性与适应评价框架予以阐述。

（1）脆弱性评价的一般模型

第 1 章详细阐述了脆弱性的基本概念及内涵，尽管理解角度不尽相同，但总体上，脆弱性（vulnerability）体现了任何系统对外部压力的暴露度、敏感性与适应能力这一基本特点。系统暴露度（exposure）、敏感性（sensitivity）与适应能力（adaptive capacity）构成了脆弱性的 3 个关键参数，即脆弱性是暴露度、敏感性与适应能力的函数，具体表达式为

$$V = (E \times S)/A \tag{2-1}$$

式中，V 为脆弱性；E 为暴露度；S 为敏感性；A 为适应能力。这些参数可以是自然的、社会的，也可以是经济的，即适用于自然、社会经济系统的综合和集成。

一般性的概念模型反映了脆弱性与其 3 个关键参数之间的内在逻辑关系。系统暴露度越高，敏感性越强，适应能力越小，系统脆弱性就越大；相反，系统暴露度越低，敏感性越小，适应能力越大，系统脆弱性相应就越小。即脆弱性是暴露度、敏感性的正函数，是适应能力的反函数。暴露度、敏感性对脆弱性有放大作用，而适应能力对其有缩小或者说减缓作用。此外，组成脆弱性的暴露度、敏感性和适应能力要素，以及它们的决定因素是动态的，它们随着对象变化而变化，随着类型变化而变化，随着尺度变化而变化，随着外部环境、区位和系统特殊性差异发生而变化。

（2）脆弱性与适应研究的尺度问题

评价尺度的存在源于地球表层自然界的等级组织和复杂性。任何系统脆弱性与适应的时空性是系统在不同时间、不同区域尺度上脆弱性与适应的差异，对不同系统类型、同一系统内部时空尺度的理解同样影响着对象系统的脆弱性特征、影响着对象系统对环境变化响应方式的适应能力。由于人类认识的局限和各种观测、研究手段的有限性，将所有尺度上的脆弱性与适应问题研究清楚，在一定程度上讲是不现实的，但是仅仅开展一个尺度上的研究，往往又不能解决其他尺度上存在的问题。因此，通过典型地区、典型流域脆弱性与适应研究的时空尺度转换，将在局部地区、特定系统获得的结果推广到更多的尺度上，或将大尺度获得的结果下移并应用至更次一级的区域尺度，或将短期的评估结果推演至长期的时间尺度，将历史的、过去的结果推演至未来的时间尺度，这是脆弱性与适应评估研究的主要思路和手段。

脆弱性与适应研究存在 3 个方面的尺度，即空间尺度、时间尺度和利益相关者尺度。空间尺度是指事物或现象变化的空间范围，包括地方、流域、区域、国家、全球等尺度；时间尺度主要指脆弱性研究的具体时段与适应调整的时长，包括现状、近期、中期、中远期和长期等（图 2-2）。脆弱性与适应研究不仅有时空尺度问题，而且由于适应的具体性特征，即谁适应、适应什么、如何适应。因此研究需要相关利益人员的密切参与和配合，这就牵涉到尺度问题，是个体、家庭，还是社区、企业、政府等（图 2-2）。在进行脆弱性与适应研究过程中，首先要理清研究的空间尺度，所选的空间范围不同将影响脆弱性与适应的指标遴选。例如，研究干旱区绿洲系统对冰川变化影响的脆弱性时，如果以流域为评价单元，则出山径流量和冰川融水径流量就是其主要的暴露度指标，但如果选择以县域为评价单元，这两个指标就不能直接被使用，因为出山径流量是针对整个流域而言的。如果以县、省级为研究单元，国家政策则为外部因素，但如果以国家为研究单元，国家政策就属于内部因素。其次要理清研究的时间尺度，是评价现状的脆弱性与适应能力，还是未来某个时段的脆弱性与适应能力。总之，时域、空域与利益相关者维度构成了脆弱性与适应研究的三维立体结构（图 2-2）。

（3）脆弱性评价的界面链接

界面概念源自于工程技术领域，原意是指各类不同组件之间的结合部分，在现代管理理论中，界面是指两个异质实体的联系和衔接状态。同样，冰冻圈及其变化影响的脆

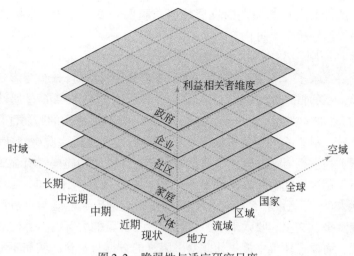

图 2-2　脆弱性与适应研究尺度

弱性评价涉及气候、冰冻圈、生态系统以及社会经济系统等不同系统界面之间的联系，也涉及气候变化（气温、降水）、冰冻圈变化（冰川、冻土、积雪）、生态系统响应（水资源、土壤、生物、地理）、社会经济系统调整（经济、社会、技术、体制、制度等）等系统内部和要素之间界面的关联。冰冻圈及其变化影响的脆弱性评价指标和体系，应将几个系统之间的相互关系紧密地联系成一个整体进行分析考虑，并进行科学表达，建立较为完整、系统、针对性强和科学的评判指标体系，这是冰冻圈变化脆弱性评价研究的新尝试。

2.2.2　冰冻圈及其变化的脆弱性评价指标体系

2.2.2.1　指标遴选原则

（1）科学性与实际相结合的原则

紧扣冰冻圈及其变化的脆弱性概念，依据脆弱性遴选标准——暴露度、敏感性与适应能力，选取冰冻圈及其变化的脆弱性指标。指标遴选还必须结合我国冰川、冻土与积雪的分布特点、性质类型以及生态-社会经济系统发展的实际情况。

（2）全面性与主导性原则

影响冰冻圈脆弱性的因素众多，既有外部因素，如地理位置、地形地貌、场所、气候、人类活动等，又有冰冻圈及其变化的内部因素，如冰川规模与性质类型、冻土土质与含水量、含冰量、冰川、冻土与积雪变化幅度等。另外，还有生态-社会经济系统的发展轨迹、GDP、人口、教育、文化、定居模式等因素。因此，指标选择既要涵盖各种可能的影响因素，同时还要突出影响冰冻圈及其变化脆弱性的主导因子。

（3）可比性原则

评价冰冻圈及其变化的脆弱性，不仅要了解其脆弱性现状，而且要通过预估，了解未来不同时段冰冻圈及其变化脆弱性的发展趋势与脆弱程度。因此，指标遴选应考虑可比性，以使不同时段的评价结果可比。

(4) 可操作性原则

我国冰冻圈要素较多（主要为冰川、积雪和冻土），且各自分布与影响因素不同，如冰川有 48 571 条（刘时银等，2015），冻土分布面积达 $774 \times 10^4 \mathrm{km}^2$（周幼吾等，2000），积雪分布面积约为 $900 \times 10^4 \mathrm{km}^2$（Xiao et al.，2007）。况且冰冻圈的脆弱性评价是一种区域尺度的脆弱性评价，尽管冰川物质平衡水平、冰川长度、冰川物质更新速率、冻土土质、含水量、含冰量、积雪水当量、反照率等因素可能对冰冻圈的脆弱性有显著影响，但要在如此大的冰冻圈作用区尺度上获取这些要素的较高精度数据，比较难。此外，生态–社会经济系统或其他人类–环境耦合系统对冰冻圈变化影响的脆弱性既与自身所处位置、资源禀赋、经济发展水平、文化、收入水平、体制制度、决策能力等有关，同时还与冰冻圈变化水平密切相关，而要在评价中搜集如此众多因素的数据与资料，实属不易，因此指标遴选不能只注重完美性，还必须考虑数据的可获得性。另外，所选指标除代表性外，还要考虑易处理，简单实用，便于科学评价。

2.2.2.2　冰冻圈对气候变化的脆弱性指标体系

依据 2.2.2.1 小节 4 条原则，围绕冰冻圈对气候变化的脆弱性这一研究目标，以暴露度、敏感性与适应能力为标准，紧扣冰冻圈对气候变化的暴露度、敏感性与适应能力定义，从地形、主要气候变量、冰川、冻土与积雪 5 个要素遴选了 16 个指标，构建了中国冰冻圈的脆弱性评价体系（杨建平等，2013a，2013b）。该体系包括目标层、标准层、要素层与指标层四级（表 2-1）。暴露度是指冰冻圈有可能受到气候变化不利影响的程度，它一方面取决于全球气候变化的水平，另一方面取决于冰冻圈所处的具体位置。基于此概念，从地形与主要气候变量方面遴选了坡度、坡向、地形遮蔽度、海拔、气温变化率与降水量变化率 6 个指标，刻画冰冻圈的暴露度。敏感性是指冰冻圈受气候变率或气候变化影响的程度。鉴于资料的可获得性，目前选取了冰川面积变化率、0cm 地温变化率、冻结深度变化率、积雪日数变化率、年累积积雪厚度变化率 5 个指标，反映冰冻圈对气候变化的敏感程度。适应能力为冰冻圈本身的自适应能力，基于上述定义，本书遴选了冰川性质类型、冰川面积、冻土类型、积雪日数与年累积积雪厚度 5 个指标。

2.2.2.3　系统对冰冻圈变化的脆弱性指标体系

构建系统对冰冻圈变化的脆弱性指标体系，仍以暴露度、敏感性与适应能力为标准。冰冻圈变化的暴露度是指"人员、生计、环境服务和各种资源、基础设施，以及经济、社会或文化资产处在有可能受到冰冻圈变化不利影响的位置与程度"。依据该定义，本书从自然系统暴露与社会经济暴露两个方面，既考虑系统对冰冻圈变化的暴露，又考虑冰冻圈变化影响的水平，遴选了 24 个指标。其中，自然系统的暴露主要从冰川、冻土、积雪、水资源、气候、生态 6 个要素考量，包括 16 个指标；社会经济暴露从经济与社会要素遴选，包括 8 个指标（表 2-2）。

表 2-1   中国冰冻圈的脆弱性评价指标体系

目标层	标准层	要素层	指标层	指标说明
冰冻圈的脆弱性	暴露度	地形	坡度/(°)	影响冰冻圈发育的水热条件
			坡向/(°)	影响冰冻圈发育的水热条件
			地形遮蔽度	一定范围内要素被遮蔽状况,影响能量的接收
			海拔/m	冰冻圈所处的位置,该因素是其发育的条件
		主要气象要素	气温变化率/(℃/10a)	反映气温的变化水平
			降水量变化率/(mm/10a)	反映降水量的变化水平
	敏感性	冰川	冰川面积变化率/%	反映冰川的变化水平
		冻土	0cm 地温变化率/(℃/a)	反映冻土地表温度的变化水平
			冻结深度变化率/(cm/a)	反映冻结深度的变化水平
		积雪	积雪日数变化率/(d/a)	反映积雪日数的变化水平
			年累积积雪厚度变化率/(cm/a)	反映年累积积雪厚度的变化水平
	适应能力	冰川	冰川性质类型	极大陆型冰川、亚大陆型冰川和海洋型冰川
			冰川面积/km^2	反映冰川的规模,规模大的冰川对气候变化的响应相对较慢,小冰川对气候变化非常敏感
		冻土	冻土类型	青藏高原多年冻土:用稳定型反映冻土类型,稳定型越高,适应能力越强 东北地区多年冻土:用连续程度反映冻土类型,连续系数越大,适应能力就越大
		积雪	积雪日数/d	—
			年累积积雪厚度/cm	—

冰冻圈变化的敏感性是指系统受冰冻圈变化影响的程度。依据该定义,本书进一步将系统分解为自然系统与社会经济系统。从水资源变化、生态变化与生态用水三方面遴选了 5 个指标反映自然系统对冰冻圈变化影响的敏感性;从经济用水、社会用水与土地利用三方面遴选了 7 个指标刻画社会经济系统对冰冻圈变化影响的敏感性。这样共有 12 个敏感性指标(表 2-2)。

冰冻圈变化的适应能力是指人类系统针对实际的或预计的冰冻圈变化影响采取有效适应措施所需的能力、资源与机构的总和。依据该定义,本书从水资源、土地、生态、经济、社会、制度、工程适应能力 7 个方面出发,全面考虑了水资源、土地资源、生态修复能力与治理状况、经济发展、产业结构调整、经济质量、劳动技术水平、教育、福利、交通、信息通达、制度政策、管理水平、工程建设投资等方面,遴选了 31 个指标,以反映系统对冰冻圈变化影响的适应能力(表 2-2)。

表 2-2 中国冰冻圈变化的脆弱性评价指标体系

目标层	标准层	要素层	指标层	指标说明
系统对冰冻圈变化影响的脆弱性	自然系统暴露度	冰川	冰川面积覆盖率/%	冰川面积占流域/区域面积的比例
			冰川面积变化率/%	不同时期冰川面积变化之比
			冰川融水补给比例/%	冰川融水径流量占河流总径流量的比例
			冰川反照率变化	冰川表面反射辐射与人射辐射之比
		冻土	冻土面积覆盖率/%	冻土面积占流域/区域面积的比例
			40cm 地温变化/℃	高原地表植被状况主要受 40cm 地温的影响
			活动层厚度变化/cm	反映冻土地表温度的变化水平
			土壤含水量变化/%	单位土壤中水的容积变化
		积雪	积雪面积覆盖率/%	积雪面积占流域/区域面积的比例
			累积积雪深度变化/cm	多年累积积雪深度变化率,反映积雪深度变化的水平
			积雪反照率变化/%	反射辐射与总辐射之比,反映积雪的消融强弱变化水平
		水资源	单位（绿洲）面积的出山径流量/(m³/km²)	出山径流量与研究区（绿洲）面积比
		气候	干燥度指数	反映气候的干燥程度
			气温变化率/(℃/10a)	反映气温的变化水平
			降水量变化率/(mm/10a)	反映降水量的变化水平
		生态	林地、草地、湿地、耕地面积占比/%	林地、草地、湿地、耕地面积占研究区面积的比例
	社会经济暴露度	经济	地区生产总值/万元	反映地区的经济体量
			农业 GDP 占比/%	农业 GDP 占总 GDP 的百分比,反映地区农业经济体量
			工业 GDP 占比/%	工业 GDP 占总 GDP 的百分比,反映地区工业经济体量
			第三产业 GDP 占比/%	第三产业 GDP 占总 GDP 的百分比,反映地区第三产业经济体量
			年末性畜存栏数/万头	年末存活的各种牲畜数量的总和
		社会	城镇居民人口密度/(人·km²)	单位面积的城镇居民数,反映城镇人口的密集程度
			农村居民人口密度/(人·km²)	单位面积的农村居民数,反映农村人口的密集程度
			城市化率/%	城镇人口占总人口的比例

续表

目标层	标准层	要素层	指标层	指标说明
系统对冰冻圈变化影响的脆弱性	敏感性	自然系统敏感性	水资源变化	地表径流变化/m³	主要反映地表径流水资源量的变化水平
				冰川融水补给率变化	反映冰川融水补给河川径流量比例的变化情况
			生态变化	NPP变化率/%	反映陆地生态系统的初始物质和能量变化
				植被退化率/%	植被退化面积占一地区总面积的百分比
			生态用水	林地、草地、耕地、园地用水量变化/m³	亩均林地、草地、耕地与园地的用水量变化
		社会经济系统敏感性	经济用水	单位 GDP 的耗水量/(m³/万元)	地区生产总值/用水量，反映地区水量对经济的影响程度
				农业 GDP 单方水产值化/(元/m³)	农业总产值/用水量，反映地区水量对农业的影响程度
				工业 GDP 单方水产值化/(元/m³)	工业总产值/用水量，反映地区水量对工业的影响程度
				第三产业 GDP 单方水产值/(元/m³)	第三产业总产值/用水量，反映地区水量对第三产业的影响程度
			社会用水	人均城镇居民用水量变化/[m³/(年·人)]	反映地区水量对城镇居民用水量的影响
				人均农村居民用水量变化/[m³/(年·人)]	反映地区水量对农村居民用水量的影响
			土地利用	土地利用变化/%	不同时期各种利用的集聚程度
	适应能力	水资源适应能力	水资源	水资源总量/10³ m³	反映水资源的富集程度
				人均水资源量/m³	水资源的保障能力
				水资源利用率/%	反映水资源利用的程度
		土地适应能力	土地	土地利用结构/%	各种用地占本区总面积的百分比
				垦殖指数/%	一个地区已开垦种植的耕地面积占土地总面积的百分比
				人均耕地面积/(hm²/人)	总耕地面积与人口总数之比，是当地社会经济发展的重要物质基础，体现农村社会经济的发展能力与潜力
				人均草地面积/(hm²/人)	总草地面积与人口总数之比
				人均林地面积/(hm²/人)	总林地面积与人口总数之比
				人均荒地面积/(hm²/人)	总荒地面积与人口总数之比

续表

目标层	标准层	要素层	指标层	指标说明
系统对冰冻圈变化影响的脆弱性（适应能力）	生态适应能力	生态修复能力	NPP总量/(GC/a)	反映生态修复能力
		生态治理措施	生态治理指数	当年造林或退耕还牧还草、还林面积与区域面积之比
			自然保护区面积比例/%	自然保护区面积占区域面积的比
	经济适应能力	经济增长	GDP增长率/%	说明经济基础适应能力的动态变化趋势
		劳动生产率	单位劳动力的产出/(万元/人)	反映技术水平
		产业结构调整	高耗水产业的比例/%	高耗水产业占三产业的比例，体现产业结构调整
			耗水行业占总工业的比/%	体现工业内部的结构状况
		经济质量	第三产业产值比例/(%)	第三产业占三产业的比例，体现经济质量
		人均纯收入	农牧民人均纯收入/(万元/人)	反映农牧民个体的经济适应能力
			城镇居民人均纯收入/(万元/人)	反映城镇居民个体的经济适应能力
	社会适应能力	人的综合发展	人类发展指数	预期寿命、成人识字率、人均GDP
		信息通达性	信息通达指数	通信覆盖率、网络覆盖率
		教育水平	受教育年限/a	接受学历教育的年数
		福利水平	恩格尔系数/%	食物消费占总消费的比
		运输能力	交通运输能力	衡量指标为公路网密度，即各县单位面积通公路里程数，反映地区的交通运输保障能力。值越大，适应能力越强
		社会资本	社会资本指数	个体或团体之间的关联——社会网络、互惠性规范和由此产生的信任程度
	制度适应能力	政策与决策	政策和决策能力	反映政府应对冰冻圈变化影响的决策能力
		管理水平	资源配置管理水平	软指标
	工程适应能力	工程措施	水利工程投资比例/%	水利工程建设投资占总投资的比例
			渠系改造维护投资比例/%	渠系改造维护投资占总投资的比例
			新建渠系投资比例/%	新建渠系投资占总投资的比例
			山区水库人均库容量/(m³/人)	山区水库人均容量越大，适应能力越强

冰冻圈变化影响的脆弱性指标体系包括目标层、标准层、要素层与指标层四级，整个指标体系包括 67 个指标。该指标体系较全面地考虑了中国冰冻圈主要要素的变化及其影响、自然系统与社会经济系统的各个方面，具有一定的普适性。在实际研究过程中，要根据具体研究对象，关注问题属性，从中灵活取舍指标。

2.2.3　冰冻圈变化的脆弱性评价方法

脆弱性评价就是通过构建或运用脆弱性评价方法将能够反映脆弱性的若干指标综合成一个具有相对级别的脆弱性指数的过程，这些指标有的有权重，有的无权重（IPCC，2014）。目前脆弱性评价主要集中在两个方面：①区域尺度的脆弱性评价，这种评价需要回答区域总的脆弱性状况如何，区域内各地区的相对状况如何，各地区的脆弱性未来如何变化，适应对策选择如何运用于区域其他地方等评估问题。②不同研究对象或系统的脆弱性评价，这种评价目的是揭示系统脆弱性的动态变化，预估未来发展趋势，剖析决定脆弱性的关键因素，探寻不同适应方案，并确定其成本–收益。这两个方面的脆弱性评价方法并不是完全割裂的，有些方法既可用于区域尺度的脆弱性评价，又可用于系统脆弱性评价，如主成分分析法与指标评价法。

因冰冻圈要素众多，且各自存在形式、变化、影响方式不同，构建一个囊括所有冰冻圈要素与社会经济要素的耦合模型是冰冻圈科学研究的一大挑战，目前尚无法实现。因此，鉴于冰冻圈的独特性、要素组成的多样性、变化影响的复杂性，目前主要使用指标评价法综合评价冰冻圈变化的脆弱性与适应能力。该方法针对具体的冰冻圈变化问题，结合研究区自然、社会经济特征，从多方面选取评价指标，构建评价指标体系，实现区域或系统脆弱性指标的量化。这一方法可全面考虑暴露度、敏感性与适应能力因素，包括降低脆弱性、提高适应能力的方法与途径，具有综合性、灵活性与可操作性的特点。本书着重介绍指标评价法。

指标评价法的评价过程一般包括 3 个步骤：①评价指标选取；②指标权重赋值；③脆弱性等级划分。

（1）评价指标选取

2.2.2 小节介绍了冰冻圈及其变化的脆弱性指标遴选原则、指标选择与体系构建，此处不再赘述。

（2）指标权重赋值

指标权重的赋值和计算的方法很多，主要有专家打分法、层次分析法（AHP）、统计平均值法、主成分分析法、模糊评价法、灰色关联法等，其中以专家打分法和层次分析法的使用较为常见。此外，神经网络法和模糊综合评判法因其具有减少主观性的优势也得以较多应用（於琍等，2005；乔青等，2008）。周嘉慧和黄晓霞（2008）对常用评价方法对指标权重赋值和等级划分进行了归纳和对比分析（表2-3）。

表 2-3　常见指标评价方法对比

评价法	思路	适用范围	优点	缺点
模糊评价法	确定指标体系及权重，计算各因子对各评价指标的隶属度，分析结果向量，从而评价各子区域的脆弱性等级并排序	省、区等大范围及县（市）、乡（镇）等小范围均适用	计算方法简单易行	对指标的脆弱性反映不够灵敏
生态脆弱性指数评价法	确定指标、权重及其生态阈值，在数值标准化基础上，根据计算公式计算生态脆弱性指数 EFI，划分脆弱性等级	适于某一区域内部生态环境脆弱性程度的比较分析	将脆弱性评价与环境质量紧密结合在一起	结果是相对的
层次分析法	确定评价指标、评分值及权重，将评分值与其权重相乘，加和得到总分值，据总分值确定脆弱生态环境的脆弱性等级	应用范围广，可用于不同脆弱生态环境脆弱性程度比较	计算过程简单、容易操作	指标选取、权重赋值、脆弱性分级等有一定主观性
主成分分析法	计算特征值和特征向量，通过累计贡献率计算得到主成分，最后进行综合分析	适用于基础资料较全面的生态环境脆弱性程度评估	保证原始数据信息损失最小，以少数的综合变量取代原有的多维变量	存在一定的信息损失
灰色关联法	选定评价因子，计算各区各个因子的相对比重，根据公式计算区域的相对脆弱性	适用于生态系统内部或相邻系统的脆弱性程度比较	可进行相信生态系统的脆弱性程度比较	计算过程复杂，对数学水平要求较高
模糊综合评判法	包括现状评价、趋势评价及稳定性评价三部分	需要长时期的数据资料	较为全面、宏观、评价结果具有较强的综合性及逻辑性、系统性	复杂，涉及内容多，难应用于大范围

（3）脆弱性等级划分

脆弱性等级划分是将评价结果直观表达的一种途径，也是脆弱性评价的关键环节。脆弱性等级划分常用方法有以下 4 种：① 等间距法，以脆弱性指数为标准，在指数间等间距划分脆弱性级别。例如，在早期研究中，杨建平等（2007）使用等间距法将长江黄河源区生态环境脆弱性划分为极脆弱、强脆弱、中脆弱、轻脆弱、微脆弱 5 级。② 数轴法，将脆弱性指数标绘在数轴上，选择点数较少处作为等别界限。③ 总分频率曲线法，对脆弱性指数进行频率统计，绘制频率直方图，选择频率曲线突变处作为级别界限。④ 自然分类法（natural breaks classification，NBC），该方法是基于数据中固有的自然分组，对分类间隔加以识别，可对相似值进行最恰当分组，并可使各个类之间的差异最大化。该方法将数据划分为多个类，类间边界在数据值差异相对较大的位置。本书中冰川、冻土及冰冻圈对气候变化的脆弱性分级以及典型地区社会–生态系统对冰冻圈变化的脆弱性分级主要使用NBC 分级法。

2.2.4　冰冻圈社会调查方法

在评价冰冻圈变化的脆弱性与适应能力时，经常会遇到一些无法量化的"软"指标，如政府的决策能力、管理水平等，此时就需要通过社会经济调查来获取这类指标的数据。此外，社会资本、传统知识、习俗、感知等对适应的促进或阻碍作用受到脆弱性与适应研究界的高度关注，只有通过社会经济调查这方面的研究方可付诸实施。因此，冰冻圈变化脆弱性与适应研究离不开社会经济调查。

冰冻圈社会经济调查方法是指调查者运用特定的方法和手段在冰冻圈核心区、作用区与影响区搜集有关冰冻圈变化及其对人员、生计、资源、基础设施、社会、经济等的影响、传统适应知识、现有适应措施的信息资料，并对其进行审核、整理、分析与解释的方法。

2.2.4.1　冰冻圈社会调查研究的原则

（1）客观性原则

冰冻圈是地球表层水以固态形式存在的圈层，其自身变化、对自然环境与经济社会的影响不仅复杂多样，而且区域差异显著。故在调查时应根据研究内容的着重点与预期目的，从具体情况出发选择调查地区，确定调查对象，充分搜集客观材料，探寻冰冻圈变化与社会经济之间的因果联系与作用规律。

（2）真实性原则

调查研究是否科学主要取决于搜集资料的真实性。我国冰冻圈主要位于西部高山高原地区，偏远不易到达，且多为少数民族地区，这些因素，尤其是语言障碍严重影响调查进程与获取资料的真实性。因此，在开展社会调查研究时应预判调查地区可能存在的各种情况，尽可能提前做好准备工作，比如将问卷翻译成调查地区语言文字，或者通过当地政府联系翻译人员等，力争获取真实数据。

（3）准确性原则

主观性被认为是社会调查研究的一大缺陷，因此要克服主观性，在社会调查研究时就必须实事求是准确描述调查事实，尤其是涉及数据时，要力求做到准确。

2.2.4.2　常用的冰冻圈社会调查方法

（1）确定调查对象的方法

确定调查对象的方法包括普遍调查、典型调查、抽样调查、个案调查 4 种，在冰冻圈社会调查中主要采用抽样调查方法（表 2-4）。

表 2-4　确定调查对象的方法及概念

方法	概念
普遍调查	为了掌握被研究对象的总体状况，对全体研究对象逐个进行调查研究的一种调查方式

续表

方法	概念
典型调查	在对调查对象进行初步分析的基础上,从众多的调查对象中,有意识地选择若干个具有代表性的对象进行深入、周密、系统的调查研究,并通过对典型的调查来认识调查对象的总体状况。它是一种直接调查、定性调查
抽样调查	从全体研究对象中,按照一定的方法抽取一部分对象作为代表进行调查研究,并据此推论研究对象状况的一种调查方式
个案调查	是对某个特定的个人、人群或某个事件、社会单位做深入细致的调查研究的一种调查方法

(2)调查和收集资料

目前冰冻圈作用区社会调查最常用的搜集资料的方法有问卷法与访谈法(表2-5)。

表2-5　常用的冰冻圈社会调查方法

项目	问卷法	访谈法
概念	调查者运用统一设计的问卷向选取的调查对象了解情况或征询意见的调查方法	由访谈者根据调查研究所确定的要求与目的,按照访谈提纲或问卷,通过个别访问或集体交谈的方式,系统而有计划地收集资料的一种调查方法
分类	根据问卷分发和回收形式的不同,问卷法分为直接发送法和间接发送法	按照操作方式和内容可以分为结构式访谈和非结构式访谈
	根据问卷填答者的不同,分为自填式和代填式	按照访谈对象的人数可以分为个别访谈和集体访谈

A. 问卷设计

问卷设计要充分考虑调查目的、调查内容、样本的性质、资料处理及分析方法、财力、人力和时间,以及问卷的使用方式。一份优良的问卷应具备较高的有效度和可信度、适合研究目的和内容、适合调查对象、问题少而精。

B. 问卷结构

调查问卷主要包括封面信、指导语、问题及答案、编码等几部分(表2-6)。

表2-6　调查问卷的构成及其概念、作用、优缺点

调查问卷的构成	概念	作用
封面信	是一封致被调查者的短信,常放在问卷的封面	①通过自我介绍和说明,可使对方形成一定的心理准备,以便进入交谈过程;②通过自我介绍和说明,可取得被调查者信任,使被调查者愿意进入交谈过程;③可体现出礼貌和尊重被调查者的态度,使被调查者乐于合作,给予帮助
指导语	告诉被调查者如何正确填答问卷,或提示调查者如何正确完成问卷调查的工作语句	限定回答范围、指导回答方法与过程、规定或解释概念和问题的含义

续表

调查问卷的构成		概念	作用
问题及答案	开放型问题	不为被调查者提供具体答案，而由被调查者自由填答的问题	优点是允许被调查者按自己的方式，充分自由地对问题作出回答，不受任何限制，所得资料更为丰富、生动。 缺点是对被调查者要求高，限制了调查范围和对象，耗时耗力，统计结果困难，易出现许多与研究无关的资料
	封闭型问题	在提出问题的同时，还给出若干个特定答案，让被调查者根据自己实际情况选择回答问题	优点是被调查者填写问卷、回答问题方便容易，结果便于统计处理和定量分析，资料集中。 缺点是调查受到限制，调查中的偏误难以避免
	混合型问题	封闭型问题与开放型问题的结合，实质上是半封闭、半开放的问题，它综合了开放型问题与封闭型问题的优点，同时又避免了两者的缺点，具有非常广泛的用途	
编码		给问题和答案编上编码，用这些编码来代替问卷中的问题及其答案，以便于统计处理和分析	编码工作既可以在设计问卷时进行，称为预编码，也可在问卷收回后进行，称为后编码。一般以封闭式问题为主的问卷，往往采取预编码形式；以开放式问题为主的问卷，一般采取后编码
其他资料		包括问卷的名称、编号、问卷发放及回收日期、调查员、审核员姓名、被调查者地址等	

C. 问卷设计的步骤

问卷设计步骤、要求与注意事项见表 2-7。

表 2-7　问卷设计步骤、要求与注意事项

步骤顺序	要求与注意事项
设计准备	在调查问卷设计之前，要先熟悉了解被调查地区的自然环境、社会经济概况，明确调查的总体目标，了解调查对象的基本情况，确定所需要的信息范围，确定问卷调查的具体形式
概念操作化	对调查研究所使用的抽象概念给予明确的定义，并确定其边界和测量指标
初步探索	问卷设计者亲自进行一定时间的非结构性访问，围绕所要研究的问题同各类型的回答者交谈
设计问卷初稿	基于对调查地区、调查对象的初步了解，以及经过访谈交流所得到的信息，依据研究的内容与目的设计问卷。设计的问题要紧密围绕研究内容与目的，问题要具体、明确，不能抽象笼统，要避免提复合性问题，问题要适合被调查者的特点，做到通俗易懂
试用与修改	将设计的问卷进行预调查，检验问卷的整体结构、问题顺序、有无理解歧义，以及问答难易程度，从而对问卷进行修改，删除不必要的问题，调整问题顺序、修改问题的形式
打印问卷	用不同字体将问题和答案区分开；尽可能按问题内容将问卷划分并列出小标题；将问题和答案打印在同一页中

D. 问卷调查的基本程序

问卷调查的基本程序可以分为 4 个阶段：准备阶段、调查阶段、分析阶段和总结阶段（表 2-8）。

表 2-8　问卷调查基本程序与主要内容

调查程序		主要内容
准备阶段		①确定调查问题；②选定调查对象；③选定调查方法；④设计调查问卷，问卷长度以 15min、20 道题左右为参考标准；⑤制订调查方案，包括调查目的和任务、调查对象与范围、调查方法与手段、调查时间和地点、调查步骤与日程安排、调查的组织领导与工作分工
调查阶段		①挑选调查员。②培训调查员：向他们介绍调查研究的计划、内容、目的、方法，及其与调查项目有关的其他情况，以便调查人员对该项调查工作有一个整体性的了解；介绍和传授一些基本的和关键的调查方法；开展预调查，发现调查中存在的问题，交流调查经验，以便后续调查工作顺利开展。③联系被调查者：通过正式机构、当地部门等或直接与被调查者联系。④调查资料的搜集：主要使用一对一的当面访问法、集中填答法，以及自填问卷法（极个别文化程度高的）
分析阶段	调查资料整理	①誊录：把调查所得到的资料以数字、文字或图表形式直接录入计算机。对于匆忙中记录不完整、字迹潦草的访谈记录重新整理。②分类：将已经表述的资料按照一定的标准进行分类。③归档：将已经分类的资料放入相应的纸袋、抽屉、书架等，贴上标签，以便在对调查资料进行研究时能够方便地进行检索
	调查资料研究	对已经进行整理的资料进行研究，以便从调查资料中得出结论，解决调查之前提出的问题
总结阶段		经过调查资料的充分分析之后，实事求是地撰写调查报告，使更多人了解此次调查的结果，便于进行进一步的研究。调查报告的撰写是调查研究的最后环节

2.3　冰冻圈及其变化的脆弱性与适应研究布局

2.3.1　中国冰冻圈分区

中国冰冻圈可分为核心区、作用区和影响区。核心区是冰川、多年冻土和持续时间在 60 天以上的稳定积雪区 [图 2-3 (a)]；作用区是冰川、多年冻土、季节冻土、持续时间在 60 天以上的稳定积雪区，20 ~ 60 天的年周期性不稳定积雪区，该区域介于 22.27°N ~ 54.06°N，68.18°E ~ 136.43°E，面积为 $749.4 \times 10^4 km^2$，约占陆地面积的 78.1%，涵盖我国 1173 个县 [图 2-3 (b)]；影响区为全国。

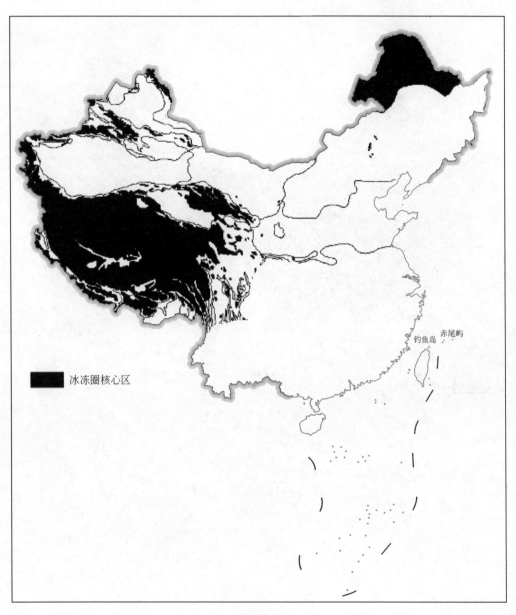

(a)核心区

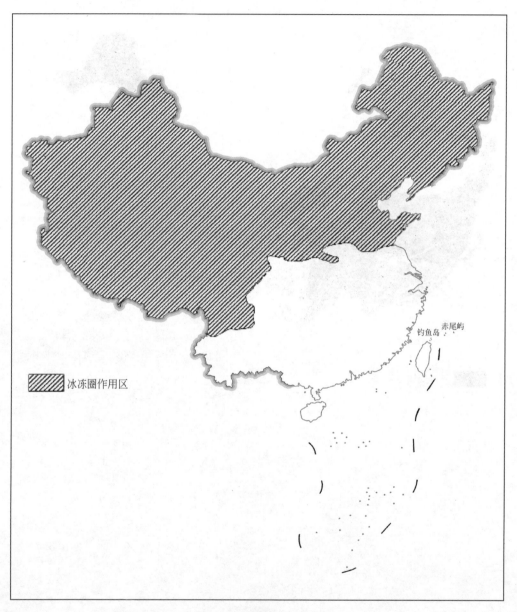

冰冻圈作用区

(b)作用区

图 2-3　中国冰冻圈核心区与作用区

2.3.2 研究布局

冰冻圈及其变化的脆弱性与适应研究布局可分为两个梯度:第一梯度,从宏观尺度分别解读中国冰川、冻土和积雪对气候变化的脆弱性,揭示其空间变化差异、预估未来发展趋势、进行空间区域类型划分。在此基础上,综合评价和预估冰冻圈对气候变化的脆弱性。第二梯度,在第一梯度研究的基础上,依据中国冰冻圈变化及其影响的区域差异特点,分别选取东北高纬度多年冻土区、西北干旱区受冰川变化显著影响的石羊河、黑河、疏勒河和阿克苏河流域,受高海拔多年冻土变化影响的长江黄河源区,受海洋型冰川变化影响的横断山地区,以及受冰冻圈变化综合影响的喜马拉雅山地区作为典型研究地区/流域,开展不同时空尺度、不同利益相关者尺度的冰冻圈变化的脆弱性与适应研究,目的是了解这些地区系统对冰冻圈变化影响的脆弱性表现形式、关键驱动因素、脆弱程度、适应能力水平,评价现有适应措施,遴选适宜中国冰冻圈环境的脆弱性与适应研究方法与工具、积累研究经验。通过对典型区的全方位、多层次研究,提升系统对冰冻圈变化影响的脆弱性与适应认知,总结影响整个冰冻圈作用区社会经济可持续发展的关键因素,从而进一步从国家、半球、全球尺度评价系统对冰冻圈变化的脆弱性和适应能力,并对其未来状况进行预估,优化与科学组合现有的适应措施,并结合脆弱性和适应能力研究结果,从战术与战略层面提出中国应对冰冻圈变化的适应措施与政策建议。

2.4 小 结

冰冻圈变化的脆弱性与适应研究是当今冰冻圈科学全新的研究领域。本章在介绍气候变化与冰冻圈变化脆弱性与适应概念的基础上,以冰冻圈变化影响/风险—脆弱性—适应为主线,论述了冰冻圈变化的社会经济影响、脆弱性、适应研究内容及其关键科学问题,明晰了脆弱性评估的一般模型,探讨了脆弱性与适应研究的时空尺度,构建了中国冰冻圈及其变化的脆弱性评价指标体系,较详细地介绍了冰冻圈及其变化的脆弱性评价方法与社会调查方法,在划分中国冰冻圈为核心区、作用区与影响区的基础上,勾勒了中国冰冻圈及其变化的脆弱性与适应研究布局。

本章从方法学层面详细剖析了中国冰冻圈变化的脆弱性与适应研究范畴、研究内容、关键科学问题、脆弱性评估模型、时空尺度问题、脆弱性评价方法等,为后续各章节奠定了理论与方法学框架。

第 3 章　中国冰冻圈变化的影响

冰冻圈作为气候系统中的重要圈层，对气候变化高度敏感，它不仅是气候变化最直接、最快速的指示器，而且对水文、生态、气候、地表环境及人类发展也产生广泛影响。冰冻圈变化的影响主要通过与其他圈层相互作用体现出来，因此，认识冰冻圈与其他圈层的相互关系是理解冰冻圈变化影响的基础。冰冻圈与气候、水文与水循环、生态、地表环境的相互作用关系已经有广泛研究，而将冰冻圈变化的影响置身于社会经济系统，从脆弱性与风险、服务功能与价值的视角开展研究，国际上没有先例，中国科学家已经开展了相关工作，本章是对中国科学家工作的总结。

3.1　冰冻圈与其他圈层相互作用

冰冻圈与其他圈层相互作用是指其他圈层在与冰冻圈相互关联、影响中冰冻圈起主要作用的交叉部分（图 3-1）。很显然，冰冻圈与其他圈层相互作用研究是冰冻圈与其他各圈层之间的交叉研究，研究的主体是冰冻圈，研究内容只涉及相互密切关联的交叉部分，而不涉及圈层之间交叉以外的领域，更不涉及冠以"冰冻圈地区"，实则与冰冻圈本身没有直接联系（Qin et al.，2017）。

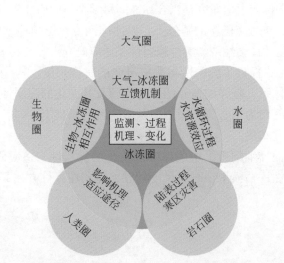

图 3-1　冰冻圈与其他圈层相互作用关系（Qin et al.，2017）

冰冻圈多圈层相互作用也不仅是如图 3-1 所示的冰冻圈与单一圈层的相互作用，而往往是冰冻圈与多个圈层间的相互作用。例如，大气–冰冻圈–海洋之间的相互作用在气候系统中具有重要影响，其中冰冻圈在大气–海洋之间就起着"承上启下"的作用，大气圈通过冰冻圈作用影响海洋，海洋的变化又会影响大气。

过去几十年，伴随着全球变暖，以冰川、冰盖、积雪、冻土、海冰、河湖冰为主体的冰冻圈发生了显著变化，这一变化的最大特点就是在全球范围内，冰冻圈出现了整体性的萎缩（Vaughan et al.，2013）。尽管如此，冰冻圈变化却表现出很大的区域性差异，冰冻圈变化的影响更因地不同而表现出区域性特点（ACIA，2005；Olav and Richard，2007；Terry et al.，2011；Hugh and Olav，2012；Levermann et al.，2012；Vaughan et al.，2013；Field et al.，2104）。冰冻圈变化的影响可概括性地定义如下：在冰冻圈与大气圈、水圈、生物圈和岩石圈相互作用过程所引发的结果中冰冻圈所起的作用。因此，冰冻圈变化的影响表现在与气候、生态、水和地表环境相关的许多领域。

冰冻圈变化对气候的影响是冰冻圈科学研究的主要内容之一，以关注北极气候变化开始的"北极气候系统研究"（ACSYS）计划及其后的"世界气候研究计划——气候与冰冻圈计划"（WCRP-CliC）主要关注的就是冰冻圈变化对气候的影响（Steffen et al.，2012）。冰冻圈对气候的反馈主要表现在冰冻圈变化使全球或区域能水平衡改变，进而影响全球能量和水分分配，最终导致全球气候变化。这种影响从陆地积雪、多年冻土改变陆面能量平衡到冰盖、海冰影响全球反射率及海洋温盐环流，空间范围涉及海、陆全球尺度、半球尺度（北半球积雪变化）、区域尺度（青藏高原冰冻圈、极地冰冻圈）等；时间尺度从季节、年际、年代际到百年、千年甚至万年（图 3-2）（Steffen et al.，2012；Hugh and Olav，2012；Vaughan et al.，2013；丁永建等，2013）。

冰冻圈对生态系统的影响越来越受到关注。冰冻圈与生物圈相互作用研究的重点表现在陆地和海洋两方面。在陆地，冰冻圈变化会影响土壤水、热状况，进而影响生态系统。另外，生态系统的改变，又会影响冰冻圈的生存环境，尤其是多年冻土受植被生态影响显著，植被的退化不利于多年冻土的发育。在海洋，冰冻圈融化后进入海洋中的冷、淡水会改变海洋温度和盐度，不仅影响海洋环流，也会影响海洋生态系统。两极地区，冰冻圈变化对海洋生态系统的影响尤为重要（ACIA，2005；Olav and Richard，2007；Hugh and Olav，2012）。气候变化对南北极一些地区陆地和淡水生态系统的影响日益显著，一些海洋种群为适应极区变化的海洋和海冰环境会改变生活范围。随着海冰范围逐年减少、结冰期缩短及海冰厚度减薄，北极熊生存环境将受到严重威胁（Larsen et al.，2014）。在亚洲大部分地区，随着冻土的退化，陆地生态系统的物候、生长速率和植物种群的分布发生了变化，并且随着气候的变暖上述影响将进一步加剧（Hijioka et al.，2014）。多年冻土中的碳排放已经成为气候变化研究中高度关注的问题（IPCC，2014）。

冰冻圈变化对水循环和区域水资源的影响一直是学者高度关注的问题。冰冻圈变化对水圈的影响研究突出表现在两个空间尺度上。在全球尺度上，冰冻圈变化会引起海平面变化，进而改变全球水循环过程；同时，冰冻圈变化会改变全球海洋淡水平衡，驱动大洋温盐环流，从而影响全球海洋环流（丁永建和张世强，2015）。在区域或更重要的流域尺度上，冰冻圈变化会影响流域水文过程，不仅影响径流量的增减，也会改变径流的年内分配，进而影响水资源的合理利用。冰冻圈作为全球水循环过程的一个重要环节，对气候变

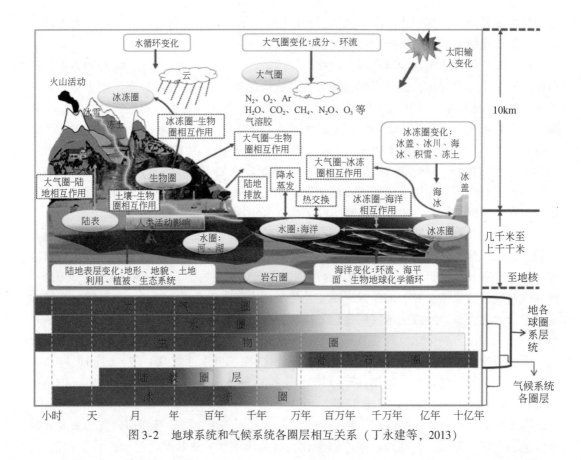

图 3-2　地球系统和气候系统各圈层相互关系（丁永建等，2013）

化的敏感性在全球变化研究中备受关注。由于冰川、冰盖、积雪、海冰、冻土等变化的水文效应在时间和空间尺度上存在较大差异，且对多因素协同影响的水文效应尚缺乏足够认识。另外，冰川融水的增加过程及出现突变点的时间是关注的焦点。单个冰川通过观测和模拟可获得其融水出现拐点的时间阈值范围，但流域尺度冰川规模差异使每一个冰川对气候敏感程度和响应过程存在较大差异，因此，流域尺度冰川融水的变化过程及阈值范围确定需要在理论、方法和手段上实现创新性突破（丁永建和效存德，2013）。

　　冰冻圈变化通过冻融侵蚀、寒冻风化、搬运沉积等过程直接塑造地表形态，强烈改造地表地貌。冰冻圈地表现代过程与寒区环境，气候变化对寒区物理、化学及生物等过程的影响是学者十分关注的科学问题，冰川侵蚀与寒冻风化过程、强度对流域环境背景值的影响是未来值得关注和需要开拓的领域。冰冻圈变化直接影响冰川冻土灾害发生频率、程度与影响时空尺度。冰冻圈发生过程、形成机制、与环境相互作用关系等是冰冻圈灾害研究的重点内容。随着气候变化及经济快速发展，冰川消融洪水、冰湖溃决泥石流、风吹雪、雪崩、雪灾、冻雨灾害、冻融灾害、河冰及海冰灾害等频繁发生。面对气候变化诱发的众多冰冻圈灾害，其发生的机制、预测、预警和防治等体系化、理论性的研究成为亟须深化研究的重要科学问题。冰冻圈潜在灾害及其风险评估是未来亟须加强的领域。从地貌学的观点来看，沉积物的物质交换取决于被侵蚀对象的规模（岩性和泥沙量）与扰动强度

（如融雪径流、冰湖溃决或冰川侵蚀力等）之间的比率，冰冻圈变化导致地貌景观改变，可以是长期累积的局地尺度，也可以是全球尺度。定量理解冰冻圈与地表物质交换的这些关系是深入认识冰冻圈地表过程的重要基础（Olav and Richard，2007）。在全球尺度上，山区冰川和冰缘环境对现代气候变化的影响十分脆弱，由于有时间滞后、反馈作用及地区因素（包括地质历史和地质条件）等影响，这些冰冻圈环境的变化与气候强迫之间显示出十分复杂的非线性关系。因此，关注未来几十年山区冰川和冰缘环境变化对全球变暖的响应以及这些变化对水文、生态的影响，特别是对下游生物圈（生物多样性和生态服务、可持续农业和水资源）、人类环境（包括文化和景观遗产、社会和经济活动）和政策与规划的影响，是未来研究重点（Olav and Richard，2007；Deline et al.，2012；Knight and Harrison，2014）。

冰冻圈与人类圈关系密切。冰冻圈变化不仅影响生态、水资源，还影响地表物质的搬运、堆积和再分配。冰湖溃决洪水、冻胀融沉、河湖海冰、风吹雪、冻雨等冰冻圈灾害会影响社会经济发展、威胁人们的生命财产。另外，人类活动也会影响冰冻圈。例如，在多年冻土地区的工程建设、资源开发，会影响多年冻土，除非采取了特殊的保护措施，一般情况下，人类活动将会加速多年冻土退化。同样，冰川旅游在促进当地经济发展的同时，也会影响冰川的生存环境，加速冰川退缩。冰冻圈的影响波及两极、北美洲、南美洲、亚洲、欧洲及非洲等地区。另外，影响还涉及水、生态、灾害等不同领域（UNEP，2007，2012；AMAP，2012；IPCC，2014）。

在系统梳理冰冻圈科学发展及学科内涵基础上，将冰冻圈与人类圈相互作用作为冰冻圈科学研究的重要出口，冰冻圈对社会经济领域的影响日益显著，许多隐形的、尚未注意到的影响正在不断显现（Qin et al.，2018）。Olav 和 Richard（2007）从全球环境变化的视角，将冰冻圈诸要素纳入一体进行了综合论述，从冰冻圈最重要的系统和累积变化、观测和监测方法、不同时空尺度上冰冻圈的能量调节与水量储存作用，到遥感信息给出的冰冻圈空间特征和不同时间尺度的冰冻圈变化进行了系统论述。值得一提的是，该项研究最后通过冰冻圈变化及脆弱性的分析，讨论了冰冻圈与社会经济的关系，从而由冰冻圈变化、影响、社会经济关系等形成冰冻圈的系统化概念，在一定程度上体现了"冰冻圈科学"向应用拓展的思想和理念。早在 2005 年，北极气候变化评估就指出，在未来冰冻圈研究中应增强对次区域尺度或者是地方尺度水平冰冻圈变化影响的研究，区域冰冻圈变化的影响与人类生存的关系更加密切；需要定量确定冰冻圈在社会经济领域影响，如油气生产、采矿、交通运输、渔业、森林及旅游业等领域（ACIA，2005）。

了解系统受到多重相互作用产生不利影响的脆弱性或程度，需要更好地理解系统的适应能力。这些认识正不断得到重视。为适应冰冻圈变化的不利影响，只有关注区域或地方尺度的脆弱性，才能更好地理解冰冻圈影响的程度，从而寻找到合理的适应途径。Hugh 和 Olav（2012）在对加拿大寒区的研究总结中，突出了寒区环境变化与所在地人类的相互关系，尤其强调了冰冻圈过程中人与环境的协调发展。与北极冰冻圈有关的局地、区域和全球尺度影响研究中（Paepe，2001；UNEP，2007，2012；Terry et al.，2011；AMAP，2012），将陆地冰雪与海冰反照率作用、冰盖和冰川变化对海平面的影响、多年冻土与碳排放及地表和地球化学过程、冰雪与海冰对大洋的淡水效应、湖冰的生态效应、冰川的水文效应等北极地区冰冻圈正在影响的领域作为了重点关注。在大尺度影响欧洲的 6 个潜在子气候逆转因子（tipping elements）评估中（Levermann et al.，2012），涉及了格陵兰和西南极冰盖、北大西洋温盐环流、北极海冰、山地冰川及北半球平流层臭氧，其中的 5 个因子与冰冻圈相关。对中国冰冻圈的评估指出，冰冻圈变化的影响已经广泛影响到气候、水资源、生态、地表环境（冰冻圈灾害、地表侵蚀等）等方面（丁永建等，2012b），适应和应对冰冻圈变化的影响面临众多挑战。IPCC AR5 将冰冻圈的影响归结为地表能量收支、水循环、初级生产力、地表气体交换和海平面 5 个方面（Vaughan et al.，2013）。评估指出，在许多地区，冰雪融化正在改变着水文系统，影响着水资源量和水质；北美积雪灾害增加；存在着诸如冰盖崩解、冻土区甲烷释放及干旱等大尺度异常事件出现的风险；在RCP8.5 情景下，到 2081~2100 年，海平面将上升 0.45~0.82m，那时格陵兰冰盖的消失及南极冰盖不稳定区的崩解将对全球海平面产生巨大影响。21 世纪末，多年冻土融化释放的 CO_2 可达 180~910Gt，9 月北冰洋几乎成无冰区；北方苔原也会发生很大变化，且没有可适应的措施保护这种持续的变化；所有基础设施对冻融循环均十分脆弱，在冰川或多年冻土区的交通设施尤其脆弱（Field，2014）。

通过上面的概述可以看到，冰冻圈通过圈层相互作用影响气候、生态、水、地表环境进而影响人类可持续发展。随着冰冻圈变化的持续及其累积效应增加，冰冻圈变化对中国的影响正在日益显著地渗透到水文水资源、生态、气候及地表环境等众多领域，渗透到中国西部乃至以青藏高原为主体的周边地区（UNDP，2006）。中国冰冻圈主要由冰川、冻土、积雪、海冰和河湖冰组成，相对而言，冰川、冻土和积雪变化的影响较大（丁永建和秦大河，2009），这也是本书重点关注的内容。中国冰冻圈变化的影响突出表现在以下几个方面（秦大河和丁永建，2009；丁永建和秦大河，2009；丁永建和效存德，2013）：一是冰川、积雪变化对地表径流过程及流域水资源的影响；二是多年冻土变化对流域径流过程及区域植被生态系统的影响；三是冰冻圈变化对地表环境的影响，诸如冻土的冻胀融沉引发的地表环境与工程问题、冰川湖泊导致的冰湖溃决洪水及泥石流灾害问题及冻融侵蚀和冰川侵蚀产生的水土流失问题等；四是冰冻圈变化对区域气候的影响。

3.2 冰冻圈变化对气候的影响

冰冻圈与大气圈相互作用研究主要包括气候变化对冰冻圈的影响及冰冻圈变化对气候的反馈。气候变化对冰冻圈的影响，也就是冰冻圈对气候变化的响应过程，表现在气候变化对冰冻圈的形成、演化过程的各个时空尺度和各个重要变化环节上，这也是冰冻圈的传统研究内容。冰冻圈的变化反过来又会影响全球气候的变化，是冰冻圈对气候的反馈作用。随着气候变化研究的不断深入，冰冻圈对气候变化影响的认识也在不断深化，学者也认识到冰冻圈变化对气候的影响表现在不同时空尺度，且作用显著。但冰冻圈对气候影响的研究还远远不能满足理解气候变化机制的需要。

因此，深入研究冰冻圈和气候相互作用的物理过程与反馈机制，提高气候系统模式中冰冻圈过程的耦合模拟能力，定量评估冰冻圈在全球和区域气候变化中的作用，对提升气候系统科学认识水平、减小气候系统模拟和预估的不确定性具有重要的科学意义。冰冻圈作为气候系统的重要组成部分，除受气候变化影响外，极地冰盖、山地冰川、积雪、海、湖、河冰等冰冻圈要素在不同时间和空间尺度上通过复杂的反馈过程也对气候有重要的调节作用（Alexander et al.，2004；Deser et al.，2004；Wu et al.，2009，2013）。随着观测手段的进步，观测资料的日益增多和计算条件的改善，国内外已有大量研究表明，作为冰冻圈组成部分的积雪、海冰和冰架不仅是导致气候异常的重要原因，也是预测气候变化的重要先兆因子。冰冻圈在气候变化中的作用日益显现。

3.2.1 东亚季风

亚洲季风包括东亚季风与印度季风，它是由亚洲陆地与周边海洋之间的热力差异驱动的，全球海洋-陆地-大气之间的相互作用对亚洲季风有重要影响。影响东亚季风的因素很多，相互作用也很复杂，主要因素可以概括为东［赤道中东太平洋和太平洋暖池的热状况，包括厄尔尼诺-南方涛动（ENSO）、太平洋年代际振荡等］、西（欧亚大陆和青藏高原热状况，包括积雪、感热和潜热等）、南（热带对流、南海热状况和南半球大气环流等）、北（北极海冰、北极涛动和东亚阻塞高压等，反映了中高纬大气环流的影响）、中（西太平洋副热带高压，反映了副热带大气环流的影响）5 个方面（图 3-3），这五大因素可以概括影响东亚季风的主要热力、动力条件，即大气环流和下垫面热状况。在图 3-3 所示模型中，北极海冰、欧亚大陆和青藏高原积雪等冰冻圈分量发挥着重要作用。

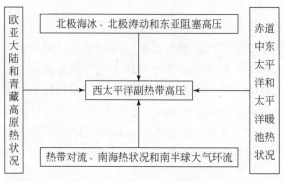

图 3-3　东亚季风影响因素

青藏高原通过其强大的动力和热力作用，显著影响着东亚气候格局、亚洲季风进程和北半球大气环流。通过积雪的水文效应和反照率效应，冬春季节青藏高原和欧亚大陆积雪异常可以影响后期夏季中国降水的年际变化。青藏高原冬季积雪偏多会导致东亚夏季风偏弱，东亚季风系统的季节变化进程较常年偏晚，初夏华南降水偏多，夏季长江及江南北部降水偏多，华北和华南降水偏少。冬季欧亚大陆北部新增雪盖面积偏大时，江南降水会偏少。通过对降水与降雪资料的诊断分析以及利用全球和区域气候模式试验证实，青藏高原冬季降雪与东亚夏季降水存在遥相关关系，积雪面积和厚度增加导致夏季风延迟，华北和华南地区降水偏少，长江中下游地区降水偏多。降雪、土壤湿度和地表温度相互作用，引起热通量和水汽通量的改变，进而会激发大气环流做出相应的调整。

在年代际尺度上，在过去 50 年全球变暖背景下，不同于北半球低山和平原地区积雪减少，青藏高原冬春季积雪呈现增加趋势，这引起高原上空对流层温度降低以及亚洲-太平洋涛动负位相特征（即东亚与其周边海域大气热力差减弱）、东亚低层低压系统减弱、西太平洋副热带高压位置偏南。因此我国东部雨带向北移动特征不明显，而主要停滞在我国南部区域，这导致东部地区出现南涝北旱。气候模拟进一步证明了青藏高原积雪是中国东部夏季出现"南涝北旱"的重要原因。青藏高原冬季积雪量还与东亚梅雨期的水汽输送有关，并影响着下游的季风环流系统，尤其是副热带高压位置的南北摆动。虽然欧亚积雪从 20 世纪 70 年代后期不断减少，但青藏高原积雪却反而增加，70 年代末期存在一个明显的年代际变化。高原积雪年代际变化不仅是气候系统内部的自然变率，还是全球变暖影响的结果，有待进一步的研究。青藏高原雪盖通过影响地表和低层大气辐射及能量收支从而降低对流层温度，进而影响亚洲夏季风和我国夏季降水。观测和模拟研究表明青藏高原冬春季积雪面积增多和雪深增大，在春末夏初的（5 月和 6 月）积雪融化期间，异常"湿土壤"作为异常冷源，减弱了春夏季高原热源的加热作用，导致季风强度偏弱，引起长江流域夏季降水异常增加，华南、华北夏季降水减少。冬春季青藏高原积雪偏多时，中国中东部地区气温偏低，夏季风偏弱，汛期雨带偏南，长江中下游地区降水偏多，华北和华南地区降水偏少；反之则出现反向变化。

3.2.2 积雪与气候变化

作为一种重要的陆面强迫因子，积雪的变化除了对局地大气产生直接重要影响外，大范围积雪的持续变化则可以通过行星波的传播，导致更大范围内的大气环流异常。研究表明，秋季初冬欧亚大陆的雪盖异常与冬季北半球大气环流显著相关，秋季西伯利亚积雪异常与北半球环状模（NAM）呈显著负相关；而青藏高原地区秋季初冬雪盖偏多的年份，能引起冬季北半球类似太平洋-北美（PNA）遥相关型的大气环流异常。欧亚大陆积雪变化与中国夏季降水也存在密切联系，研究表明，欧亚大陆春季积雪偏多时，中国夏季自南向北降水呈现少—多—少的分布型，而欧亚大陆春季积雪偏少时，则呈现相反的分布状态（Wu et al.，2009）。

3.2.3 北极海冰与大气环流

北极作为冬季冷空气的源地，对东亚地区的寒潮和冬季风均有重要影响。北极海冰阻隔了海-气之间的热量交换，以及通过反照率反馈机制对北极和欧亚大陆高纬度地区的冷空气活动有重要调制作用，进而影响东亚地区的天气和气候。早在 20 世纪 90 年代后期，我国学者就指出，喀拉海-巴伦支海是影响东亚气候变化的关键区域。冬季该海域海冰变化主要受北大西洋暖水流入量的影响，与 500hPa 欧亚大陆遥相关型有密切的联系，冬季该海域海冰异常偏多（少），则东亚大槽减弱（强）、冬季西伯利亚高压偏弱（强）、东亚冬季风偏弱（强）、入侵中国的冷空气偏少（多）。近年来的观测和数值模拟试验进一步证实了这一结论（Wu et al.，2013）。

冬季欧亚大陆中、高纬度地区盛行偶极子和三极子两种天气型。过去几十年，偶极子天气型没有呈现任何变化趋势，相反，三极子天气型在 20 世纪 80 年代后期表现出显著变化趋势。三极子天气型的负位相对应一个位于欧亚大陆北部的异常反气旋环流（中心位于乌拉尔山附近），同时，在南部欧洲和东亚的中、高纬度地区存在异常气旋性环流，导致这两个区域冬季降水增加。三极子天气型负位相的发生频率在 80 年代后期呈现显著增多的趋势。秋季北极海冰消融可以通过影响欧亚大陆盛行天气型的强度和频率，进而影响中纬度地区的天气和气候。北极海冰消融不仅影响东亚地区的气温，也将导致东亚中、高纬度地区冬季降水异常的频繁出现（Wu et al.，2013）。

近几十年北极海冰的减少也会对北半球冬季降雪产生重要影响。结合观测资料分析和数值模式模拟发现：一方面，夏季北极海冰的大范围减少及秋冬季北极海冰的延迟恢复可以引起冬季大气环流的变化，但这种环流变化却不同于北极涛动，因而其减弱了北半球中高纬的西风急流，使其振幅增强，即变得更具波浪状。这种环流变化使得北半球中高纬阻塞形势出现的频率增加，进而增加了冷空气从北极向北半球大陆地区入侵的频率，造成北半球大陆地区出现低温异常。另一方面，夏季北极海冰的大范围减少及秋冬季北极海冰的延迟恢复，使得北极存在更多的开阔水域，从而将大量的局地水汽从海洋输送到大气。同时，北极的变暖也使得大气可以容纳更多的水汽。上述两方面共同导致近年来东亚、欧洲和北美大部分地区冬季的异常降雪和低温天气。该研究还指出，如果北极海冰继续减少，那么在冬季很可能出现更多的降雪（特别是强降雪）和严寒天气。

3.3　冰冻圈变化对水文与水循环的影响

地球表层以冰川、冰盖、海冰、河冰、湖冰、积雪、冻土等冻结水体形成的圈层——冰冻圈由于其在全球变化中的重要作用而受到广泛关注。由于其对气候变化有高度敏感性，随着气候的冷暖变化，冰冻圈与液态水圈形成了此消彼长的相依互馈关系。气候变暖，冰冻圈退缩，液态水圈水循环加剧，海平面上升。与此同时，冰冻圈融化的冷、淡水进入海洋后会改变大洋的温度和盐度，从而影响全球温盐环流过程，进而影响气候变化。另外，从区域角度来看，冰冻圈变化对高、中纬度受冰冻圈消融补给的流域具有重要影响，这些地区河流径流变化会影响流域的水资源及生态系统（丁永建和秦大河，2009；丁永建和张世强，2015；丁永建等，2017）。

3.3.1　冰冻圈与大尺度水循环

从水文的角度，冰冻圈也可看作固态水圈。在长期的历史演进过程中，冰冻圈这一固态水圈与海洋液态水圈之间的固–液相变过程影响着全球水循环的变化过程，并深刻影响着全球与区域水、生态和气候的变化。从全球水量平衡来看，冰冻圈的扩张，意味着液态水的减少、水循环的减弱。在万年尺度的冰期-间冰期循环及千年尺度、被称为 Dansgaard-Oeschger（D-O）波动的间冰段过程中，以全球陆地冰范围和海平面为标志的固-液态水发生了显著的消长进退变化，这种变化通过固-液水循环相变过程将大气、海洋、陆地和生态系统紧密地联系在一起，成为气候系统变化过程中起纽带性作用的关键因素之一。随着人为气候影响的不断凸显，全球冰冻圈正在发生着显著变化，冰冻圈的水文影响对全球和区域水循环过程的改变不仅关系着全球水圈的变化，同时对区域可持续发展的影响也日益显著。

一般而言，大洋中淡水主要通过直接降水、陆地冰体及河流径流补给，补给北冰洋的主要河流多处于积雪广泛覆盖的流域（径流受融雪过程控制）。大量的淡水还可以储存在深水盆地，其驻留时间变化很大。根据变化程度的不同，冰冻圈组分在极区淡水收支中均起着重要作用。

（1）两极区域淡水组成与水量平衡

两极地区的固态和液态淡水是十分重要的水体，这些淡水一旦释放，就会改变大洋的水文与循环过程。海洋和大气的相互作用，驱使极区内淡水的循环以及与亚极区各纬度带的水文交换。在气候变化影响下，大气水汽含量、大气环流、海冰范围、海冰体积及其传输等这些海洋和大气分量及过程对温度变化的响应在年内和年际尺度上表现得十分显著。极区的夏昼和冬夜十分独特，由此会引起地表气温很大的季节变化，从而导致季节性的极区固态（海冰）和液态海洋在年内交替出现。极区固-液态水体的转化过程会导致海水热容量改变，这种状况就会产生很大的海水热通量的季节性变化。

图 3-4 为根据 Flavio 等计算结果改编绘制的 1960～1990 年南、北极淡水平均收支平衡状况（丁永建和张世强，2015）。图 3-4 中与箭头相关的数值表示通量，框中的数值表示储量。由图 3-4 可以看出南、北极淡水通过大气、海洋、陆地和海冰相互转换及循环过程。需要指出的是，北极陆地径流输入主要是融雪径流，因此，北极海冰和积雪等冰冻圈要素在淡水循环中起着重要作用。南极由于没有陆地径流直接补给，只有部分裸露地表向海洋径流输入，因此，没有其他陆地向南极大陆径流输入。由图 3-4 可以看出，纬度 60°～90°范围南、北极海洋的淡水储量占主要地位，分别约为 $48 \times 10^4 km^3$ 和 $27 \times 10^4 km^3$，海冰淡水储量次之，分别约为 $2.2 \times 10^4 km^3$ 和 $3.7 \times 10^4 km^3$。在淡水循环中，海冰量是最大的，其每年有 $(1.7～1.8) \times 10^4 km^3$ 的淡水通过冻融过程参与北极淡水循环，而北极积雪融水参与淡水循环的水量也达到 $0.5 \times 10^4 km^3/a$，这一数值也远大于降水-蒸发过程参与北极淡水循环的水量。

（2）极区冰冻圈对淡水的影响

北冰洋上部水体组成了极区海洋的表层水，它与深度在 50～200m、具有显著盐度梯度（盐跃层）的驱动大西洋的水体分离，在它们之间形成了所谓的盐跃层。盐跃层由河流补给和海冰融化流入的表层淡水形成，在盐跃层上面表层水的上部盐度为 33.1psu[①]，温度

---

① psu：practical salinity units，实用盐标，无单位量纲。

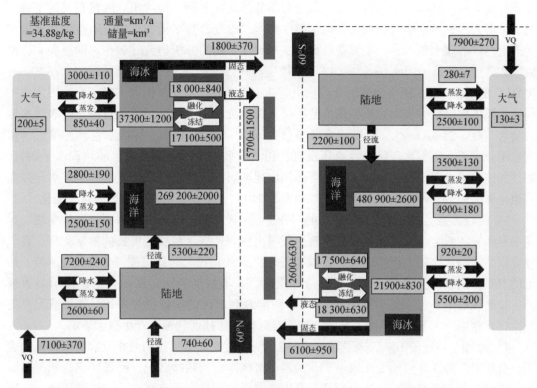

图 3-4　1960~1990 年南、北纬 60°~90°平均淡水收支平衡（丁永建和张世强，2015）

VQ 为水汽输入

接近冻结点（-1.8℃），营养成分富集。淡水层的下部盐度约为 34psu，营养成分最低。根据相关研究，北冰洋盐跃层的上部水来自楚科奇海，而下部水来自于巴伦支海和喀拉海海域。由此，表层积累了大量由穿极漂流通过弗拉姆海峡进入东格陵兰海域的淡水。这些淡水混入格陵兰和拉布拉多海域的对流性涡流中心，并以此方式影响着该地区不稳定表层水盐分的收支。这就是为什么淡水收入的变化可以显著影响深水对流强度及深水的形成，并由此影响世界大洋的深水环流。

　　1）融雪与河流补给。与其他所有海洋相比，北冰洋收到与其总量相比不成比例的大量河川径流，主要来自于勒拿河、麦肯齐河、鄂毕河及叶尼塞河，这些河流主要由融雪补给。每年输入北冰洋的淡水径流达 5300km³（图 3-4），河流是北冰洋最大的淡水补给源。已经观测到这些北方河流径流的增加及融雪时间提前了，预期未来变化可能更大。北极地区多年冻土融化的淡水径流情况尚不清楚，总体来看，融化的多年冻土改变了径流通道及储水能力，深入定量确定多年冻土变化的这些影响，对认识河川径流分布、流向及其对北冰洋淡水储量的作用均十分重要。随着气候变暖，多年冻土的水文效应日益显著，这也是未来值得关注的重要研究课题。

　　2）山地冰川、冰帽及格陵兰冰盖。广义而言，泛北极流域所有冰川的淡水贡献要远小于 9 条主要河流的补给，但冰川补给的"正输入信号"比河流要明显。河流的淡水输入是年尺度上的，其超过平均值的变化量会影响海洋淡水平衡，但冰川、冰盖在气候变暖影响下，对海洋的淡水输入具有持续增加海洋淡水、改变温盐平衡的作用。除格陵兰冰盖作为北大西洋的淡水源外，关于其他淡水收支对海洋影响的分析研究还较少。调查表明，格陵兰冰盖（Greenland Ice Sheet，GIS）的稳定性比西南极冰盖（West Antarctic Ice Sheet，WAIS）的要强，GIS 阈值温度的合理估值为 3.1±0.8℃，但存在很大不确定性，因为这一估值主要依据简化的表面物质平衡参数所得。根据统计，山地冰川目前对海洋的净淡水输入量为 2000~2500km³/a，两极冰盖的净量为 1300~2400km³/a。除淡水量外，输入的位置也十分重要，目前冰盖融水径流还没有在相关模型中给予考虑。就目前认识水平而言，即使加速动态过程没有检测到，北极海冰和山地冰川在所列出的几个逆转因子中对全球变暖也是最脆弱的。即使全球温度变化控制在 2℃内，也不足于避免冰川区的巨大变化。

3）南极冰盖。南极冰盖最不稳定的部分是西南极冰盖。西南极冰盖面临海洋变暖、冰盖突发崩解的威胁，但目前对这种逆转出现做出预判还缺乏足够、可靠的数据支持。古气候证据结合陆地冰动力模拟表明，若温度较目前高出 1~2℃时就可能发生突发性冰流。最近的卫星监测表明，部分 WAIS 崩解是可能的。卫星数据显示，在一些地区冰川显著减薄，接地线后退。现在还不能确定，WAIS 阿蒙森海扇区的崩解已经开始，如果情况真的发生，其相当于 1.5m 海平面上升量，这将对全球海洋盐度和温度产生巨大影响。

4）海冰。对过去 100 年来全球环流对温度-盐度变化敏感性的调查及数值模拟试验表明，全球经向海洋环流的变化取决于北大西洋极区洋面的热盐状况，而极区热盐状况与海冰和冰盖变化密切相关。海冰自身几乎是由淡水组成，盐度只有 0.6‰~6‰。因此，伴随海冰季节性的发展，其冻结和融化过程决定着海表的盐度，因而其也对水体的密度和分层起着关键作用。当海冰冻结时，在新冰形成的底部，海水释放出盐分和卤水，其下沉并增加下覆水体的密度。由于海冰是低盐水库，淡水储量巨大（图 3-4），夏季海冰融化会形成漂浮于较大密度水体之上的表层低盐水层。因此，季节海冰的出现通常在浅表（或混合）层与次表层（或中层）之间，从而形成盐度和密度梯度显著的水体分层。海冰在消融过程中，其底部融化是与洋面的辐射加热有关。底层融化可以导致由表层淡水形成的大西洋暖水和冷盐跃层的绝热损失。这些具有增强垂直混合作用的上层水的稳定性被定义为影响极区洋流的"关键外卡"（key wild card），其与海冰损失密切相关。北极海冰影响海洋还有一方式是其向极区外漂移，将海冰输出到北大西洋。向南漂移海冰的路线主要取决于表层洋流以及与之相关的穿极漂流和格陵兰与加拿大东部的大陆边缘条件。年尺度或夏季尺度消融的多年冰输出的淡水量是十分可观的，通过弗拉姆海峡和加拿大北极群岛的淡水量分别约为 3500km³、900km³。

5）冰间湖。冰间湖是大范围漂浮海冰区形成的较宽阔无冰水域。这种由冰包围的开放水体是俄语名词"冰间湖"。除冰间湖之外，在高纬度海冰区，受风、波浪、潮汐、温度和其他外力影响，海冰不断破裂，形成裂隙，即所谓的冰间水道。冰间水道看起来就像陆地的河流，通常是线状的，有时绵延数百千米。冰间湖和冰间水道在海洋气候和海洋水文中具有类似的作用，往往统称冰间湖。冰间湖可以分为感热冰间湖和潜热冰间湖。

冰间湖由于其在气候、海洋和大气过程中的作用而受到关注。冰间湖的形成主要是受海底地形或水域其他因素影响，形成向上的洋流，较低纬度深层的暖水被输送到寒冷的海冰覆盖水域，从而在海冰区形成相对温暖的开放水域。对于冰间湖和冰间水道来说，开放水域不仅具有较温暖的水区，而且周围海冰覆盖水域及冰间湖上部大气温度均很低，相对温暖的水域上部的冷空气，两者相接触，就会引起向上强烈的湍流和水汽交换，这种交换受到水-气温差和风速的控制。极地沿岸冰间湖中的海-气温差通常远大于海冰覆盖区的海-气温差，这是因为来自陆地的空气通常都是平流输送的，由冰盖或高纬度平流输送的冷空气要比海冰带的空气温度低很多，同时，由于对风的阻止作用和下降流的影响，沿岸附近的风速也要比海冰漂浮区内的风速大，所以沿岸附近的所有开放水域内风也对强湍流过程起到推波助澜的作用。冰间湖被看作高密度和高盐度水的主要来源，这也是本书将要讨论的热盐环流驱动的世界大洋底层水的主要组成部分。冰间湖是垂直对流区，因此它能够形成深海和表层水之间化学交换的通道，也是化学和营养物质消耗得以补充的一个重要途径。

6）淡水的储存与通道。海冰淡水和其他形式的淡水并不是简单地直接输出，因为北冰洋具有强大的淡水储存能力，并以不同形式释放。大约总淡水量的 1/4 保留在大陆架上，主要是保留在欧亚和加拿大洋盆，后者是北冰洋最大的单体淡水水库。关于海冰淡水储量的估计（和其他淡水分量一样）不同的文献有所不同，这主要是由从加拿大洋盆进入和输出量的变化所致。尽管估值不同，但总体上可接受的观点是，北冰洋平均年淡水输入的最大来源是河流补给，其补给量略少于海冰形成减少的淡水量。由加拿大洋盆平均输出的冰和液态淡水量是输入北大西洋淡水总量的 40%。

（3）冰冻圈与海平面

海平面变化在不同时空尺度广泛存在。在地质时期（约为 100Ma），曾出现最大规模的全球尺度海平面变化（变幅为 100～200m），其主要由地质构造过程所引起。例如，与海底和洋中脊扩张有关的大尺度洋盆变形等。随着陆地冰盖的形成（如形成于 35Ma 的南极冰盖），全球平均海平面也随之下降 60m。约 3Ma 开始，地球轨道和偏心率变化导致冰期/间冰期循环交替出现，北半球万年尺度准周期性消长的冰帽对全球海平面变化产生了重要影响，其影响量级在 100m 左右。在更短时间尺度上（百年至千年），海平面波动主要受自然强迫因子（太阳辐射、火山喷发）和气候系统内变化［大气-海洋振动，如 ENSO、北大西洋涛动（NAO）及太平洋十年涛动（PDO）］的影响。自工业化以来，海平面受到因人类排放导致全球变暖的显著影响。近百年来，在人为气候变暖背景下，全球海平面发生了剧烈变化，近期海平面上升幅度在加快，海洋热膨胀、冰川冰盖及陆地水储量变化是近百年海平面上升的主要贡献因素。全球尺度冰川变化对海平面上升及海洋温盐环流有显著影响。例如，除南极和格陵兰冰盖以外的冰川，尽管占全球冰量不足 1%，但对海平面上升的贡献却在 30% 以上。

全球陆地冰川（山地冰川和小冰帽）及冰盖对全球变暖十分敏感，最近几十年全球范围的冰川退缩，尤其是 20 世纪 90 年代以来的加速退缩十分显著。根据冰川物质平衡研究，已有许多有关冰川消融对海平面上升贡献的估值（Meier et al.，2007；Cogley，2009；Leclercq et al.，2011）。权威的有关冰冻圈变化对海平面上升影响的评估来自 IPCC 评估报告，最新的评估结果（Church et al.，2013）表明：①对于山地冰川，2003～2009 年所有冰川（包括两大冰盖周边的冰川）对海平面的贡献为 0.71mm/a（0.64~0.79mm/a）。②格陵兰和南极冰盖对海平面变化的贡献途径略有不同。格陵兰冰盖物质平衡由其表面物质平衡和流出损失量组成，而南极物质平衡主要由积累量和以崩解及冰架冰流损失的形式构成，两大冰盖对海平面变化贡献的观测真正始于有卫星和航空测量的近 20 年，主要有三种技术应用于冰盖测量：物质收支方法、重复测高法和地球重力测量法。观测表明，1993~2010 年两大冰盖的平均贡献总量为 0.60mm/a（0.42~0.78mm/a）。

冰冻圈对海平面变化影响的评估仍然存在较大不确定性。从 1990 年开始的五次 IPCC 评估报告中（IPCC，1990；IPCC，1995；IPCC，2001；IPCC，2007b；IPCC，2013），历次对海平面上升贡献的评估结果相差都较大（丁永建和张世强，2015）（图 3-5）。陆地水储量的评估结果相差最大，如第二次评估为较大的负值，而其他均为较小的正值。海洋热膨胀的贡献历次评估也相差较大，总体来看，近期热膨胀的贡献趋于减小。冰冻圈对海平面

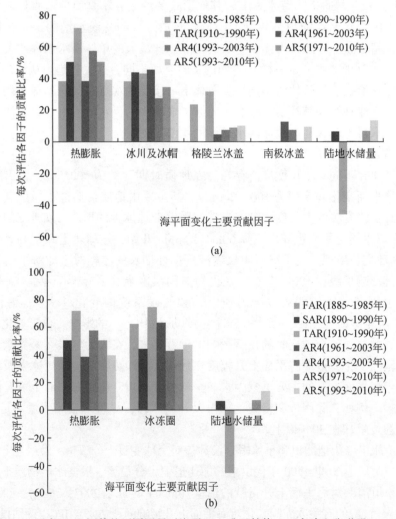

图 3-5　历次 IPCC 评估的不同因子对海平面上升贡献值（丁永建和张世强，2015）

上升的贡献相差也很大，尤其是格陵兰和南极冰盖，由于缺少数据，在前三次评估中格陵兰冰盖均给出了较大的贡献值，而南极冰盖由于没有数据而没有得出结果。近 20 年随着卫星和航空测量数据的不断丰富，两大冰盖对海平面上升的贡献结果基本保持着缓慢上升趋势。相对而言，山地冰川对海平面上升贡献的评估要好得多，各次评估尽管有差别，但相对差异较其他因子要小，这主要是因为对全球不同地区的山地冰川均有长期观测，尽管观测的冰川不到万分之一。总体来看，若不考虑陆地水储量变化的影响，工业化升温以来海洋热膨胀和冰冻圈对海平面上升的贡献各占 50% 。

从预估的未来海平面变化来看，南极冰盖未来的变化具有较大不确定性，总体上海洋热膨胀、冰冻圈的未来贡献趋于减小，格陵兰冰盖可能会显著增加（图 3-6）。

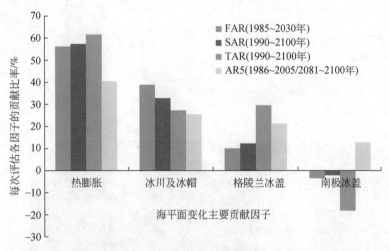

图 3-6　历次 IPCC 预估的不同因子对海平面未来变化的贡献（丁永建和张世强，2015）

3.3.2　冰冻圈与陆地水文

冰冻圈是陆地表面特殊的水文组成部分，由此形成了专门的水文研究领域——冰冻圈水文。冰冻圈水文学是研究冰冻圈诸要素时空分布与运动规律及其在流域水文过程中作用的科学，冰冻圈水文主要特点是水以固态形式储存、以液态形式释放。冰-水相互转化过程及其对资源和环境的影响是人们关注的焦点。冰冻圈水文学研究包含两方面的研究内容：一是研究冰冻圈诸要素自身的水文机理和变化过程；二是研究冰冻圈变化在寒区乃至寒区以外更广泛的水域中所产生的影响，如冰川变化对河流径流影响可涉及整个流域水资源问题。正如本书所论述的，冰冻圈变化对海平面的影响就涉及全球水循环问题。

全球山地冰川和冰帽面积达 734 400km²，是全球水循环的重要组成部分。自 1700 ~ 1800 年小冰期以来，全球冰川处于持续后退状态，尽管有阶段性的波动过程及区域性的差异变化，但冰川的退缩是全球性总趋势，尤其是 20 世纪 80 年代以来，随着气候的变暖，冰川退缩不断加剧。冰川变化在不同空间和时间尺度上影响着全球水量平衡（图 3-7），在区域和

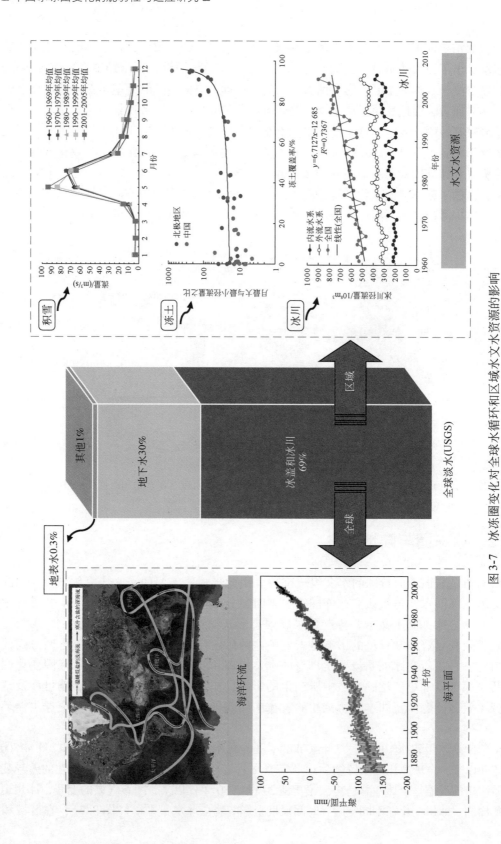

图 3-7 冰冻圈变化对全球水循环和区域水文水资源的影响

地方尺度上，冰川作为所谓"冻结水库"，不仅对山区河流具有重要补给作用，而且是流域径流的调节器。在喜马拉雅山、阿尔卑斯山、高纬度及北极地区，以及南美的安第斯山等，冰川对低地平原的农业灌溉、水资源利用、陆地和水生生态系统及山区水电等均具有显著影响（丁永建等，2017）。冰川变化对这些地区的径流及水资源利用的影响也受到广泛关注，尤其是对区域尺度冰川径流的定量模拟及其气候响应机制存在着迫切需求（Radic and Hock，2014）。

冰冻圈的区域水文作用突出，主要表现在水源涵养、径流补给和资源调节 3 个方面。水源涵养功能主要表现在，冰冻圈发育于高海拔、高纬度地区，其是世界上众多大江大河的发源地。以青藏高原为主体的冰冻圈，是长江、黄河、塔里木河、怒江、澜沧江、伊犁河、额尔齐斯河、雅鲁藏布江、印度河、恒河等著名河流的源区。冰冻圈作为水源地不同于降雨型源地，其以固态水转化为液态水的方式形成水源，释放的是过去积累的水量，即使在干旱少雨时期，它仍然会源源不断输出水量，其水源的枯竭需要经历较大和长周期气候波动，在人类历史长河中，冰冻圈水源可以说取之不尽、用之不竭。

冰冻圈被人们广泛认知的水文作用是径流补给作用。作为固态水体，其自身就是重要的水资源，其资源属性表现在总储量和年补给量两方面，冰冻圈对河流的年补给量是地表径流的重要组成部分。中国冰川年融水量在 20 世纪 60~70 年代约为 $600×10^8 m^3$（杨针娘，1991），相当于黄河入海的年总水量；到 2010 年左右，由于气候变暖，冰川年融水量达到 $790×10^8 m^3$（丁永建等，2017）。全国冰川径流量约为全国河川径流量的 2.2%，相当于我国西部甘肃、青海、新疆和西藏 4 省（区）河川径流量的 10.5%。

相较于水源涵养和水量补给功能，冰冻圈的资源调节作用更为重要。没有冰川的流域，河流主要为降水补给，径流年内变化很大，表明径流过程很不"稳定"。但在有冰川覆盖的流域，随着冰川覆盖率的增加，径流年内变化迅速减小，很快趋于平稳。丰水年由于流域降水偏多，分布在极高山区的冰川区气温往往偏低，冰川消融量减少，冰川融水对河流的补给量下降，削弱降水偏多而引起的流域径流增加幅度；反之，当流域降水偏少时，冰川区相对偏高的温度导致冰川融水增加，弥补降水不足对河流的补给量（图 3-8）。这样，冰川的存在，将使有冰川的流域河流径流处于相对稳定的状态，表明了冰川作为固体水库以"削峰填谷"的形式显著调节径流丰枯变化，这对干旱区绿洲水资源利用是十分有利的。从定量的角度看，当流域冰川覆盖率超过 5% 时，冰川对径流的年内调节作用效果明显；当冰川覆盖率超过 10% 时，河流径流基本趋于稳定。积雪对河流也有年内调节作用，尤其是在干旱区流域，融雪往往是缓解春旱的重要水资源。干旱区春季降雨较少，此时冰川还没有开始大量消融，旱情较严重，而春季的融雪径流则成为最主要的径流来源。多年冻土的变化通过加大活动层深度、增加土壤储水能力使基流增加，从而改变年内的径流分配，由于是通过多年冻土变化而影响径流过程的，因此主要表现为对流域径流的年内和多年调节。

冰川的退缩导致全球受冰川补给影响较大的河流径流增加，对地表水资源产生显著影响，这种影响在干旱缺水的地区尤为突出。例如，20 世纪 80 年代以来，我国新疆出山径流量增加显著，最高增幅可达 40%，乌鲁木齐河源区径流量增加的 70% 来自于冰川加速消融的补给，南疆阿克苏河近十几年径流量增加的 2/3 左右来源于冰川径流量增加；长江

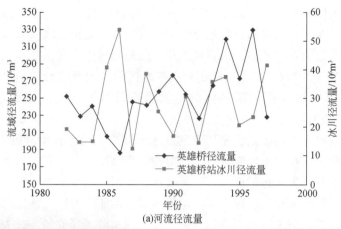

(a)河流径流量

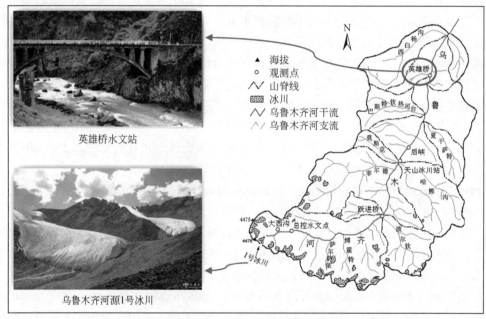

(b) 乌鲁木齐河源1号冰川英雄桥以上流域

图 3-8　乌鲁木齐河英雄桥以上流域冰川径流量与河流径流量关系

源区近 40 年河川径流量减少 14%，而冰川径流量则增加了 15.2%，如果没有冰川径流的补给，河川径流减少将更加显著（图 3-9）（Zhang et al.，2008；Gao et al.，2010；Zhao et al.，2011）。目前这些冰川消融导致的江河水量增加总体上是有利的。但根据模拟研究，若气候持续变暖，一些面积较小的冰川在未来的 15 ~ 20 年冰川消融补给将达到最大值，随之将是快速减少，减少的速度取决于升温的速度。未来 50 ~ 70 年，我国面积小于 2km² 的冰川逐渐消失是可以预期的，较大面积的冰川萎缩也将趋于显著。总之，冰川规模较小的流域融水峰值已经或即将出现，冰川规模较大的流域在 2050 年前峰值还不会出现，冰川融水将持续增加。值得注意的是，我国冰川组成的特点是，数量不到 5% 的大型冰川，冰川面积却占到 45% 以上。所以，未来更应关注大型冰川的变化。

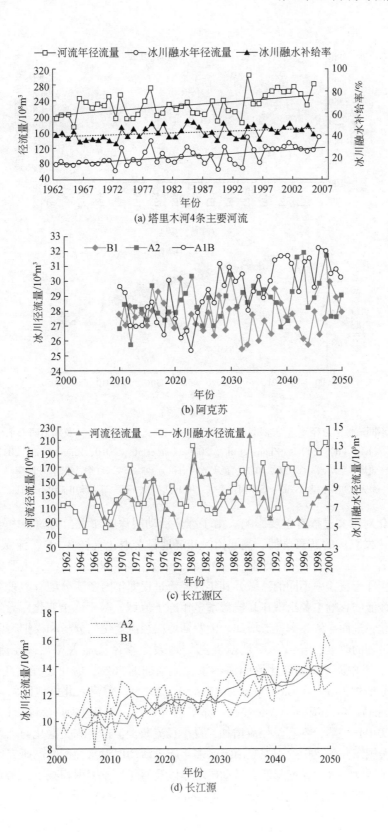

(a) 塔里木河4条主要河流

(b) 阿克苏

(c) 长江源区

(d) 长江源

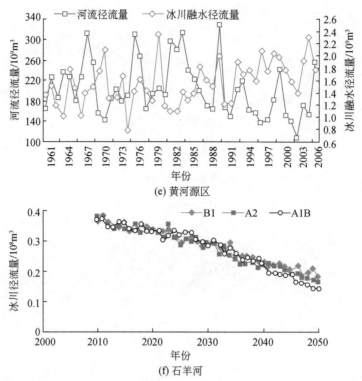

图 3-9　西北不同流域河流径流量与冰川径流量的变化〔（a）、（c）、（e）〕及预估的未来冰川径流量变化
〔（b）、（d）、（f）〕（Zhang et al.，2009；Gao et al.，2010；Zhao et al.，2011）

阿克苏河流域：平均冰川面积为 2.4km²，最大冰川面积为 393km²；长江源：平均冰川面积为 2.0km²，
最大冰川面积为 53km²；石羊河：平均冰川面积为 0.5km²，最大冰川面积小于 1km²

冻土退化对水文过程有重要影响。由于冻土活动层深度加大，活动层内土壤水分向下迁移，在冻土发育区的高寒草甸、高寒沼泽和湿地显著退化（图 3-10）。流域冻土-水文关系的研究（Ye et al.，2009；丁永建等，2012a）表明，多年冻土的存在，主要影响地表产汇流过程，多年冻土覆盖率不同的流域，其年内径流过程即年内径流分配有显著差异；冻土年代际变化对径流的影响主要出现在高覆盖率多年冻土流域，多年冻土变化后导致下垫面和储水条件的变化，进而导致冬季径流增加。俄罗斯境内径流变化的分析和模拟表明，冻土冻结锋面及融化过程的改变，导致俄罗斯欧洲部分地表冬季径流显著增加，径流增加量高达 50% ~120%，其中冻结锋面变化原因占冬季径流增加的 56%，融化过程改变原因占 38%，秋季土壤水分增加占 6%（Kalyuzhnyi and Lavrov，2012）。对流入北极地区的 4 条主要河流〔勒拿河（Lena）、叶尼塞河（Yenisei）、鄂毕河（Ob'）、马更些河（Mackenzie）〕的研究（Li et al.，2010）表明，冬春季径流增加，夏季径流减少，这与冻土融化与春季消融提前有密切关系。美国东北新英格兰湾泥炭沼泽区多年冻土活动层对水文影响的研究则给出了相反的结果，由于活动层水力梯度降低、活动层增厚以及沼泽高原表面积减少，2001 ~2010 年多年冻土融化已经使地表径流减少了 47%（Quinton et al.，2013）。

(a) 高寒沼泽草甸   (b) 退化后的高寒草甸

图 3-10 那曲两道河多年冻土的退化 (丁永建和秦大河, 2009)

(a) 显示 20 世纪 60 ~ 70 年代充满水体的高寒沼泽草甸, 现冻土退化导致水位下降, 湿地消失, 草甸干化,
草甸已经开始退化; (b) 为该地已经严重退化的草甸

在宏观尺度上, 通过对分布式的 VIC 模型加入土壤冻结和融化过程后, 对黄河源区的产流和汇流过程进行了模拟, 对比黄河沿站的观测的蒸发量和是否考虑冻土情况下计算的实际蒸发量表明, 冻土对蒸发特别是夏季蒸发具有明显的抑制作用 (Zhang et al., 2006)。对我国一些冻土分布较大河流径流的分析表明, 昆仑山克里雅河、拉萨河、松花江上游和天山玛纳斯河的冬季径流均表现出增加趋势, 这一增加趋势与冻土的退化有关 (Liu et al., 2003)。北极地区勒拿 (Lena) 河流域冻土覆盖率与径流年内分配的关系表明 (Ye et al., 2009), 流域冻土覆盖率与年内最大最小月径流比率有较好的关系, 径流比率随流域冻土覆盖率增加而增加 (图 3-11)。这一结果表明, 冻土覆盖率低于 40% 的流域, 冻土对径流的年内分配影响较小, 而覆盖率高于 60% 的流域, 径流的年内分配主要取决于冻土覆盖率。这也意味着, 只有在冻土覆盖率较高的流域冻土退化才会对径流的年内分配产生较大影响。黄河上游唐乃亥水文站近 50 年径流比率没有明显变化, 表明黄河上游冻土退化还没有影响径流的年内分配。

积雪在全球水循环中占据重要地位, 尤其是在北半球中纬度及中低纬度山地。在美国西部, 积雪融水占总径流的 75% (Balk and Elder, 2000), 中国积雪融水也达到 3451.8 亿 m³, 占全国地表年径流的 13% 左右。因此, 积雪水文研究在水资源管理中具有重要作用。积雪水文研究已经有较深入的过程研究和从小尺度到大尺度的模拟研究, 从融雪观测到机理试验、从过程模拟到流域径流, 积雪水文研究已经有了长足发展, 取得了丰厚研究积累。然而, 从积雪水文研究的科学目标来看, 最终需要通过研究, 提供可预报、预测和预估的成熟方法和结果, 即其核心目标为精准的径流预报, 要达到这一目标, 对融雪过程的深入认识必不可少。因此, 积雪水文过程的精细化描述就成为研究关注的重点, 包括雪的积累、密实化过程、积雪表面能量平衡过程、雪崩与风吹雪过程对融雪径流的影响、融雪下渗与雪层内融水的运移与传输过程、不同下垫面融雪径流的产汇流过程, 以及积雪和融水与冻土等不同下垫面的相互作用过程等。

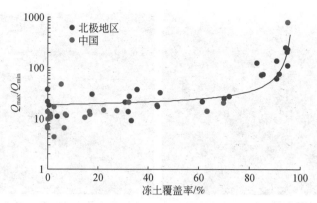

图 3-11　河流径流与冻土覆盖率的关系（叶柏生等，2012；丁永建等，2012a）

Q_{max}、Q_{min} 分别为月最大径流量、月最小径流量

流域内积雪融水的时间过程、数量级别和空间分布决定着土壤湿度、径流的形成、地下水的补给及养分循环，为认识这些复杂过程，融雪水文的模拟成为积雪水文研究的重点内容之一，无论是经验模型还是基于物理机制的能量平衡模型，考虑积雪的复杂过程成为主要趋势，如风吹雪、雪崩及升华过程，并力图通过模型，揭示融水下渗与径流机制。积雪与季节冻土水热相互作用过程及其水文效应研究过程相对研究不够，而季节冻土和积雪相互作用区的面积十分广阔，尤其是对北半球农业、生态、地表环境、水文地球化学循环等均有不同程度的影响，因此，季节冻土区融雪水文过程及其效应研究是未来值得关注的重要领域。

森林对积雪在地面的分配影响显著，当前广泛应用的遥感积雪分析在森林区存在很大问题。例如，对东北地区的积雪调查与遥感数据分析表明，森林分布越密集的地区，森林对积雪影响越突出（Che et al.，2016）（图 3-12）。在森林积雪区，为了摆脱以往依赖一个或几个站点资料检验模型的缺点，应用了分层嵌入式样条分析法检验分布式模型，包括在不同高度带森林和去除森林条件下雪水当量的观测（Georg et al.，2009）。除此之外，不少不连续积雪模拟问题也是融雪水文研究的难点。根据我国青藏高原积雪特征，有学者提出现阶段空间分布式积雪水文模拟中的 3 个关键问题：网格尺度积雪空间异质性的模拟、风吹雪的空间参数化、季节性冻土下垫面的融雪模拟（李弘毅和王建，2013）。

气候变化对积雪水文过程的影响成为关注重点。基于气候变化的水文与水资源模型得到广泛应用。例如，智利中北部山区海拔 1000～5000m 流域的模拟表明，年平均融雪径流要比降水径流减少更加显著，在未来气候变化情景下，由于冬季积雪的减少及春节和夏季气温的升高，季节最大径流趋于提前（Sebastian et al.，2011）。阿尔卑斯山区融雪变化的研究表明，在海拔 1000～1500m 的中山带，积雪对气候变暖的敏感性最高，气温升高可以导致未来冬季径流增加，从而大大增强山区和低地平原区夏季干旱程度（Eric and Pierre，2005）。2021～2050 年阿尔卑斯山区积雪变化较平缓，至 21 世纪后半叶将趋于显著，21世纪末积雪高度将上升 800m，积雪水当量减少 1/3～2/3，积雪期减少 5～9 周。冬季径流

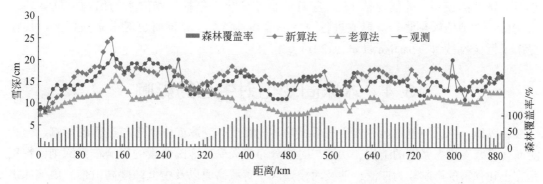

图 3-12　东北地区森林覆盖率对积雪遥感的影响（Che et al.，2016）

新算法为根据观测结果改进的算法；老算法为目前广泛采用的欧空局的算法

增加的同时春季径流峰值提前，夏季径流减少（Bavay et al.，2013）。

融雪径流对河流径流及流域水资源管理的影响研究受到发展中国家越来越多关注。对兴都库什–喜马拉雅（HKH）的研究表明，流域融雪径流未来将以 5.6mm/a 速率增加，并对未来塔玛科西河（Tamakoshi）流域水资源规划、管理和持续利用产生重要影响（Dibesh et al.，2014）。融雪的研究除关注水资源管理外，融雪径流时间分布及动态过程对水电生产、农业灌溉及管理和土壤侵蚀等的影响也受到更多关注，新疆额尔齐斯河支流克兰河是以融雪补给为主的河流，过去几十年融雪径流因气候变暖已经发生了显著变化。近 20 年融雪径流较前 30 年提前了 1 个月（图 3-13）（沈永平等，2007）。融雪径流对环境的影响也受到关注，最近的研究发现在融雪期间河流中通常含有较高的营养物质。灾害性融雪洪水和对滑坡的诱发作用也是融雪研究中的主要内容。要正确、全面和准确理解融雪过程及其所产生的水文和环境效应，特别是对径流方式有显著影响的特定条件和特点过程，是未来研究中需要强调和关注的重点内容（Daniel et al.，2005）。对在南美亚热带半干旱流域积雪径流的模拟中指出，流域尺度融雪径流的准确预估需要更加精细化的、

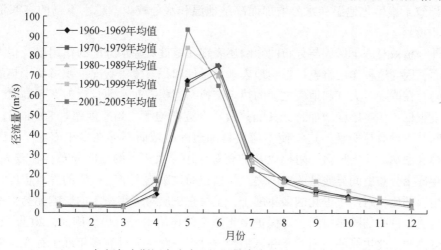

图 3-13　1960～2005 年额尔齐斯河支流克兰河阿勒泰水文站径流量变化（沈永平等，2007）

小时分辨率的模型，才能评估 15 天左右的径流变化，包括冬季洪水的出现。这就要求水文模型必须能够刻画径流形成过程内在的非线性特征，这同时也对未来数据的可用性提出了巨大挑战（Sebastian et al.，2011）。

3.4　冰冻圈变化对生态的影响

一般地，冰冻圈范围内一切生态系统均不同程度受到冰冻圈状态与过程的影响。但相对而言，寒区生态系统的结构、功能与时空分布格局受冰冻圈要素的影响较为深刻，特别是冻土和积雪的影响较为广泛，涉及两极地区、青藏高原以及中低纬度高山带。山地冰川的影响具有局域性，对冰川作用区的局部动植物分布、系统演化等产生一些重要作用。在寒区内，冰冻圈与生物圈既是寒区气候的作用结果，但二者间又存在极为密切的相互作用关系，冰冻圈与生物圈的相互作用对寒区生物圈特性具有一定程度的主导性。

3.4.1　植被对冻土的影响

植被冠层对太阳辐射具有较大反射和遮挡作用，可显著减小到达冠层下地表的净辐射通量，阻滞地表温度的变化，对冻土水热过程产生直接影响。例如，在大兴安岭落叶松林观测到的夏季植被冠层下部的净辐射通量仅为植被冠层上部的 60%，近 40% 的太阳辐射被植被冠层反射和吸收 ［图 3-14（a）］（周梅，2003）；在青藏高原高寒草甸植被区，30% 覆盖度草地的感热和地表热通量平均比 93% 覆盖度草地高出 19% 和 41%，而潜热通量则要低 47% ［图 3-14（b）］（Wang et al.，2010）。植被对土壤水热状态的影响，直接关系冻土的形成与发展，但这种影响还明显与植被结构、下垫面性质以及地表水分状况关系密切。例如，在阿拉斯加土壤排水条件较好的林地内夏季 30cm 处的地温要比排水较差的林地高出 7~9℃。在青藏高原，排水条件较好的高寒草甸植被覆盖度降低将导致土壤融化地温和水分增加而冻结地温和水分减少，排水不畅的高寒沼泽草甸则刚好相反。

另外，植被对冻土形成与分布的影响还表现在植被对降水分配的作用以及积雪覆盖的影响方面，因为这种作用将直接影响地表水分条件和积雪覆盖状况。积雪属于热的不良导体，它的存在改变了大气和地表之间的热量交换。当积雪非常薄且反射率很高时，会导致地表温度很低；积雪厚度增加时，其隔热效应会逐渐增大，当厚度超过 80cm 时，地面和大气之间几乎没有热交换，这将使本应发育冻土的区域而不存在多年冻土。在泛北极地区，森林和灌丛对积雪拦截、阻挡以及捕获等作用导致积雪的空间分布存在较大差异性，成为多年冻土分布空间异质性的成因之一。植被通过影响土壤有机质的发育程度直接影响冻土的生存环境，对严重退化的多年冻土，土壤有机质对多年冻土的影响尤为重要。因为土壤有机质是良好的隔热材料，对保护多年冻土的作用十分突出。例如，20 世纪 80 年代位于青藏高原东北边缘的兰州黄土高原地带，过去一般认为没有多年冻土存在，但却在兰州附近的马衔山发现了多年冻土，其分布在高寒草甸较为发育的很小范围内，是典型的岛

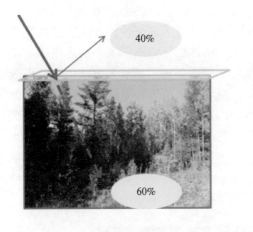

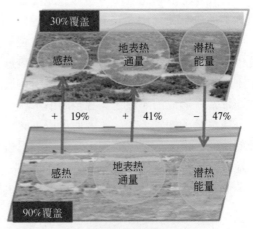

(a) 大兴安岭落叶松林　　　　　　　　　　(b) 青藏高原高寒草甸

图 3-14　植被对冻土的影响

状多年冻土。1980～2015 年，冻土温度只上升了 0.1～0.2℃，被认为即将消失的冻土仍然存在，其主要原因就是有土壤有机质对冻土的保护作用（图 3-15）。

(a) 岛状多年冻土位置、地表景观及冻土含冰样　　　　　　(b) 2015年冻土温度剖面

图 3-15　兰州马衔山岛状多年冻土

3.4.2　冻土对植被分布的影响

多年冻土的巨大水热效应，对植物种类、植被群落组成与结构及其分布格局等具有较大影响。在北极北部苔原带，不仅分布有不规则多边形的平坦石质表面的多边形苔原，也

分布有大量土质和泥炭质多边形苔原湿地，这些不规则多边形苔原的形成被认为与其下伏的冻土性质有关（图3-16）。多年冻土中因长期冻融交替以及水热交换，形成大量冰楔体赋存于多年冻土中，不同气候条件和地貌条件形成规模的冰楔体。不同大小的冰楔体在融化中将向地表传输不同水量并吸收不同热量，由此在不规则多边形地表土壤结构下，形成了不规则多边形苔原结构。一般在冰楔体发育较好、规模较大冰楔体地区，多边形内部低洼地带常常形成沼泽湿地，甚至湖泊水域。从多边形内部低洼地带到周边相对高地，土壤水分和热量条件发生变化，因而形成不同植被群落结构。在冰楔体发育较小、气候相对干燥的地区，由于受到风的作用，多边形周边相对高的地带出现不少裸露地段，在风力较小的地方，发育着干燥的藓类苔原和仙女木（*Dryas octopetala*）苔原，而中心相对低洼的冰楔体位置，发育由藓类、地衣和草本植物组成的苔原植被。

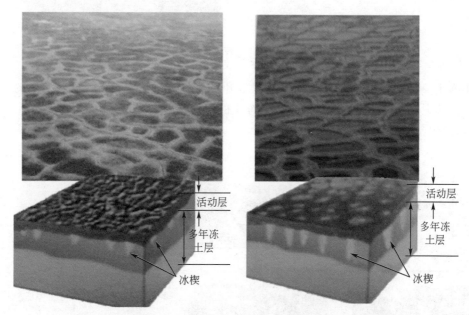

图 3-16　北极地区典型的多边形苔原格局及其形成的冻土因素

在多年冻土发育的泰加林带，不同冻土环境营造了森林带广泛存在的寒区森林湿地生态类型以及不同森林生物量分布格局。在我国大兴安岭多年冻土带上的寒温带针叶林区（泰加林）分布着大量的冻土湿地，一般分布于平坦河谷和浑圆山体坡面下段等地带，包括森林沼泽湿地、灌丛沼泽湿地、苔草沼泽湿地以及泥炭藓沼泽湿地等众多类型。在多年冻土发育较好（含冰量较大、活动层较薄）的森林区，其树木生长十分缓慢，俗称"小老树"。在青藏高原，自昆仑山到唐古拉山一带及其以西的广大干旱与半干旱寒区，在高寒草原和高寒荒漠生物气候分区内，发育了大面积的高寒草甸和高寒湿地生态系统，这是多年冻土和地貌因素共同作用的结果。过去几十年，随着全球气候变暖，北极地区生态系统在冻土变化影响下已经发生了显著变化，主要表现为，在多年冻土十分发育的苔原地区，随着冻土融化，活动层水分溢出地表，植被生物量显著增加，但生物多样性明显减少（Ims and Ehrich，2012），而在苔原带更南的泰加林带，随着多年冻土的退化，湿地扩张、森林面积减少、灌丛面积增加（Epstein et al.，2013）（图 3-17）。

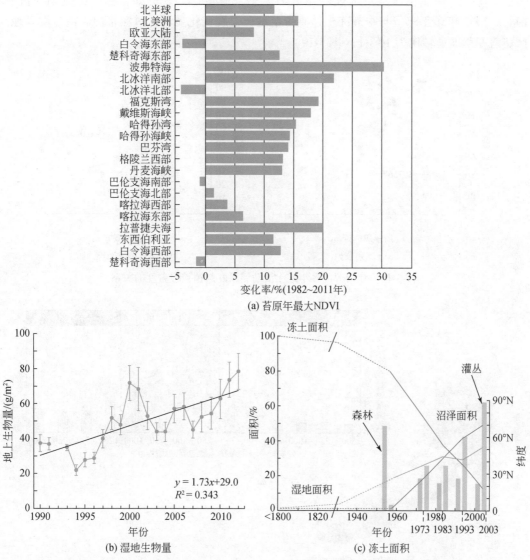

图 3-17　北极地区苔原带植被与湿地生物量的变化 [（a）、（b）] 和泰加林带
冻土面积与森林、湿地等的变化（c）（Ims and Ehrich，2012；Epstein et al.，2013）

　　在青藏高原，植被对多年冻土变化更加敏感。不同冻土区，植被对冻土变化的响应程度差异较大。在高寒草甸区，植被盖度随多年冻土活动层增加而降低，而在高寒草原地区，冻土活动层变化与植被盖度关系不明显（图 3-18），这反映了气候–植被–多年冻土之间的复杂关系。在青藏高原气候干旱区，植被对水分的依赖性很强。高寒草甸区水分条件较好，冻土变化对土壤水分影响较大，植被盖度随活动层加厚、地表水分下降而减小。而在高寒草原地区，植被十分稀疏，植被与冻土活动层变化关系较弱，而主要受气候变化影

响。在高山多年冻土区，调查表明多年冻土和季节冻土过渡带是植被变化最大的地带，这是由于这一地带多年冻土对气候变化最为敏感，退化显著。例如，祁连山疏勒河流域，1986~2008年多年冻土与季节冻土过渡带草地覆盖度变化显著，过渡带内高覆盖度草地向低覆盖度草地逆转比为10∶1（图3-19）。

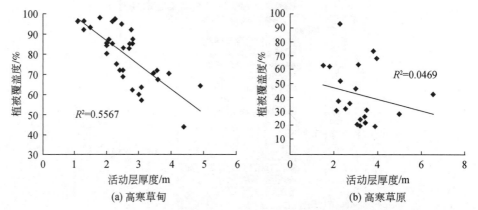

图3-18　江河源区多年冻土活动层厚度与植被覆盖度的关系

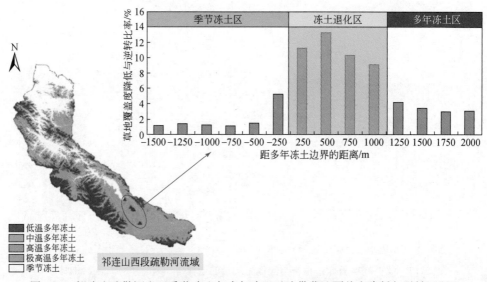

图3-19　祁连山疏勒河山区季节冻土与多年冻土过渡带草地覆盖度降低与逆转面积比

寒区生物地球化学循环是冰冻圈作用区物质循环的重要组成部分，不同于其他区域，寒区生物地球化学循环与冰冻圈要素的作用密切相关，冻融过程及伴随的水分相变和温度场变化所产生的水热交换对生物地球化学循环产生巨大驱动作用，并赋予了其特殊的循环规律及对环境变化的高度敏感性。生物地球化学循环领域，寒区研究主要集中在碳氮循环方面，这方面的内容在本系列丛书中有论述，本书不再赘述。

3.5 冰冻圈变化对地表环境的影响

冰冻圈与岩石圈相互作用研究主要表现在冰冻圈对地表的侵蚀和寒冻风化改造，雪蚀、冰川侵蚀和冻融侵蚀是对地球表层改造最显著的动力过程之一。同时，在冰冻圈作用区，地表过程形成的松散堆积物、冰湖等极易形成冰川泥石流、溃决洪水等，它们不仅快速、高强度侵蚀地表，而且也具有很大的危险性。

岩石圈的全球格局、区域差异由地球内动力系统控制，冰冻圈则是地球表层变化的重要动力之一；冰冻圈与岩石圈的相互作用是地球表层圈层系统之间最具活力的过程；冰冻圈中对岩石圈产生作用的核心要素是冰川和多年冻土（冰缘）过程。冰冻圈通过冻融侵蚀、寒冻风化、冰川侵蚀和融水侵蚀形成冰缘地貌、冰川地貌和冰水地貌，这些均是传统第四纪冰川学的主要内容。而冰冻圈侵蚀引发的流域生物地球化学循环及其对流域生态、环境的影响是正在引起关注的问题，尚没有更多研究结果。冰冻圈对地表影响显著的另一表现是冰冻圈灾害，这是目前关注的重点。

冰冻圈灾害种类较多，与冰川有关的灾害有冰湖溃决、冰川洪水、冰川泥石流；与积雪有关的灾害有雪灾、融雪洪水、冷冻雨雪、雪崩、风吹雪；与冻土有关的灾害有冻胀、融沉、蠕变等；与海冰有关的灾害有航道阻塞、工程损坏、港口码头封冻、水产养殖受损等；与河冰有关的灾害有冰凌洪水、工程破坏等。我国冰冻圈灾害主要分布在青藏高原、新疆和东北地区。

冰冻圈灾害是其变化对人类或人类赖以生存环境造成破坏性影响的事件或现象，它的形成不仅要有环境变化作为诱因，而且要有受到损害的人、财产、资源作为承受灾害的客体。表 3-1 总结了我国主要冰冻圈灾害的致灾因子、主要影响区域及相应的主要承灾体状况。冰冻圈灾害的主要影响区在我国西部，由于经济、人口等因素，冰冻圈灾害的影响较小。但由于适应能力较低，脆弱性较高，受灾的风险又较高。

表 3-1 中国冰冻圈灾害致灾因子、主要影响区域及主要承灾体

灾害类型	致灾因子	主要影响区域	主要承灾体	时间
雪崩	大规模雪体滑动或降落	天山、喜马拉雅山、念青唐古拉山	高山旅游者，山区基础设施	分钟
冰湖溃决	冰崩、持续降水、管涌、地震等	喜马拉雅山、念青唐古拉山、喀喇昆仑山	下游居民、公路桥梁、基础设施	小时
冰川泥石流	冰川崩塌、强降雨	喜马拉雅山	下游居民、公路桥梁、基础设施	小时
冰雪洪水	冰川和积雪融水所形成的洪水	新疆维吾尔自治区	耕地、下游居民	天
雪灾	较大范围积雪，较长积雪日数	西部牧区	农牧业和城市电信网络	天
风吹雪	大风、积雪	天山、青藏高原	西部交通、道路	天
冰凌	冰凌堵塞河道，壅高上游水位；解冻时，下游水位急剧上升，形成了凌汛	黄河宁蒙山东段、松花江依兰河段	水利水电、航运	月
冻土	冻融、冻胀	青藏高原、东北地区	寒区道路工程、输油管道	年

冰冻圈变化通过水、生态、灾害等对社会经济系统产生影响，除通过脆弱性评估认识其影响程度外，从风险的视角评估其影响也是一个重要途径。从风险方面评估冰冻圈变化的影响，主要聚焦于灾害性的后果。中国学者根据已有的文献，在总结所涉及的针对冰湖风险的各种判定指标基础上，提出了冰湖溃决风险评价体系（图3-20）。根据这一评价体系，可对不同时空尺度冰湖溃决风险进行定量评估。

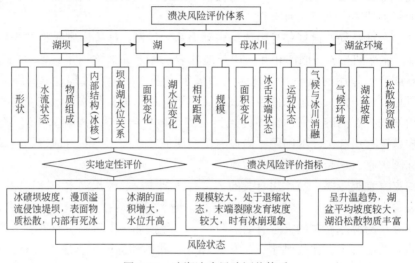

图 3-20 冰湖溃决风险评价体系

3.6 冰冻圈变化对可持续发展的影响

冰冻圈变化可在多个层面上对社会经济发展产生影响，其变化带来的影响既有全球尺度的表现，也有区域或局地特征。从全球尺度上看，冰冻圈的扩张与退缩引起大量淡水在陆地和海洋之间转移，以及大范围积雪和海冰变化，这不仅与全球气候变化息息相关，而且引起的海平面变化和极端气候事件对全球经济最为集中的海岸带环境也带来深刻的影响。从区域或局地尺度上看，冰冻圈单个或多个要素的变化，可引起水资源供给、洪水、冰雪灾（含冰雪崩、风吹雪等）、线状工程破坏等环境灾害问题。

总体来看，冰冻圈在正反两个层面影响着自然和社会系统。正面影响主要表现在冰冻圈的服务功能方面。例如，冰冻圈对维系寒区生态系统和提供可调节的水资源具有强大功能（丁永建和效存德，2013），冰冻圈是重要的旅游资源（王世金，2015；Falk and Hagsten，2016），冰冻圈地区能源开发、种质资源和动物栖息地保护离不开冰冻圈的科学支撑，而冰冻圈地区独特的文化形态与宗教更是人类文明的重要组成部分（AMAP，2012；Gagné et al.，2014）。简单来说，冰冻圈服务指人类社会从冰冻圈获取的各种惠益，包括直接或间接从冰冻圈系统获得的资源、产品和福利等。到目前为止，冰冻圈服务的功能和价值尚没得到重视和应有的评价（Costanza et al.，2014；Xiao et al.，2015）。冰冻圈变化所产生的负面影响主要表现在冰冻圈灾害和对自然社会的不利方面。例如，雪崩、冰川泥石流、冰川洪水等，冻胀与融沉、热融滑塌对工程和地表的影响等，海平面上升对沿岸的影响，北极冻土退化对海岸侵蚀的影响，雪灾及低温雨雪冰冻灾害等，冰冻圈变化对生态系统的不利影响，冰雪水资源的减少对干旱区及山区发展的影响等。在高纬度地区，海冰变化对海洋动物捕获带来很大困难，尽管北极原住民有着适应变化的悠久历史，但社会、经济和政治因素与气候和冰冻圈影响之间复杂的内在联系展现出了北极社会正面临着前所未有的挑战，尤其是变化速率快于社会系统适应能力的情况下（Larsen et al.，2014）。在温升2℃情况下，许多适应能力有限的海洋生物种群将面临巨大风险（IPCC，2014）。

冰冻圈变化对人类社会产生了深刻影响，在全球和区域尺度上准确辨识冰冻圈变化的影响程度、时空范围及其未来演化趋势，是人类社会趋利除弊，充分利用冰冻圈的服务功能，降低灾害影响，科学适应冰冻圈变化影响的必然选择，是准确把握全球变化对人类环境影响的关键，对人类社会科学应对全球变化具有重要意义（秦大河和丁永建，2009；丁永建和效存德，2013；Xiao et al.，2015）。

全球变化人文背景下的适应性通常涉及一个系统的过程、行动和产出，这是为了系统对一些变化条件、压力、灾害、风险和机遇能够具备更好的应对、管理和调整能力。基于冰冻圈变化影响的适应研究，可以查阅的文献较少（Deng et al.，2012）。不过，冰冻圈变化是在全球变化背景下的特殊圈层的变化、作用与过程，气候变化的脆弱性、风险、恢复力和适应研究，对冰冻圈变化的影响研究同样具有指向性和指导性（杨建平等，2015）。

冰冻圈变化的脆弱性同样具备以上属性，是生态、经济、社会等系统对冰冻圈要素（冰川、冻土、积雪）变化负面影响的敏感程度，也是系统不能应对负面影响的能力、程度的反映。冰冻圈变化无疑会对气候、生态、水文、地表环境产生影响，这些影响必然会涉及人类社会，进而会对人类生存环境及可持续发展产生影响，图3-21给出了在气候变化影响下，冰川融水变化会影响流域水资源，进而通过水资源影响农业、生态，从而影响经济社会，这样构成的影响链条是渐次向下游波及的，因此如何认识这样一个链条上的影响过程及程度，就需要通过一定的方法进行定量评估。脆弱性评估是定量评估的一种手段，通过冰冻圈变化影响下的脆弱性评估，可将冰冻圈变化的自然过程与影响的人文过程有效联系起来，因而本书提供了一种认识冰冻圈变化影响程度的手段和视角，也为适应冰冻圈变化的影响提供了科学途径（图3-22）。

因此，在突出冰冻圈变化及其自身特点的基础上，完全可以沿用气候变化适应的研究思路和脉络，开展冰冻圈变化的适应研究。当前为适应冰冻圈变化的影响，研究重点主要在冰冻圈变化脆弱性评价方法以及脆弱程度和适应能力的研究（杨建平和张廷军，2010；Fang et al.，2011；He et al.，2012；杨岁桥等，2012；杨建平等，2015）。以此为基础，开展冰冻圈变化影响的风险评估、成本效益分析，进而探寻适应冰冻圈变化影响科学的途径（图3-23）。在冰冻圈服务方面，可从供给（淡水资源、种质资源等）、调节（气候调节、径流调节和生态调节等）、社会文化（旅游与体育、宗教与文化等）和生境（栖息地生境）等服务功能入手（Xiao et al.，2015），开展冰冻圈水资源服务功能演变、功能变化的拐点、功能丧失的阈限，以及适应服务功能变化的产业结构调整路径、功能区划等方面研

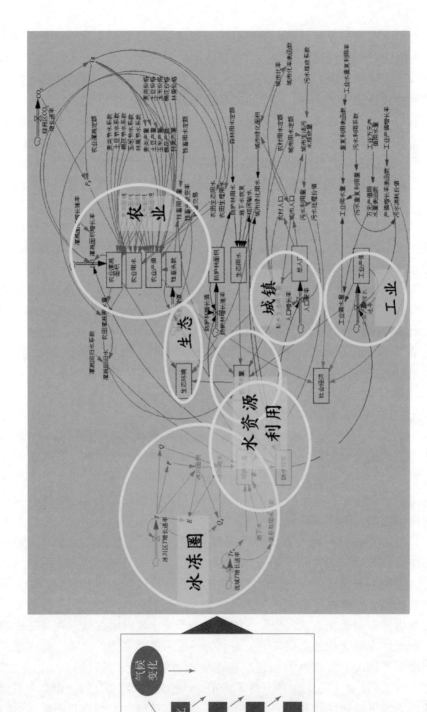

图 3-21 冰冻圈变化对社会经济影响实例：冰冻圈变化的级联影响

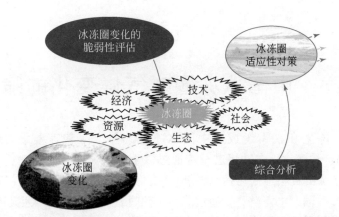

图 3-22　联系冰冻圈变化（自然）与影响（社会）的纽带——脆弱性评估

究。核心科学问题是冰冻圈服务功能研究的方法体系、冰冻圈动态资源的评估方法、冰冻圈服务功能的定量化表达和未来预估。

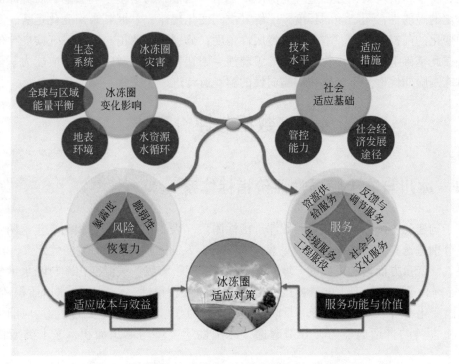

图 3-23　冰冻圈与人类社会可持续发展（Qin et al.，2018）

第4章 中国冰冻圈对气候变化的脆弱性

主要以冰川、冻土和积雪组成的中国冰冻圈总体上呈快速萎缩之势（姚檀栋等，2013），冰冻圈的这种变化正在并将进一步通过以下几个方面产生影响：①通过水资源供给影响西北干旱区绿洲社会经济可持续发展，尤其是"陆上丝绸之路经济带"的建设与持续发展背景下，关乎国家水安全；②通过冻土水热过程直接影响寒区生态环境健康与基础设施的稳定性，进而影响高寒畜牧业与重大工程的运营，关乎生态安全与工程安全；③通过地表环境过程（灾害）严重威胁冰冻圈核心区、作用区，乃至影响区的人居与各种经济活动；④通过人文过程，影响依托冰冻圈环境的宗教、文化、习俗等的存在与发展。因此，唯有科学积极应对，方可适应冰冻圈变化给中国带来的诸多不利影响。研究冰冻圈对气候变化的脆弱性，明晰脆弱程度，了解其空间变化规律，掌握其未来变化走势，是适应冰冻圈变化的前提与基础。本章从自然属性角度，分别评价冰川与冻土对气候变化的脆弱性，并在此基础上，综合评价冰冻圈的脆弱性。因在暴露度、敏感性与适应能力三要素构成的冰冻圈脆弱性框架下，对积雪脆弱性的解释有待进一步完善。

4.1 数据与评价方法

4.1.1 冰川与冻土脆弱性评价指标体系

基于构建的中国冰冻圈的脆弱性评价指标体系（表2-1），针对冰川与冻土这两个研究对象，分别遴选其脆弱性评价指标见表4-1与表4-2。根据冰冻圈的脆弱性定义，从地形与主要气候变量方面遴选了坡度、坡向、地形遮蔽度、海拔、气温变化率与降水量变化率6个指标刻画了冰川与冻土的暴露度。鉴于资料的可获得性，分别选取冰川面积变化率、0cm地温变化率与冻结深度变化率反映冰川与冻土对气候变化的敏感程度。适应能力为冰川与冻土本身的自适应能力，分别遴选了冰川性质类型与冰川面积、冻土类型指标表达之。

表4-1　中国冰川脆弱性评价指标体系

目标层	标准层	要素层	指标层	指标说明
冰川的脆弱性	暴露度	地形	坡度/(°)	影响冰川发育的水热条件
			坡向/(°)	影响冰川发育的水热条件
			地形遮蔽度	一定范围内要素被遮蔽状况，影响能量的接收
			海拔/m	冰川所处的位置，该因素是其发育的条件

续表

目标层	标准层	要素层	指标层	指标说明
冰川的脆弱性	暴露度	主要气候变量	气温变化率/(℃/10a)	反映气温的变化水平
			降水量变化率/(mm/10a)	反映降水量的变化水平
	敏感性	冰川	冰川面积变化率/%	反映冰川的变化水平
			冰川性质类型	极大陆型冰川、亚大陆型冰川和海洋型冰川
	适应能力		冰川面积/km²	反映冰川的规模，规模大的冰川对气候变化的响应相对较慢，小冰川对气候变化非常敏感

表 4-2　中国冻土脆弱性评价指标体系

目标层	标准层	要素层	指标层	指标说明
冻土的脆弱性	暴露度	地形	坡度/(°)	影响冻土发育的水热条件
			坡向/(°)	影响冻土发育的水热条件
			地形遮蔽度	一定范围内要素被遮蔽状况，影响能量的接收
			海拔/m	冻土所处的位置，该因素是其发育的条件
		主要气象变量	气温变化率/(℃/10a)	反映气温的变化水平
			降水量变化率/(mm/10a)	反映降水量的变化水平
	敏感性		0cm 地温变化率/(℃/a)	反映冻土地表温度变化水平
			冻结深度变化率/(cm/a)	反映冻结深度变化水平
	适应能力	冻土	冻土类型	青藏高原多年冻土：用稳定型反映冻土类型，稳定型越高，适应能力越强；东北地区多年冻土：用连续程度反映冻土类型，连续系数越大，适应能力就越大

4.1.2　数据及其处理方法

4.1.2.1　数据及其来源

（1）DEM 数据

DEM 数据来源于国家测绘地理信息局，分辨率为 1km×1km，Albers 投影系统。

（2）气象要素实测与预估数据

选用了全国 594 个站点的年平均气温数据、590 个站点的年降水量数据、500 个站点的 0cm 地温数据、264 个站点的冻结深度数据。气温和降水量数据的序列长度为 1961～2007 年，0cm 地温、冻结深度数据的序列长度为 1961～2004 年。

21 世纪 30 年代和 50 年代的气温和降水量预估数据是 IPCC SRES A1B 气候情景下区

域模式的模拟结果，区域模式的驱动场是日本的 CCSR/NIES/FRCGC MIROC3.2_hires 全球模式（Gao et al.，2012），基础时段为 1981～2000 年，该数据由中国气象局国家气候中心提供。

（3）冰川编目数据

我国第一次冰川编目始于 1978 年，历时 24 年完成，该编目数据反映的主要是 20 世纪 60～70 年代的冰川资源状况。第二次冰川编目始于 2006 年末，2012 年完成，该编目数据反映的是 2005～2006 年的冰川资源状况。本书所用的冰川面积变化率数据是由这两次编目数据计算而得，由刘时银研究员提供。冰川面积数据仍使用第一次编目的数据，数据来自中国冰川信息系统（1:1 万）。

（4）冻土数据

冻土数据包括多年冻土年平均地温数据和连续系数数据。多年冻土年平均地温数据是库新勃（2007）利用青藏铁路沿线 2001～2002 年的 218 个地温钻孔资料，根据程国栋和王绍令（1982）提出的青藏高原地区高海拔多年冻土的分带方案，结合影响多年冻土分布的三向地带性（垂直地带性、纬度地带性和干燥度地带性），利用统计回归的方法在 GIS 平台上计算而得。连续系数数据来源于文献（刘建坤等，2005）。

4.1.2.2 数据处理方法

（1）DEM 反演数据

以分辨率为 1km×1km 的 DEM 数据为基础，在 ArcGIS 表面分析模块提取坡度、坡向和海拔。以下空间数据分辨率均为 1km×1km，Albers 投影系统。

（2）地形遮蔽度计算方法

地形遮蔽度采用如下公式计算

$$k_i = n_i/N_i \tag{4-1}$$

式中，k_i 为 i 千米边心距范围的遮蔽度；n_i 为以中心点为准，边心距为 i 千米正方形范围内，海拔与中心点高度差大于 R 的网格点数；N_i 为除中心点外，边心距为 i 千米正方形范围内的网格点总数。本书中从 DEM 中生成 $k_{2.5}=2.5$km、$R=200$m 相对高度的地形遮蔽度栅格数据。

（3）实测气象要素数据与预估数据处理方法

分别计算每个站点 1961～2007 年的气温和降水量变化，1961～2004 年的 0cm 地温、冻结深度变化趋势。运用克里格（Kriging）方法对气温和降水量变化、0cm 地温、冻结深度变化趋势进行空间插值，分别用冰川分布区、冰冻圈作用区范围边界去切，得到年平均气温、年降水量、年平均 0cm 地温、冻结深度变化趋势的空间插值数据。用冰川分布区边界去切 21 世纪 30 年代和 50 年代的中国气温和降水量变化数值，得到相应时段我国冰川分布区的气温和降水量变化数据。

（4）冰川类型赋值

依据冰川发育条件及其物理性质，我国现代冰川可分为海洋型冰川、亚大陆型冰川和极大陆型冰川三类（施雅风，2000）。这三类冰川的活动能力对气候变化的敏感程度不同。

海洋型冰川冰温较高，冰川区年降水量达 1000～3000mm，平衡线较低，活动较快，对气候变暖极为敏感；极大陆型冰川冰温低，冰川区年降水量为 200～500mm，平衡线高，活动缓慢，对升温敏感性很差。不论是活动能力，还是对气候变暖的敏感性，亚大陆型冰川均介于海洋型冰川和极大陆型冰川之间（Shi and Liu, 2000）。基于此，本书设计了冰川变化敏感程度调查问卷，对我国冰冻圈相关领域专家进行了问卷调查。调查共发出问卷 61份，回收 48 份，其中有效问卷 47 份，问卷回收率约为 79%，有效率约为 98%。根据调查结果，计算得到三类冰川的敏感程度依次为极大陆型冰川 2.6、亚大陆型冰川 3.5、海洋型冰川 4.2，值越大冰川对气候变暖的敏感程度越高。

（5）冰川变化预估方法

就理论而言，要预估中国冰川的脆弱性，首先应预估每一条冰川的变化情况。然而，事实上中国冰川数量众多，有 48 571 条（刘时银等，2015），而且均分布于高海拔的高山与高原地区，模型预估所需的参数无法实测得到，要获得每一条冰川未来变化的预估结果是不现实的，也是目前无法实现的。Shi 和 Liu（2000）根据历史资料比较，结合英国气候研究所气候预测中心用 HadCM2GSal 对 21 世纪全球气温和降水过程的模拟数值，提出 2030 年、2070 年和 2100 年中国西部冰川区升温估计值，并依据小冰期以来升温和冰川面积减少的经验关系，尝试估计了 21 世纪中国冰川衰退数量（表 4-3）。

表 4-3　21 世纪中国冰川减少趋势估计

冰川类型	2030 年		2070 年	
	比现代升温/℃	冰川面积变化/%	比现代升温/℃	冰川面积减少/%
海洋型冰川	0.4	−14	1.2	−43
亚大陆型冰川	0.9	−15	2.0	−32
极大陆型冰川	1.2	−6	2.7	−13
总计或平均	0.8	−12	2.0	−28

资料来源：Shi 和 Liu，2000。

根据 Shi 和 Liu（2000）对我国三种类型冰川的预估结果，并将冰川变化时间 2070 年假设为 2050 年，得到 2030 年和 2050 年不同类型冰川的面积变化率，并依据以下公式分别计算各类型冰川 2030 年、2050 年的面积

$$S_{2030年} = S_{第一} - S_{第一} \times \alpha_{2030年} \tag{4-2}$$

$$S_{2050年} = S_{第一} - S_{第一} \times \alpha_{2050年} \tag{4-3}$$

式中，$S_{2030年}$、$S_{2050年}$ 分别为 2030 年、2050 年的冰川面积；$S_{第一}$ 为中国第一次冰川编目时的冰川面积；$\alpha_{2030年}$、$\alpha_{2050年}$ 分别为 2030 年、2050 年的冰川面积变化率。

（6）冻土类型数据处理方法

中国多年冻土分为高海拔和高纬度多年冻土，二者具有发生学上的共同性，但在分布特点上很不一致，高原多年冻土除受纬度地带性和经向地带性影响外，主要还受垂直地带性控制。为此，程国栋和王绍令（1982）提出以多年冻土年平均地温为主要指标的高海拔

多年冻土分带方案（表4-4）。稳定型越高，多年冻土对气候变化越不敏感，适应能力越强，反之亦然。东北多年冻土属高纬度多年冻土，分带方案使用多年冻土分布的连续程度，连续系数越大，对气候变化的敏感性越差，适应能力就越强，反之亦然。基于高海拔与高纬度多年冻土的分布特点，结合专家建议，本书对青藏高原多年冻土采用分带方案，使用年平均地温作为分带依据，年平均地温指示的不同稳定型代表多年冻土的类型；对东北多年冻土采用连续性分带方案，以连续系数作为分带依据，不同连续系数反映不同冻土类型（表4-5）。高原多年冻土与东北多年冻土在分带上具有一定的对应关系，如青藏高原多年冻土分带方案中的上带相当于东北多年冻土分带中的连续多年冻土，中带相当于不连续多年冻土，下带中的不稳定型相当于岛状多年冻土。

表4-4　青藏高原多年冻土分带方案

带名		年平均地温/℃
上带	极稳定型	<-5.0
	稳定型	−5.0 ~ −3.0
中带	亚稳定型	−3.0 ~ −1.5
	过渡型	−1.5 ~ −0.5
下带	不稳定型	−0.5 ~ +0.5
	极不稳定型	

资料来源：程国栋和王绍令，1982。

表4-5　东北多年冻土分带方案

冻土带	大片连续多年冻土	不连续多年冻土	岛状多年冻土
连续系数	0.65 ~ 0.75	0.40 ~ 0.65	<0.40
年平均地温/℃	−4.2 ~ −1.5	−1.5 ~ −0.5	−1.0 ~ 0

（7）数据标准化方法

为消除各原始变量的量纲差异，采用极差标准化对原始数据进行标准化处理，公式如下

$$Y_{ij} = \frac{x_{ij} - x_{\min, j}}{x_{\max, j} - x_{\min, j}} \times 10 \tag{4-4}$$

式中，Y_{ij}为j指标在i格网的标准化值，值介于0 ~ 10；x_{ij}为j指标在i格网的原始值；$x_{\max, j}$、$x_{\min, j}$为j指标在i格网的最大值与最小值。

4.1.3　脆弱性评价模型

如何将各种来源的信息综合成一个具有相对级别的脆弱性指数是脆弱性评价的关键和难点（Locantore et al.，2004）。目前，应用比较成功的方法有指标权重法（Diakoulaki et al.，1995；李晔等，2001）和层次分析法（Tran et al.，2002；刘庄等，2003）。这些方

法依赖专家知识系统，但专家水平直接影响评价结果。我国冰冻圈及其主要组成要素的脆弱性评价既涉及类型数据（冰川性质与冻土类型）、序列数据（气温和降水量），又涉及卫星影像数据（地形）。另外，冰冻圈脆弱性评价是一种区域尺度的脆弱性评价，需要回答区域总的脆弱性情况、空间差异，以及未来变化趋势等问题。空间主成分方法（spatial principle component analysis，SPCA）是主成分分析法在空间化数据中的一种应用，除具有主成分分析法的所有功能之外，它还可处理空间数据，且评价结果比较客观。因此，本书选用该方法对我国冰冻圈及其主要组成要素的脆弱性进行现状评价与未来预估，其公式如下

$$E = \alpha_1 Y_1 + \alpha_2 Y_2 + \cdots + \alpha_n Y_n \tag{4-5}$$

式中，E 为脆弱性评价指数；Y_i 为第 i 个主成分；α_i 为第 i 个主成分的贡献率。

4.1.4　脆弱性分级方法

评价模型计算的脆弱性指数是连续数值，需对其归类分级，才能反映冰川、冻土脆弱性的级别。如何分级是脆弱性评价的又一个关键点。为降低主观人为影响，本书采用了自然分类法（natural breaks classification，NBC）。该方法基于数据中固有的自然分组，对分类间隔加以识别，可对相似值进行最优分组，并可使各个类之间的差异最大化。自然分类法将脆弱性指数划分为多个类，类间边界在数据值差异相对较大的位置处。分级过程是在 ArcGIS 9.3 下的空间分析模块中自动完成。以冰川脆弱性分级为例，冰川脆弱性指数在 2.1 ~ 10.6，当数据值为 4.5、5.7、6.7 和 7.7 时差异较大（图 4-1），故以其为相应阈值将脆弱性分为 5 级，即潜在脆弱（<4.5）、轻度脆弱（4.5 ~ 5.7）、中度脆弱（5.7 ~ 6.7）、强度脆弱（6.7 ~ 7.7）和极强度脆弱（>7.7）。本书中冻土脆弱性分级、冰冻圈脆弱性分级方法与此相同。

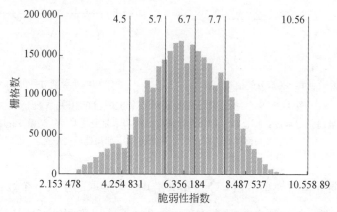

图 4-1　1961 ~ 2007 年冰川脆弱性指数分布

4.2 冰川对气候变化的脆弱性

4.2.1 冰川脆弱性指数模型构建

对极差标准化后的中国冰川脆弱性评价指标（表4-1）进行空间主成分分析，根据主成分个数的提取原则：主成分对应的累计贡献率大于85%，选取了4个主成分，见表4-6。这4个主成分基本包含了全部指标包含的信息，信息损失量只有5.96%。冰川脆弱性因子与4个主成分的相关系数显示（图4-2）：第一主成分（A_1）与海拔、冰川面积变化率呈显著正相关，与降水量变化率呈较强负相关。第一主成分信息量丰富，既反映了冰川的地势环境、气候变化水平，又反映了冰川自身的变化水平，是一个与冰川变化密切相关的综合因子，被称为冰川变化因子；第二主成分、第三主成分、第四主成分（A_4）主要反映地形信息，为地形因子（图4-2）。

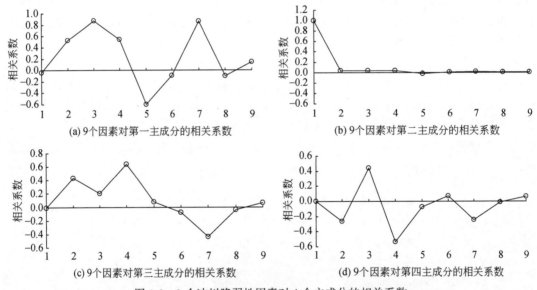

(a) 9个因素对第一主成分的相关系数　　　(b) 9个因素对第二主成分的相关系数

(c) 9个因素对第三主成分的相关系数　　　(d) 9个因素对第四主成分的相关系数

图4-2　9个冰川脆弱性因素对4个主成分的相关系数

1. 坡向；2. 坡度；3. 海拔；4. 地形遮蔽度；5. 降水量变化率；6. 气温变化率；
7. 冰川面积变化率；8. 冰川面积；9. 冰川性质类型

根据冰川脆弱性指数模型 $GVI = \sum_{i=1}^{j}(\alpha_i \times A_i)$（$j$ 为提取的主成分个数；α_i 为第 i 个主成分的贡献率；A_i 为第 i 个主成分）与表4-6，建立如下冰川脆弱性指数计算公式：

$$GVI_{1961\sim2007年} = 0.3987A_1 + 0.3397A_2 + 0.1075A_3 + 0.0946A_4 \tag{4-6}$$

式中，GVI 为 1961~2007 年的冰川脆弱性指数；$A_1 \sim A_4$ 为从9个原始指标中选取的4个主成分。GVI 值越大，冰川脆弱性越高。

表 4-6 冰川脆弱性现状 (1961～2007 年) 评价空间主成分分析结果 （单位:%)

表 4-6　冰川脆弱性现状 (1961～2007 年) 评价空间主成分分析结果　（单位:%)

选取的主成分	特征值 λ_i	贡献率	累积贡献率
A_1	3.6760	39.87	39.87
A_2	3.1321	33.97	73.84
A_3	0.9908	10.75	84.59
A_4	0.8719	9.46	94.04

4.2.2　脆弱性分级

用式 (4-6) 计算冰川脆弱性指数, 值为 2.1～10.6。依据 NBC 分级方法, 将冰川脆弱性分为潜在脆弱 (P)、轻度脆弱 (L)、中度脆弱 (M)、强度脆弱 (H) 和极强度脆弱 (Vh) 5 级 (表 4-7、图 4-3)。本书冰川脆弱性预估分级与此相同。

表 4-7　冰川脆弱性现状评价结果统计　（单位:%)

脆弱性	代表符号	GVI	面积比例
潜在脆弱	P	<4.5	8.13
轻度脆弱	L	4.5～5.7	22.23
中度脆弱	M	5.7～6.7	28.53
强度脆弱	H	6.7～7.7	24.97
极强度脆弱	Vh	>7.7	16.14

现状看, 91.87% 的冰川作用区存在不同程度的脆弱性, 其中, 中度脆弱区占研究区总面积的比例最大, 为 28.53%, 其次为强度脆弱区, 为 24.97%, 轻度脆弱区占 22.23%, 极强度脆弱区占 16.14%。中国冰川脆弱性总体较高, 仅强度和极强度两种脆弱类型的面积比例约高达 41.11%, 若将中度脆弱型也计算在内, 则比例为 69.64%, 表明中国冰川对气候变化十分脆弱。

4.2.3　冰川脆弱性的空间分布

我国冰川脆弱性空间差异显著, 各种脆弱类型星罗棋布, 但总体上呈现高原边缘向腹地、高山向外缘脆弱性递减的分布规律。具体地, 约 32°N 以南青藏高原地区, 冰川以强度和极强度脆弱为主, 由此向北至藏北高原腹地脆弱性减弱至中度脆弱, 甚至减弱至轻度脆弱; 阿尔泰山、天山、祁连山中东部地区冰川脆弱性也较大, 而这些山脉及青藏高原北部边缘地区, 冰川脆弱性相对较低, 主要为中度、轻度和潜在脆弱类型 (图 4-3)。就各脆弱类型而言, 潜在脆弱性地区呈片状、斑块状、条带状, 主要分布于祁连山、昆仑山的北缘, 天山南北边缘, 阿尔泰山南缘, 柴达木盆地南部山地边缘, 该类型冰川系统稳定, 抗干扰能力强, 海拔相对较低。轻度脆弱性地区呈斑块状分布于祁连山、藏北高原、天山、阿尔泰山和横断山地区, 该类型冰川系统较稳定, 抗干扰能力较强, 海拔相对较低。中度

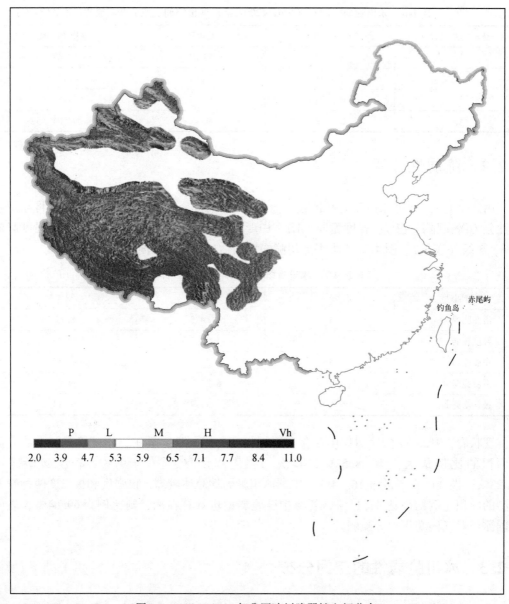

图 4-3   1961～2007 年我国冰川脆弱性空间分布

脆弱性地区主要分布于祁连山西部、藏北高原、阿尔金山北部、天山与横断山地区，该类型冰川系统较不稳定，抗干扰能力差。强度脆弱性地区主要分布于阿尔泰山、天山、喀喇昆仑山、祁连山中东部地区、32°N 以南青藏高原地区，以及横断山地区，该类型冰川系统不稳定，抗干扰能力差。极强度脆弱性地区主要分布于阿尔泰山、天山、喀喇昆仑山、祁连山中东部地区、32°N 以南青藏高原地区，以及横断山地区，该类型冰川系统极不稳定，抗干扰能力差。

4.2.4 冰川脆弱性情景预估

（1）模型构建

在地形条件和冰川性质类型不变的情况下，基于 IPCC SRES A1B 气候情景下 21 世纪 30 年代和 50 年代气温和降水量变化预估数据、冰川变化预估数据（包括面积变化率和冰川面积），利用空间主成分分析法构建冰川脆弱性指数模型

$$GVI_{2030 \sim 2039} = 0.3465A_1 + 0.3302A_2 + 0.1754A_3 + 0.0803A_4 \tag{4-7}$$

$$GVI_{2050 \sim 2059} = 0.3405A_1 + 0.3268A_2 + 0.1912A_3 + 0.0796A_4 \tag{4-8}$$

式中，各变量指示含义同式（4-6）。

（2）冰川脆弱性情景与空间分布

在 A1B 气候情景下，2030~2039 年有 80.86% 的冰川作用区存在不同程度的脆弱性，其中，中度脆弱区占研究区总面积的 23.78%，其次为强度脆弱区，为 23.53%。其他类型分别如下：轻度脆弱区占 22.50%、潜在脆弱区占 19.14%、极强度脆弱区占 11.04%（表 4-8）。中度及以上脆弱区面积占研究区总面积的 58.35%，其中强度和极强度脆弱区占研究区总面积的 34.57%，脆弱性类型及脆弱程度的空间分异格局如图 4-4 所示。

表 4-8 不同时段冰川脆弱性预估结果统计 （单位:%）

脆弱性水平	分级数	1961~2007 年（现状）	2030~2039 年预估	2050~2059 年预估
潜在脆弱	I	8.13	19.14	20.80
轻度脆弱	II	22.23	22.50	21.33
中度脆弱	III	28.53	23.78	23.95
强度脆弱	IV	24.97	23.53	23.40
极强度脆弱	V	16.14	11.04	10.52

2050~2059 年存在不同脆弱程度的冰川作用区面积为 79.2%，具体如下：中度脆弱区占研究区总面积的 23.95%、强度脆弱区占 23.40%、轻度脆弱区占 21.33%、潜在脆弱区占 20.8%，极强度脆弱区面积比例仅为 10.52%（表 4-8）。中度及以上脆弱区面积占研究区总面积的 57.87%，其中强度和极强度脆弱区占研究区面积的 33.92%，脆弱性类型及其脆弱程度的空间分布格局如图 4-4（b）所示。

A1B 气候情景下，在青藏高原，冰川脆弱性总体由高原腹地向边缘增强，高原腹地以潜在、轻度、中度脆弱型为主，而位于高原周边的喀喇昆仑山、祁连山中西部、喜马拉雅山中东部、藏东南地区，冰川主要表现为强度和极强度脆弱。在西北高山区，冰川脆弱性基本维持了 1961~2007 年的变化格局（图 4-4）。

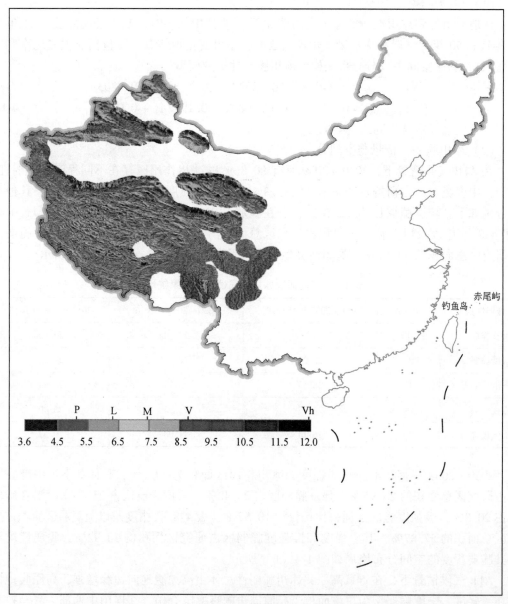

(a) 2030~2039年

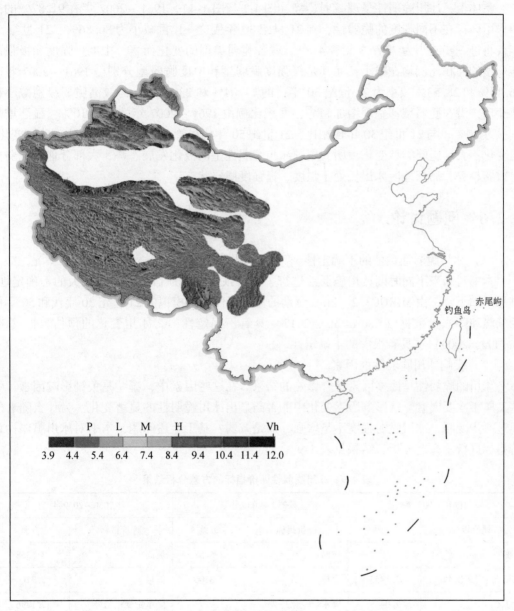

(b) 2050~2059年

图 4-4 2030～2039 年和 2050～2059 年我国冰川脆弱性空间分布

4.2.5　冰川脆弱性趋势变化

　　整体上，冰川脆弱性呈现减弱趋势（图4-3与图4-4），1961~2007年有91.87%的冰川作用区存在不同程度的脆弱性，到21世纪30年代这一比例减小为80.86%，21世纪50年代将进一步减小为79.2%（表4-8）。就各脆弱类型的变化而言，中度、强度和极强度脆弱型的面积比例均在减小，尤其是极强度脆弱型和中度脆弱型分别由1961~2007年的16.14%和28.53%减小为21世纪30年代的11.04%和23.78%。与较高脆弱级别减小趋势相反，潜在脆弱型却呈现增加趋势，面积比例由1961~2007年的不足10%，显著增加到接近20%。与21世纪30年代相比，21世纪50年代尽管各脆弱类型面积比例略有变化，但变化不大。脆弱类型变化表明，中国冰川脆弱性呈两极化发展态势，大部分地区脆弱性呈减弱趋势，局部地区冰川仍处于强度、极强度脆弱状态。

4.2.6　问题讨论

　　（1）冰川脆弱性预估的不确定性

　　本书对未来不同时期冰川脆弱性进行了初步预估，但预估结果存在很大的不确定性，其原因如下：①由MIROC3.2_ hires驱动的区域气候模式模拟的21世纪30年代和50年代的气温和降水量数据（Gao et al.，2012）具有不确定性；②冰川变化的预估数据（Shi and Liu，2000）也具有很大的不确定性。

　　（2）影响冰川脆弱性的因素

　　冰川的脆弱性是诸多因素综合影响的结果。在这些因素中，哪些是关键影响因素，哪些又属于次要因素？从影响因素变化中能否凸显出冰川脆弱性的显著变化？为什么随着气候进一步变暖，冰川脆弱程度不是增强，而是减弱？基于上述问题，本书对冰川脆弱性评价指标进行了方差分析，结果见表4-9。

表4-9　冰川脆弱性评价指标的方差分析结果

1961~2007年		2030~2039年		2050~2059年	
评价指标	方差	评价指标	方差	评价指标	方差
坡向	3.1321	坡向	3.5358	坡向	3.5358
冰川面积变化率	2.1255	海拔	2.3106	海拔	2.3106
海拔	2.0468	降水量变化趋势	1.9993	降水量变化趋势	2.1296
地形遮蔽度	1.1283	地形遮蔽度	1.2737	地形遮蔽度	1.2737
降水量变化趋势	0.3555	气温变化趋势	0.7943	气温变化趋势	0.7949
坡度	0.2216	坡度	0.2502	坡度	0.2502

1961～2007 年		2030～2039 年		2050～2059 年	
评价指标	方差	评价指标	方差	评价指标	方差
冰川性质	0.1995	冰川性质	0.2252	冰川性质	0.2252
冰川面积	0.0080	冰川面积变化率	0.2217	冰川面积变化率	0.1674
气温变化趋势	0.0028	冰川面积	0.0090	冰川面积	0.0095

1961～2007 年,影响冰川脆弱程度的因素主要是坡向、冰川面积变化率、海拔和地形遮蔽度。依据脆弱性定义与冰川脆弱性评价指标体系,这 4 个因素分属暴露度与敏感性一级指标,其中坡向、海拔和地形遮蔽度为地形暴露指标,冰川面积变化率是气温和降水量变化的综合产物,是反映冰川对气候变化敏感程度的主要参数之一,属于敏感性指标。上述分析表明,在 1961～2007 年气候变化水平下,冰川对气候变化很敏感,冰川脆弱程度主要取决于冰川的地形暴露与冰川对气候变化的敏感性,而气温和降水量变化只是通过影响冰川变化,从而间接影响冰川的脆弱性。

在 2030～2039 年,地形依然是影响冰川脆弱程度的主要因素,而冰川面积变化率的作用却显著降低,气温和降水量变化,尤其是降水量变化的影响显著增强。这表明,随着气候进一步变暖,冰川冰体进一步消融,冰川对气候变化的敏感性大大减弱,而此时降水量变化成为冰川脆弱程度的关键影响因素。21 世纪 50 年代延续了 30 年代相同的状况。基于上述分析,本书推测在 A1B 气候情景下,2030～2039 年可能是冰川变化的一个关键时期,该时期及之后冰川脆弱性减弱,冰川对气候变化的敏感性降低可能是最主要原因。

(3) 部分山地边缘冰川脆弱性较低的原因

祁连山、昆仑山的北缘、天山南北边缘、阿尔泰山南缘与柴达木盆地南部山地边缘冰川呈潜在脆弱类型,脆弱程度低,这似乎与实际监测的冰川变化很大相矛盾,其原因如下。

1) 存在一个认识误区,认为冰川变化大就脆弱,变化小就不脆弱。冰川变化大表明冰川对外界干扰易于感受,敏感性强,而脆弱性是暴露度、敏感性与适应能力三者的综合,敏感性强不一定代表脆弱。

2) 就计算过程与原理来看。冰川面积变化率数据在空间上呈条带状分布 (图 4-5),阿尔泰山南缘与天山北缘冰川面积变化率很大,介于 35%～50%,天山南缘冰川面积变化率为 20%～30%,而昆仑山北缘与柴达木盆地南部山地边缘冰川面积变化率较大,为 5%～20%。可以看出,尽管这些地区冰川变化很大,但也存在差异。这表明,仅从冰川面积变化率角度不能解释这些地区冰川的低脆弱性。

3) 分析显示,坡向是影响冰川脆弱性的第一位因素。从 DEM 提取的坡向图可以看出,在 0°～90°与 270°～360°坡向的冰川脆弱性水平较低,这两个方向分别表示北东和北西方向,这与日照强度、时长对冰川的影响是一致的,再加之低海拔因素的影响,也许就是导致天山、祁连山等山地边缘冰川脆弱性较低的原因。

总之,脆弱性是多因素综合影响的结果,对其认识我们应该突破常规观念的窠臼。

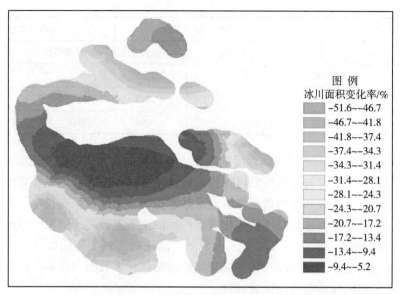

图 4-5　中国冰川面积变化率空间分布

4.3　冻土对气候变化的脆弱性

4.3.1　研究区简介

　　中国冻土分布广阔，季节冻土覆盖大半个中国，多年冻土分布于青藏高原、西部高山及东北北部地区（图 4-6）。受寒潮天气影响，每年均有一天以上、一个月以下时间处在冻结状态的土，称为短时冻土（周幼吾等，2000），它主要分布于秦岭–淮河线以南及南岭以北地区。短时冻土持续时间短，对生态环境的影响小，故本书研究区未包括之。

4.3.2　冻土脆弱性指数模型构建

　　对极差标准化后的冻土脆弱性指标（表 4-2）进行空间主成分分析，根据主成分个数的提取原则：主成分对应的累计贡献率大于 85%，选取了 4 个主成分，见表 4-10。这 4 个主成分基本包含了全部指标具有的信息，信息损失量只有 9.42%。冻土脆弱性因子与 4 个主成分的相关系数显示（图 4-7），第一主成分与坡度、冻土类型呈显著正相关，与气温变化率呈较强负相关，因此第一主成分综合反映了冻土的地形、性质类型以及温度变化，被称为冻土因子；第二主成分与第三主成分分别与坡向呈显著正相关，与海拔呈显著负相关，这两个主成分主要反映地形信息，为地形因子（图 4-7）。第四主成分与冻土类型呈较强的正相关，主要反映冻土性质类型信息。

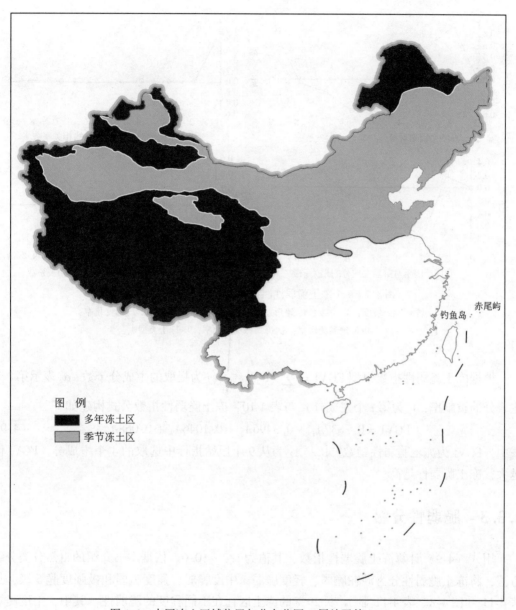

图 4-6　中国冻土区域位置与分布范围（周幼吾等，2000）

表 4-10　空间主成分分析结果　　　　　　　（单位：%）

选取的主成分	特征值 λ_i	贡献率	累积贡献率
A_1	3.4387	38.37	38.37
A_2	3.1326	34.96	73.33
A_3	0.9369	10.46	83.79
A_4	0.6090	6.80	90.58

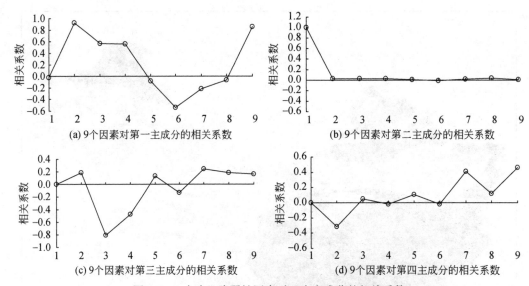

图 4-7　9 个冻土脆弱性因素对 4 个主成分的相关系数

1. 坡向；2. 坡度；3. 海拔；4. 地形遮蔽度；5. 降水量变化率；6. 气温变化率；
7. 0cm 地温变化率；8. 冻结深度变化率；9. 冻土类型

根据冻土脆弱性指数模型 $FGVI = \sum_{i=1}^{j} (\alpha_i \times A_i)$ （j 为提取的主成分个数；α_i 表示第 i 个主成分的贡献率；A_i 为第 i 个主成分）与表 4-10，冻土脆弱性指数公式构建如下

$$FGVI = 0.3837A_1 + 0.3496A_2 + 0.1046A_3 + 0.068A_4 \qquad (4-9)$$

式中，FGVI 为冻土脆弱性指数；$A_1 \sim A_4$ 为从 9 个原始指标中选取的 4 个主成分。FGVI 值越大，冻土脆弱性越高。

4.3.3　脆弱性分级

用式（4-9）计算冻土脆弱性指数，其值为 1.3 ~ 10.0。依据本书介绍的自然分类分级方法，将冻土脆弱性分为潜在脆弱、轻度脆弱、中度脆弱、强度脆弱和极强度脆 5 级，见表 4-11 和图 4-8。表 4-11 显示 79.29% 的冻土区存在不同程度的脆弱性，其中，中度脆弱型所占研究区总面积的比例最大，为 28.99%；其次为轻度脆弱型，为 21.27%；强度脆弱型占 16.21%；极强度脆弱型占 12.82%。总体上，中国冻土对气候变化的脆弱性以中度脆弱为主，但强度和极强度脆弱区面积比例达到 29.03%，表明局部区域脆弱程度较高。

表 4-11　冻土脆弱性评价结果统计　　　　　　　（单位:%）

脆弱性	级别	FGVI	不同脆弱类型的面积占研究区总面积的比例
潜在脆弱	I	<3.2	20.71
轻度脆弱	II	3.2 ~ 4.4	21.27

续表

脆弱性	级别	FGVI	不同脆弱类型的面积占研究区总面积的比例
中度脆弱	Ⅲ	4.4~5.5	28.99
强度脆弱	Ⅳ	5.5~6.7	16.21
极强度脆弱	Ⅴ	>6.7	12.82

4.3.4 冻土脆弱性空间分布

如图 4-8 所示, 冻土脆弱性具有显著的空间差异性。总体上呈现为青藏高原、西部高山、东北北部多年冻土区脆弱性相对较高, 季节冻土区相对较低的分布规律。青藏高原多年冻土对气候变化尤为脆弱, 不仅脆弱性程度高, 以强度和极强度脆弱为主, 而且分布连续; 西部高山与东北多年冻土对气候变化较脆弱, 除极强度脆弱型之外, 各种脆弱型均有分布。季节冻土对气候变化的脆弱性较差, 主要以潜在和轻度脆弱为主, 只有局部地区分布中度脆弱类型。就各种脆弱类型而言, 潜在脆弱地区主要分布于东北平原、华北平原, 吐鲁番盆地、塔里木盆地、河西走廊, 以及河流、湖泊等地势较平坦的季节冻土区, 此类型冻土为季节冻土, 冻土系统稳定, 抗干扰能力强, 影响冬季工程建设。轻度脆弱地区主要分布于西部高山山麓地带、中东部低山、丘陵等地区, 此类型大部分为中深季节冻土、局部山地分布山地多年冻土, 冻土系统较稳定, 抗干扰能力较强, 影响冬季 (季节冻土) 以及全年 (山地多年冻土) 工程建设。中度脆弱地区呈斑块状散落于冻土区, 主要分布于柴达木盆地、塔里木盆地周围, 以及中山等地势相对较高地区, 此类型主要为山地多年冻土与岛状多年冻土, 冻土系统不稳定, 抗干扰能力差, 工程稳定性较差; 强度脆弱地区主要分布于藏北高原、青藏高原东北部、西部高山、东北北部等多年冻土区, 此类型为大片多年冻土与山地多年冻土, 冻土系统不稳定, 抗干扰能力差, 工程稳定性差, 极强度脆弱地区主要分布于青藏高原南部、北部与东北部等边缘地区, 此类型为山地多年冻土、稀疏岛状多年冻土, 以及多年冻土与季节冻土的过渡地带, 冻土系统极不稳定, 抗干扰能力差, 工程稳定性差。

4.3.5 影响冻土脆弱性的因素

冻土脆弱性是多种因素综合作用的结果, 为了了解不同因素对冻土脆弱性的影响程度, 本书对冻土脆弱性评价指标进行方差分析。结果显示, 对冻土脆弱性有显著影响的因素依次为坡向、海拔、冻土类型和地形遮蔽度 (表 4-12)。依据冻土脆弱性定义与评价指标体系, 这 4 个因素分属暴露度与适应能力一级指标, 其中坡向、海拔和地形遮蔽度为地形暴露指标; 冻土类型属于适应能力指标。分析表明, 在 1961~2007 年气候变化水平下, 冻土脆弱程度主要取决于冻土的地形暴露与冻土对气候变化的适应能力。而气温和降水量变化对冻土脆弱性的影响较小, 这似乎与全球气候变暖, 多年冻土退化相矛盾, 笔者认为主要有以下两点理由。

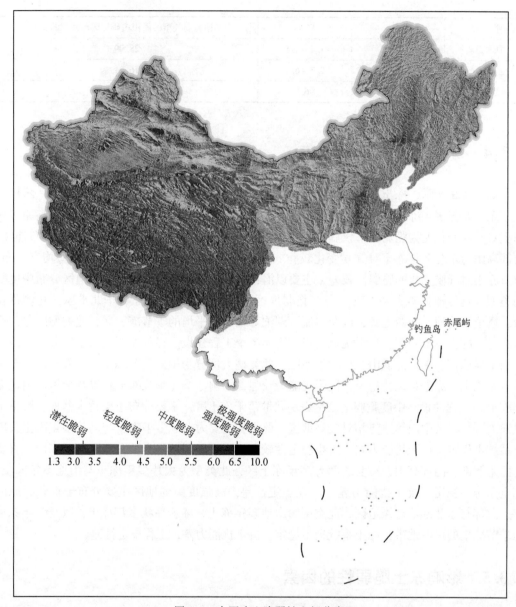

图 4-8　中国冻土脆弱性空间分布

表 4-12　冻土脆弱性评价指标的方差分析结果

脆弱性指标	方差
坡向	3.132 05
海拔	2.046 79
冻土类型	1.537 03
地形遮蔽度	1.128 25

脆弱性指标	方差
0cm 地温变化趋势	0.434 91
降水量变化趋势	0.355 46
坡度	0.221 64
冻结深度变化趋势	0.102 19
气温变化趋势	0.002 77

1）多年冻土退化是全球气候变化，尤其是温度变暖直接导致的，二者之间是因与果的关系。而对于冻土的脆弱性而言，气候要素的变化只反映了暴露度中气候变化水平这一个方面，此外，冻土脆弱性还与自身地理位置、对气候变化的敏感性，以及自适应能力有关，即脆弱性＝（暴露度×敏感性）/适应能力。如果自适应能力高，即使气温升高，暴露度增大，冻土仍可能表现出不脆弱。因此，冻土脆弱性是包括气候要素在内的多种因素综合作用的结果。

2）自 IPCC 1990 年发布第一次评估报告以来，全球平均地表温度升幅一直在攀升，已从 1990 年和 1996 年发布的 0.3~0.6℃（Houghton et al. , 1990；IPCC, 1996），2001 年发布的 0.4~0.8℃（Houghton et al. , 2001），2007 年发布的 0.56~0.92℃（IPCC, 2007b），显著升高到 2013 年发布的 0.65~1.06℃，平均为 0.85℃（沈永平和王国亚，2013；任贾文，2013）。尽管温度持续升高，但仍在目前的升温水平下，气候要素变化只是通过地形对水热的接收与再分布以及影响冻土类型变化，间接地影响冻土脆弱性。基于冰川脆弱性预估及影响因素的研究结果，本书推测，到 21 世纪 30 年代和 50 年代，随着升温幅度进一步加大，气候要素变化对冻土脆弱性的影响将显现，并将成为冻土脆弱程度的主要影响因素之一。不论是冰川，还是多年冻土，气候要素变化对它们脆弱性的影响存在一个临界升幅，在这个升温幅度之内，气候要素变化对其脆弱性的影响不明显或者比较小，当超过这个临界升温幅度，气候要素变化的影响会明显的显现出来。

以冻土为研究对象，以气候变化为外部压力，综合评价了冻土对气候变化的脆弱性，得出了一些初步结论，但在指标遴选中，因考虑到中国多年冻土分布广袤，已有观测资料均为点状或线状分布，无法满足面上计算需要，即使有些要素（如活动层厚度）有模拟资料，但是否可用于脆弱性评价还需评估这些资料的可信度。另外，中国冻土类型多样，高海拔多年冻土与高纬度多年冻土影响因素有别，为使二者在空间上有机对应起来，且处理比较简单，故而指标选择也受限。

4.4　中国冰冻圈脆弱性的综合评价

冰川、冻土与积雪是中国冰冻圈的三大主要组成要素，4.2 节与 4.3 节分别评价了冰川与冻土对气候变化的脆弱性，呈现了二者的空间格局变化，分析了影响各自脆弱性的关键因素。本节将在前两节的基础上，综合评价中国冰冻圈对气候变化的脆弱性，剖析关键驱动因素，并对冰冻圈脆弱性进行区域划分。

4.4.1 中国冰冻圈对气候变化的脆弱性

（1）冰冻圈脆弱性指数模型构建

对极差标准化后的冰冻圈脆弱性指标（表 2-1）进行空间主成分分析，根据主成分个数的提取原则：主成分对应的累积贡献率大于 85%，选取了 6 个主成分，见表 4-13。这 6 个主成分基本包含了全部指标包含的信息，信息损失量只有 9.78%。冰冻圈脆弱性因子与 6 个主成分的相关系数显示，第一主成分与冰川面积变化率、海拔和冻土类型呈显著正相关，被称为冰冻圈因子；第二主成分与第五主成分主要反映坡向和地形信息，称为地形因子；第三主成分与第六主成分主要反映积雪及其变化信息，被称为积雪因子；第四主成分与冰川面积变化率呈较强的正相关，与冻土类型呈较强的负相关。

表 4-13 空间主成分分析结果   （单位：%）

选取的主成分	特征值 λ_i	贡献率	累积贡献率
A_1	4.8730	31.83	31.83
A_2	3.1416	20.52	52.35
A_3	2.7798	18.16	70.51
A_4	1.2107	7.91	78.42
A_5	0.9690	6.33	84.74
A_6	0.8380	5.47	90.22

根据冰冻圈脆弱性指数模型 $CVI = \sum_{i=1}^{j}(\alpha_i \times A_i)$（$j$ 为提取的主成分个数；α_i 为第 i 个主成分的贡献率；A_i 为第 i 个主成分）与表 4-13，建立冰冻圈脆弱性指数计算公式如下

$$CVI = 0.3183A_1 + 0.2052A_2 + 0.1816A_3 + 0.0791A_4 + 0.0633A_5 + 0.0547A_6 \qquad (4\text{-}10)$$

式中，CVI 为 1961～2007 时段的冰冻圈脆弱性指数；$A_1 \sim A_6$ 为从 16 个原始指标中选取的 6 个主成分。CVI 值越大，冰冻圈脆弱性越高。

（2）冰冻圈脆弱性分级

用式（4-10）计算冰冻圈脆弱性指数，其值为 3.4～11。依据 NBC 分级方法，将冰冻圈脆弱性分为潜在脆弱（P）、轻度脆弱（L）、中度脆弱（M）、强度脆弱（H）和极强度脆弱（Vh）5 级（表 4-14，图 4-9）。如表 4-14 所示，75.63% 的冰冻圈作用区存在不同程度的脆弱性，其中，轻度脆弱区占冰冻圈作用区总面积的比例最大，为 25.68%，其次为强度脆弱区，占 20.87%，中度脆弱区占 16.34%，极强度脆弱区占 12.74%。总体上，中国冰冻圈作用区约 50.0% 的地区处于轻度脆弱之下，而中度脆弱以上的区域占 49.95%。尽管中国冰冻圈作用区脆弱与基本不脆弱的区域各占一半，然而局部地区脆弱程度强与极强，如青藏高原南部、藏东南地区、祁连山中东部、阿尔泰山和东天山地区（图 4-9），这部分地区占冰冻圈作用区总面积的 33.6%（表 4-15）。

表 4-14　冰冻圈脆弱性评价结果统计　　　　　　（单位：%）

脆弱性	代表符号	GVI	面积比例
潜在脆弱	P	<4.9	24.33
轻度脆弱	L	4.9~6.3	25.68
中度脆弱	M	6.3~7.6	16.34
强度脆弱	H	7.6~9.0	20.87
极强度脆弱	Vh	>9.0	12.74

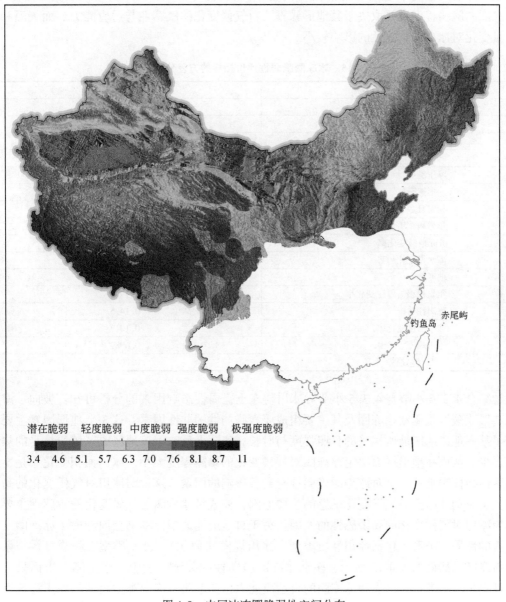

图 4-9　中国冰冻圈脆弱性空间分布

4.4.2 中国冰冻圈脆弱性的关键驱动因素

对冰冻圈脆弱性评价指标进行方差分析。结果显示，驱动冰冻圈脆弱性的主要因素依次为坡向、积雪日数、冰川面积变化率、海拔、冻土类型和地形遮蔽度（表4-15）。依据冰冻圈脆弱性定义与评价指标体系，这6个因素分属暴露度、敏感性与适应能力一级指标，其中坡向、海拔和地形遮蔽度为地形暴露指标；冰川面积变化率为敏感性指标；积雪日数与冻土类型属于适应能力指标。上述分析表明，在1961～2007年气候变化水平下，冰冻圈的脆弱程度主要取决于其地形暴露、对气候变化的敏感性与适应能力。而气温和降水量变化对冰冻圈脆弱性的影响较小。

表4-15 冰冻圈脆弱性评价指标的方差分析结果

脆弱性评价指标	方差
坡向	3.1321
积雪日数	2.2229
冰川面积变化率	2.1255
海拔	2.0468
冻土类型	1.5370
地形遮蔽度	1.1283
积雪日数变化率	0.9076
年累积积雪厚度	0.6754
0cm地温变化率	0.4349
降水量变化趋势	0.2216
坡度	0.2100
年累积积雪厚度变化率	0.1995
冰川性质	0.1425
冻结深度变化率	0.1017
冰川规模	0.0087
气温变化趋势	0.0028

结合4.2.6小节与4.3.5小节对冰川与冻土脆弱性影响因素的分析可知：坡向、海拔与地形遮蔽度是驱动冰冻圈及其主要组成要素脆弱性的共性因素。这3个地形因素主要决定了某一地区或区域所接受的日照强度与时长，实际上反映了该地区或区域所接受的热量的多少，从而在地形层面决定冰冻圈对气候变化的暴露程度大小。冰川面积变化率是5个敏感性指标中唯一一个对冰冻圈脆弱性有显著影响的因素，这表明冰川对气候变化的高敏感性是驱动冰冻圈对气候变化敏感的主要原因，亦或是冰冻圈对气候变化的敏感性主要表现为冰川对气候变化的高敏感性的原因。关于自适应能力指标本书全面考虑了冰冻圈三大要素的性质、类型，包括冰川性质类型、冰川规模（面积）、冻土类型、积雪日数与累积积雪厚度。然而如表4-15所示，驱动冰冻圈脆弱性的关键因素中，适应能力指标只有积雪日数与冻土类型，这表明冰冻圈的自适应能力主要取决于冻土类型表征的冻土稳定性与积雪日数表征的积雪时间。

总之，冰冻圈的脆弱性是冰冻圈对气候变化的暴露度、敏感性与自适应能力多因素的综合体，在这个综合体中，地形（主要是坡向、海拔和地形遮蔽度）占重要地位，它影响冰冻圈获得的热量与水分，从而加快或延缓冰冻圈变化。受地形的二次分配，气温和降水量变化成为冰冻圈脆弱性的间接影响因素。另外，冰冻圈脆弱性也受自身变化、性质类型的影响。

4.4.3　中国冰冻圈的脆弱性分区

依据冰冻圈脆弱性分级，将相似脆弱类型区合并，这样冰冻圈脆弱性从空间上可分为 3 个亚区：I区、II区和III区，它们分别对应不脆弱区、中脆弱区和极强脆弱区（图 4-10）。不

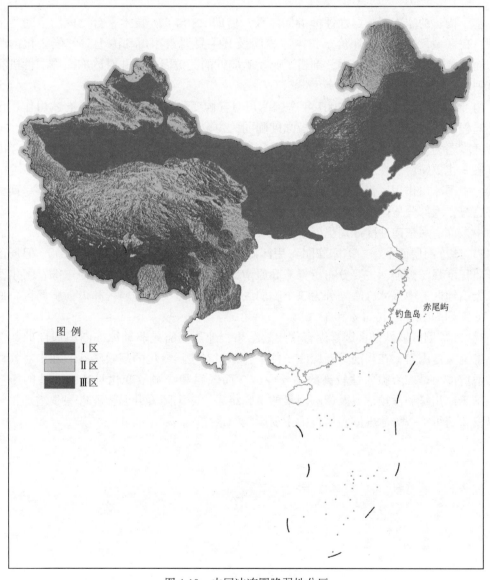

图 例
　■ I 区
　■ II 区
　■ III 区

图 4-10　中国冰冻圈脆弱性分区

脆弱区主要分布于西部高山的山麓地区、柴达木盆地、横断山东部地区、广袤的季节冻土区和东北多年冻土区，面积约占整个冰冻圈作用区面积的50%，不脆弱区可全面发展；中脆弱区分布于大兴安岭以西的多年冻土区、阿尔泰山、天山山脉与青藏高原海拔较低的地区，面积约占整个冰冻圈作用区面积的16.4%，鉴于中脆弱区脆弱程度较高，应在保护的基础上适度开发；极强脆弱区占整个冰冻圈作用区面积的33.6%，主要分布于阿尔泰山、天山、祁连山等高海拔地区与青藏高原南部地区，极强脆弱区应严格保护，禁止任何经济开发活动。

4.5　小　　结

基于构建的冰冻圈脆弱性评价指标体系，借助RS与GIS技术平台，使用空间主成分模型，在区域尺度上定量评价了我国冰冻圈及其主要要素冰川和冻土对气候变化的脆弱性，揭示了它们的脆弱性程度，剖析了驱动脆弱性的关键因素，并对冰冻圈脆弱性进行了区域划分。

1) 要素层面上，1961~2007年中国冰川对气候变化很脆弱，约92%的冰川作用区存在不同程度的脆弱性，且以强度与极强度脆弱为主，面积占研究区总面积的41.1%。冻土以中度脆弱为主，但青藏高原多年冻土对气候变化尤为脆弱。与季节冻土相比，多年冻土对气候变化更脆弱。在IPCC SRES A1B情景下冰川脆弱性预估显示，21世纪30年代和50年代，中国冰川作用区仍有约80%的地区存在不同程度的脆弱性，但冰川脆弱性呈两极化发展趋势，大部分地区脆弱程度减弱，阿尔泰山、天山、昆仑山、祁连山中西部、喜马拉雅山中东部、藏东南地区冰川仍处于强度、极强度脆弱状态。

2) 冰冻圈层面上，中国冰冻圈作用区脆弱与基本不脆弱的区域各占一半，但局部地区脆弱程度强与极强，主要分布于青藏高原南部、藏东南地区、祁连山中东部、阿尔泰山和东天山地区。中国冰冻圈划分为3个脆弱区：不脆弱区、中脆弱区和极强脆弱区，面积占比分别约为50%、16.4%和33.6%。

3) 冰冻圈脆弱性是多因素综合作用的结果，地形暴露是驱动冰冻圈脆弱性的共性因素，也是关键因素。在当前升温幅度条件下，冰川对气候变化的高敏感性、冻土对气候变化的适应能力是二者脆弱性较高的主要原因，而气温和降水量变化对其脆弱性的影响较小。基于冰川脆弱性预估以及影响因素的研究结果，未来随着升温幅度进一步增加，气候要素变化将可能成为冰冻圈脆弱性的主要影响因素之一。

第5章 中国冰冻圈变化的脆弱性与适应措施评估典型案例

中国冰冻圈要素较多，且各自存在形式与变化的区域差异性显著，进而对社会经济所产生的影响程度、脆弱性、风险及其空间分布以及所需采取的适应对策也迥然不同。因此，针对冰川消融导致的融水径流变化对西北干旱区水安全和生态环境、多年冻土退化对寒区生态系统、冰川变化对西南地区旅游、冰冻圈综合变化对喜马拉雅山地区社会经济影响的区域特点，选取位于西北干旱区的石羊河、黑河、疏勒河、乌鲁木齐河与阿克苏河流域，青藏高原的长江黄河源区、玉龙雪山地区与喜马拉雅山地区为典型研究流域/地区，运用多种定量与半定量方法，研究冰冻圈变化对这些典型流域/地区社会经济的影响程度、社会–生态系统对冰冻圈变化影响的脆弱性。

5.1 河西内陆河流域

5.1.1 河西内陆河流域简介

河西内陆地区位于我国西北干旱区东部，地理坐标为 93°23′E ~ 104°12′E，37°17′N ~ 42°18′N，面积为 $2.25×10^5 km^2$，占甘肃省面积的60%（蓝永超等，2003），是经济相对发达、人口密集的绿洲分布区和古丝绸之路的主要通道。该地区远离海洋，深居欧亚大陆腹地，降水量介于 40 ~ 400mm，年蒸发量却高达 1500 ~ 3000mm（林纾等，2014）。受河西走廊内若干块断或翘断山地分割，自东向西形成石羊河、黑河和疏勒河三大水系共57条内陆河（中国 1∶1 000 000 地貌图编辑委员会西宁幅地貌制图研究组，1992），多发源于南部祁连山区（陈隆亨和曲耀光，1992）。三大流域气候概况见表5-1。

表5-1 河西内陆河流域气候概况

项目	石羊河			黑河			疏勒河		
	上游	中游	下游	上游	中游	下游	上游	中游	下游
多年平均气温/℃	5	8	8.3	<4	6 ~ 8	8 ~ 10	<5	6 ~ 8	
年平均降水量/mm	300 ~ 600	150 ~ 300	<150	200 ~ 700	50 ~ 200	42	150 ~ 250	<70	
年平均蒸发量/mm	700 ~ 1200	1300 ~ 2000	2000 ~ 2600	700	2000 ~ 4000	3755		2490 ~ 3033	

河西内陆河地区共发育有冰川 2444 条，总面积为 1596km^2，冰储量为 785.18×10^{8}m^3（杨针娘，1991）。其中，石羊河、黑河与疏勒河水系分别有 141 条、1078 条和 1225 条（表5-2）。就冰川融水量补给而言，疏勒河水系占河西内陆地区冰川融水量的 64%，黑河水系占 30%，石羊河水系占 6.0%（高鑫等，2011；高前兆，2003）。整个河西地区河川径流量（72.39×10^{8}m^3）有 14% 是冰川融水补给，就三大河水系而言，冰川融水补给比例由东向西递增，石羊河水系为 3.76%，黑河干流水系占 3.6%，整个黑河水系占 8.2%，疏勒河水系为 32.8%（表5-2）。可见，冰川水资源在河西地区占有相当重要的地位。河西内陆河流域水系分布如图 5-1 所示。

表 5-2　河西内陆三大河流冰川资源

水系	流域面积 /10^{4}km^2	冰川数量 /条	冰川面积 /km^2	冰川融水量 /10^{8}m^3	冰川融水补给 比例/%
疏勒河	41 300	1 225	849.38	8.497 2	32.8（昌马堡站）
黑河	116 000	1 078	420.55	2.979	3.6（莺落峡站）
石羊河	41 600	141	64.82	0.579 7	3.76（平均值）

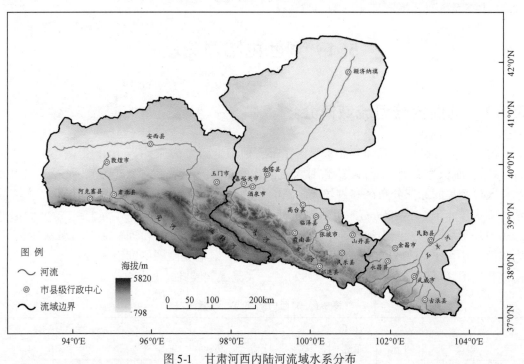

图 5-1　甘肃河西内陆河流域水系分布

（1）石羊河流域

石羊河起源于祁连山脉东段，冷龙岭北坡，河流以雨水补给为主。该流域东起乌鞘岭，西至大黄山，北与巴丹吉林沙漠和腾格里沙漠相接，面积为 4.16×10^{4}km^2（丁贞玉等，2007）（图 5-1）。全流域从东到西主要由大靖河、古浪河、黄羊河、杂木河、金塔河、西营河、东大河、西大河 8 条上游支流及其汇集而成的下游石羊河干流组成。上游祁连山区属高寒半干旱半湿润区，年平均降水量为 300~600mm，年蒸发量为 700~1200mm，是石羊河流域的水源补给区；中游走廊平原为温凉干旱区，年降水量为 150~300mm，年蒸发量为 1300~2000mm；下游属温暖干旱区，年降水量小于 150mm，年蒸发量为 2000~2600mm，中下游是石羊河流域的径流区和排泄区。石羊河的径流年内分配与降水基本一致，6~9 月为丰水期，占总径流量的 59%，10 月至次年 3 月为枯水期，仅占径流量的 18.49%（韩万海等，2007）。1975~2010 年，该流域耕地面积总体呈增加趋势，林草地面积呈减小趋势（文星等，2013）。随着人口增加、过度开荒及农业用水增加，2000 年流域水资源开发利用率为 172%（张若琳，2006；李洋，2008；祁永安等，2006）。

石羊河流域属于甘肃省的经济较发达区域，在区位上有承东继西的作用，是全省重要的工业和农业支柱地区，尤其是工业产业中的镍矿资源开发和冶炼加工具有世界级水平。以马踏飞燕和雷台为代表的旅游资源开发方兴未艾，成为拉动区域第三产业发展的新热点。

（2）黑河流域

黑河是我国西北地区第二大内陆河，发源于祁连山中段北麓，流域东与石羊河流域相邻，西与疏勒河流域相接，北至内蒙古自治区额济纳旗境内的居延海，与蒙古国接壤，流域范围介于 98°E~102°E，37°50′N~42°40′N，涉及青海、甘肃、内蒙古三省（自治区），流域总面积为 14.29×10⁴km²，其中甘肃省为 6.18×10⁴km²，青海省为 1.04×10⁴km²，内蒙古约为 7.07×10⁴km²（图 5-1）。随着对黑河流域水资源使用量的不断增加，部分支流逐步与干流失去地表水力联系，形成东、中、西独立的子水系。东部子水系即黑河干流水系，全长约为 821km，并以莺落峡和正义峡为界，划分为上游、中游、下游。莺落峡以上的祁连山区为上游，气候阴湿寒冷，多年平均气温不足 2℃，年降水量在 200~700mm，年蒸发量约为 700mm，是黑河流域的产流区，以高寒草地生态系统为主，森林以板块状分布其间，属水源涵养功能区。莺落峡至正义峡为中游，多年平均温度为 6~8℃，年降水量为 50~200mm，年蒸发量为 2000~4000mm，是水资源的主要利用区，灌溉农业发达，为人工绿洲生态系统。正义峡以下为下游，多年平均气温为 8~10℃，年降水量为 42mm，蒸发量为 3755mm，属极端干旱区，除河流沿岸和居延三角洲外，大部为沙漠戈壁，为荒漠生态系统。

黑河流域的张掖地区，地处古丝绸之路和欧亚大陆桥之要地，农牧业开发历史悠久，享有"金张掖"美誉；下游额济纳旗边境线长 507km，居延海三角洲地带的额济纳绿洲，既是阻挡风沙侵袭、保护生态的天然屏障，也是当地人民生息繁衍和边防建设的重要依托。黑河流域生态建设与环境保护，是西部大开发的重要内容，不仅事关流域内居民的生存环境和经济发展，也关系到西北、华北地区的环境质量，是关系民族团结、社会安定的大事。

（3）疏勒河流域

疏勒河流域位于河西走廊西段，地理位置为 92°11′E~98°30′E，38°00′N~42°48′N，是河西三大内陆河流域之一（图 5-1）。疏勒河水系由东向西有石油河、白杨河、党河、疏勒河干流、榆林河、敦煌南湖 4 条泉水沟和安南坝河等（马德海，2006）。疏勒河干流是整个流域流程最长、径流量最大的一条，发源于青海省境内的祁连山西段疏勒南山和托勒南山之间，向西北流经肃北县的高山草地，穿越大雪山-托勒南山间大峡谷，流经玉门、瓜州等地，全长 670km，流域面积为 4.13×10⁴km²。疏勒河干流流域可分为上游、中游、下游三部分：源头至昌马峡为上游，昌马峡至走廊平地为中游，走廊平地至瓜州双塔水库以下为下游。疏勒河上游山势陡峭，水丰流急，分布有典型极大陆型冰川和大面积多年冻土，年平均气温为 0 ~ 4℃，年平均降水量为 150 ~ 250mm，是整个流域的水源涵养区和产流区；疏勒河中下游地势平坦，多年平均气温为 6 ~ 8℃，降水量仅为 37.7 ~ 62.5mm，而年蒸发量为 2490 ~ 3033mm，该地区绿洲与荒漠并存，绿洲以灌溉农业为主。

行政区划上，疏勒河流域包括甘肃省酒泉市的玉门、安西（瓜州）、敦煌、肃北、阿克塞 5 县（区、市），以及张掖市肃南裕固族自治县的一部分。流域内辖昌马、双塔、花海三大灌区，其中昌马灌区包括玉门市的下西号镇、黄闸湾镇、柳河镇、六墩乡、瓜州县的三道沟镇、七墩回族东乡族乡、河东乡、腰站子东乡族乡、布隆吉乡、双塔乡、沙河乡以及国有农场和玉门市属农场，双塔灌区包括瓜州县的西湖乡、南岔镇、瓜州乡、梁湖乡、广至藏族乡以及瓜州县属和国有农场。

疏勒河流域水资源相对比较丰富，且土地资源也较丰富，利用程度较低，潜力大，已成为甘肃省社会经济可持续发展的重要承接地，既承接着来自石羊河与黑河等流域的大量生态移民，又承载着经济快速发展与确保粮食安全的重任。

5.1.2 冰川变化对河西三大河流域绿洲社会经济的影响

5.1.2.1 数据与方法

（1）数据及其来源

A. 出山径流数据

石羊河、黑河与疏勒河的出山径流量数据信息见表 5-3。需要说明的是，石羊河的四沟嘴水文站于 1972 年建站，时间序列较短，其他站点均选用无缺失数据的时间段，故而序列长度不一，疏勒河为 1954 ~ 2010 年，黑河为 1954 ~ 2011 年，石羊河为 1956 ~ 2011 年。

表 5-3 疏勒河、黑河与石羊河水文站信息

河流	水文站	经度	纬度	设站年份	选用时间段
疏勒河	昌马堡	96.85°E	39.82°N	1953	1954 ~ 2010 年
黑河	莺落峡	100.18°E	38.8°N	1944	1954 ~ 2010 年
	正义峡	99.47°E	39.82°N	1954	1954 ~ 2010 年
石羊河	沙沟寺	101.95°E	38.02°N	1954	1956 ~ 2011 年
	古浪水库	102.9°E	37.45°N	1956	1956 ~ 2011 年
	黄羊水库	102.72°E	37.57°N	1959	1959 ~ 2011 年
	金川峡水库	102.00°E	38.27°N	1959	1959 ~ 2011 年
	南营水库	102.52°E	37.8°N	1956	1956 ~ 2011 年
	香家湾	102.85°E	38.37°N	1956	1956 ~ 2011 年
	插剑门	101.38°E	38.05°N	1955	1956 ~ 2011 年
	四沟嘴	102.05°E	37.87°N	1972	1972 ~ 2011 年
	杂木寺	102.57°E	37.70°N	1952	1956 ~ 2011 年

B. 冰川融水量数据

石羊河、黑河与疏勒河的冰川融水量数据是基于第一次中国冰川编目数据、月尺度降水量和气温数据，以及 IPCC SERS A1B、A2、B1 三种排放情景下的月尺度降水量和气温模拟数据，利用度日模型，从水量平衡的角度模拟而得，由高鑫（2010）提供，序列长度为 1960～2050 年。

C. 灌区供水量（包括井水和泉水）、供水定额数据

灌区供水量主要是指石羊河、黑河与疏勒河流域出山径流进入干渠用于农业灌溉的河水量与地下水取水量，其中地下水包括井水与泉水。石羊河流域各县区地下水取水量参考胡建勋和甄计国（2009）的研究结果，疏勒河与黑河流域地下水（井水、泉水，下同）资料分别来自两大河流域的水务部门。供水定额数据分别来自石羊河流域各县市水务局、黑河流域各县市水务局、疏勒河流域水资源管理委员会，序列长度为 1996～2010 年。

D. 农作物种植面积、农作物单产、林草地面积

该类数据为三大河流域所在县市 1996～2010 年的社会经济统计年鉴及相关统计资料。

E. 其他数据

其他数据包括种植业产值数据、作物用水定额数据、常规与高效节水效果数据、农作物单价数据。其中，种植业产值数据与各类作物用水定额数据通过对三大河流域中有经验农户访谈并参考《甘肃省行业用水定额（修订本）》获得；常规、高效节水效果数据来自水资源管理部门在当地建立的农田节水试验点；农作物单价数据通过对当地农户进行投入产出访谈获得，同时参考《全国农产品成本收益资料汇编》（1996～2011 年）和我国 1996～2011 年居民消费价格指数（consumer price index，CPI）。

（2）研究方法——系统动力学法

系统动力学（system dynamics，SD）是一种以计算机模拟技术为主要手段，通过结构–功能分析，研究信息反馈系统的学科（张波等，2010；Forrester，1992），广泛应用于社会、经济等各个领域（Gertseva et al.，2004；Higgins et al.，1997）。建立系统动力学模型时，本书使用了 Vensim 软件，该软件是目前应用较为广泛的一种系统动力学软件，具有可视化、便于模型构建与检验的优点。模型构建步骤参见 Reiser 等（1989）的研究。

（3）数据处理方法

石羊河、黑河与疏勒河流域为典型的绿洲农业经济发展模式，工业不发达，水资源主要用于农业灌溉与生态环境保护，故书中重点研究冰川融水径流对农业与生态的影响。

由于水资源是自然物质和能量转化的主要介质，也是绿洲得以存在和发展的基础，因此本书以水在生态、农业中流动所创造的效益为主线，使用 Vensim PLE 软件构建系统动力学模型（肖洪浪等，2008；宁宝英等，2008）（图 5-2）。其中，农业系统用水量可用作物种植面积及作物整个生长过程中的用水定额确定，生态系统用水量用当地生态林草地面积得以维持所需水量表示。

森林、草地对生态系统的服务功能主要包括：涵养水源、保育土壤、固碳释氧、积累营养物质、净化大气环境、生物多样性保护、森林游憩等，但是目前能够被常规交易的仅有固碳释氧（王顺利等，2012）。因此，本书生态系统创造的生态产值由天然及人工草地、

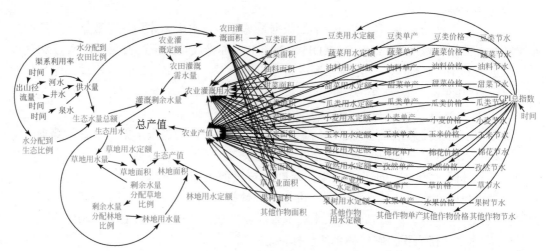

图 5-2　径流变化对内陆河流域绿洲系统影响结构图

林地吸收的 CO_2 价格确定，CO_2 价格参照 2012 年广东第一笔碳排放权交易试点价格 60 元/t（由于我国 2013 年的首笔碳交易价格为 30 元/t，仅为美国加州碳交易市场碳价的 50%，考虑碳交易未来的市场潜力，本书选择 60 元/t 作为碳交易价格）。通常情况下，1hm² 林地一年吸收的 CO_2 为 14t，草地吸收能力为林地的 1/6，因此，林地吸收 CO_2 创造的价值为 840 元/hm²，草地吸收 CO_2 创造的价值为 140 元/hm²。

实地调查显示，石羊河、黑河、疏勒河绿洲需水量主要包括两部分：农业需水量和生态需水量。供水量包括井水、泉水与河水。

模型的出口为流域创造的总产值，由于书中仅研究绿洲农业及生态林草地。因此，所创造的总产值包括农业产值与生态产值两部分。农业产值与生态产值根据当地农田及生态林草地有效灌溉面积创造的经济价值确定。这样，农业产值与生态产值可分别表述如下：

$$农业产值 = 各类作物种植面积 \times 各类作物产量 \times 各类作物单价 \tag{5-1}$$
$$生态产值 = 生态林地面积 \times 林地单位产值 + 生态草地面积 \times 草地单位产值 \tag{5-2}$$

分析冰川融水径流变化对绿洲的影响时，根据构建的系统动力学模型中各个参数变化的需求进行数据处理。本书以时间为主线，各参数方程均通过设立变量与时间（年）的关系得到变量随时间的变化趋势表征变量。参数方程设定的原则如下。

1）与时间有明显线性关系的变量，通过建立变量随时间变化的关系式来表征变量。

2）部分随时间变化波动明显但与时间没有较好线性关系的变量，建立变量与时间的表函数，以表示变量随时间的变化。

3）有些变量随时间变化不明显，但长期以来保持相对较稳定的态势，这类变量设定为常数。

使用系统动力学方法分别分析石羊河、黑河与疏勒河流域冰川融水径流变化对绿洲的影响，模型参数方程根据不同流域的特点设定，由于模型基于同一原则构建，故本书仅详细介绍疏勒河流域的参数设定与模型构建过程，详见表 5-4。

表 5-4　系统动力学模型中各参数方程（部分）（以疏勒河为例）

因变量（Y）	方程	备注
农田灌溉面积/hm^2	$Y = a/8535$	2000～2010 年农业平均灌溉定额为 $8535m^3/hm^2$
农业用水量/m^3	$Y = \sum_{i=1}^{n} C_i J_i$	C 为作物用水定额；J 为作物种植面积；下标 i 为作物类型
农田灌溉面积/hm^2	$Y = \sum_{i=1}^{n} J_i$	J 为作物种植面积；下标 i 为作物类型
河水供水量/m^3	$Y = X \times 0.66$	X 为出山径流量；疏勒河多年渠系水利用系数为 0.66
径流量/m^3	$Y = [0.0923 \times (X - 1953) + 6.743] \times 10^8$	X 为年份
井水使用量/m^3	$Y = \max[1166.8 \times (X - 2000) + 5158, 0] \times 10^4$	X 为年份，由于仅搜集到 2000 年之后的地下水资料，考虑到地下水使用量变化及过去地下水使用量的量级，本书使用 $\max(Q, P)$，下同
泉水使用量/m^3	$Y = \max[-154.62 \times (X - 2000) + 1641.7, 0] \times 10^4$	X 为年份
生态需水量/m^3	$Y = $ 林地面积 × 林地用水定额 + 草地面积 × 草地用水定额	

5.1.2.2　冰川变化对河西三大河流域绿洲农业的影响

（1）现状影响

冰川变化并非直接影响流域中下游地区的社会经济发展，而是通过冰川融水径流变化间接对其产生影响。冰川变化对绿洲系统的影响程度主要取决于冰川融水补给率，补给率大，影响程度相应较大。

冰川融水补给率是冰川融水径流量占地表径流量的百分比。在河西三大河流域中，石羊河流域的冰川融水补给率最小，多年平均只有 3.18%，变化于 3.0%～7.0%，黑河水系平均为 9.0%，疏勒河水系为 36.6%。因此冰川融水变化对这三大河流域总产值、林草地面积的贡献呈现显著的地区差异。20 世纪 60 年代至 21 世纪 00 年代，石羊河流域冰川融水的贡献只有 3.0%～8.0%，80 年代贡献最大，达 7.2%，其他各时段变化不大；黑河流域冰川融水的贡献介于 8.7%～11.0%，且因冰川融水补给率变化和缓，其贡献率也变化不大；疏勒河流域冰川融水补给比例较大，故其对总产值与林草地的贡献相应也较大，为 23.0%～33.0%，且 20 世纪 60～90 年代，随冰川融水补给率逐渐增加，其贡献率亦达到最大，为 33.0%，之后略有下降（图 5-3）。可见，在河西地区，自石羊河流域向西至疏勒河流域，随着冰川融水补给率增大，冰川变化对绿洲社会经济的影响程度递增（图 5-3）。

（2）影响预估

在 IPCC SERS A1B、A2、B1 三种情景下，2010～2050 年，石羊河与黑河流域农田灌溉面积、林草地面积均呈减少趋势，而疏勒河流域却在波动中有所增加。冰川融水所创造的农业产值在三大河流域变化较大。石羊河流域呈现先增加后减少的阶段性变化态势，黑

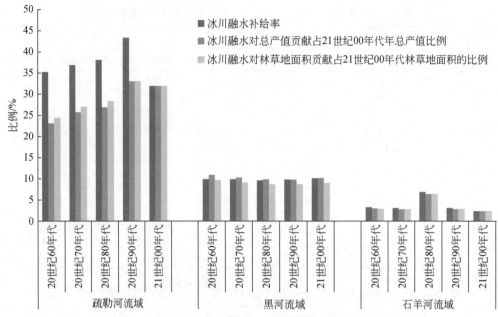

图 5-3　20 世纪 60 年代至 21 世纪 00 年代冰川融水对石羊河、黑河与疏勒河流域绿洲农业的影响

河流域在波动中快速减少，而疏勒河流域却在波动中逐渐增加（图 5-4）。

石羊河与黑河流域冰川数量少，冰川融水补给小，在以上三种不同情景下，受未来冰川融水量减少的影响，石羊河与黑河流域农田灌溉面积均呈减少趋势，A1B 情景下减少最大，分别约为 45.0%、58.9%，其次为 A2 情景，分别约为 42.5%、55.9%，B1 情景最小

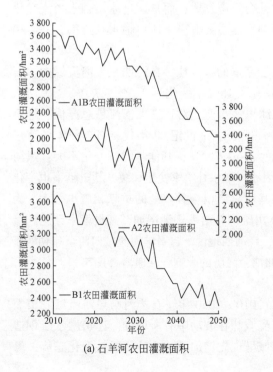

(a) 石羊河农田灌溉面积

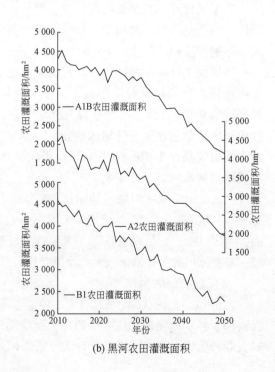

(b) 黑河农田灌溉面积

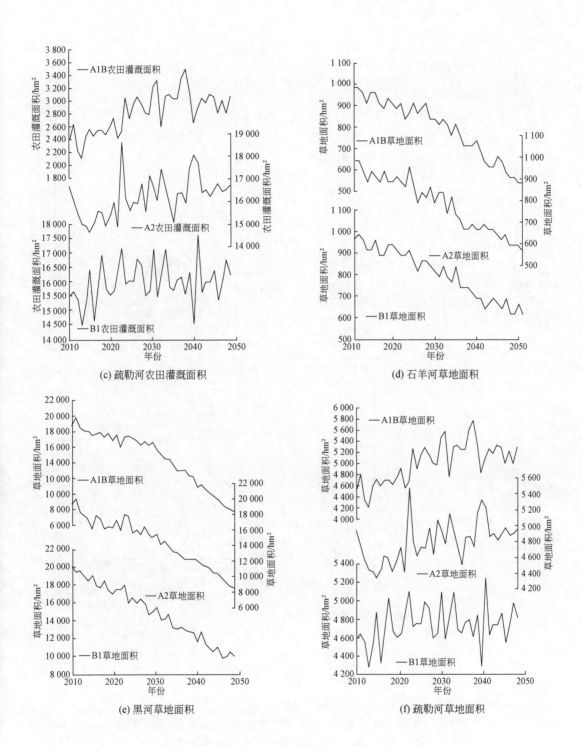

(c) 疏勒河农田灌溉面积

(d) 石羊河草地面积

(e) 黑河草地面积

(f) 疏勒河草地面积

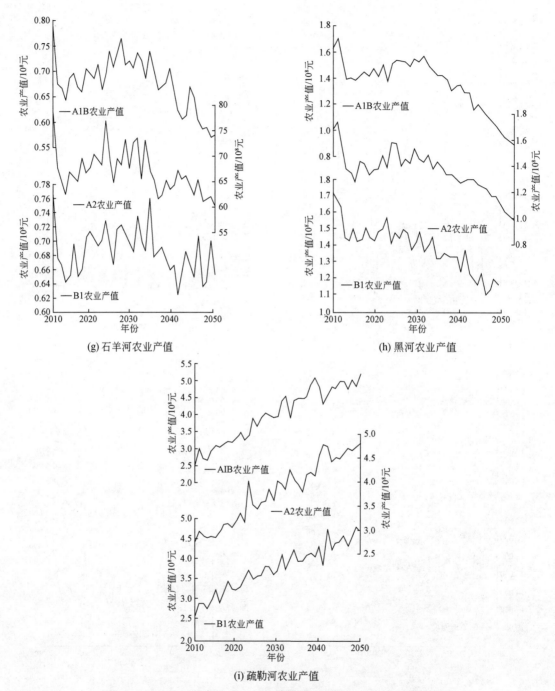

(g) 石羊河农业产值

(h) 黑河农业产值

(i) 疏勒河农业产值

图 5-4　IPCC SERS A1B、A2、B1 情景下 2010～2050 年冰川融水变化
对石羊河、黑河与疏勒河流域绿洲农业的影响预估

（表 5-5）。2050 年前疏勒河流域冰川融水将继续增加，该流域农田灌溉面积也呈增加趋势，但不同情景下差异较大。A1B 情景下增加幅度较大，约为 18.5%，B1 情景为 4.5%，A2 情景仅有 0.6%（表 5-5）。草地面积具有与农田灌溉面积相似的变化规律，石羊河与黑河流域为 A1B>A2>B1，疏勒河流域为 A1B>B1>A2。

在 A1B、A2、B1 三种情景下，同农田灌溉面积与林草地面积呈减少趋势一致，石羊河与黑河流域的农业产值也在减少，减少幅度为 A1B>A2>B1；而疏勒河流域又均在大幅增加，幅度为 A1B>B1>A2（表 5-5）。

表 5-5 IPCC SRES A1B、A2、B1 三种情景下 2010～2050 年冰川融水变化对石羊河、黑河与疏勒河流域绿洲农业的影响预估结果统计

项目	IPCC SRES	石羊河流域		黑河流域		疏勒河流域	
		变化幅度/%	变化速度 /[（hm²/a) 或（元/a)]	变化幅度/%	变化速度 /（hm²/a)	变化幅度/%	变化速度 /（hm²/a)
农田灌溉面积	A1B	−45.0	−40.4	−58.9	−61.5	18.5	68.3
	B1	−35.9	−31.45	−50.0	−55.9	4.5	17.1
	A2	−42.5	−38.2	−55.9	−60.7	0.6	2.4
草地面积	A1B	−45.0	−10.8	−59.0	−269.0	18.0	19.8
	B1	−35.9	−8.4	−50.1	−244.4	5.0	5.6
	A2	−42.5	−10.2	−55.9	−264.9	0.4	0.5
农业产值	A1B	−26.8	−5.1×10⁴	−44.8	−1.76×10⁶	107.6	6.5×10⁶
	B1	−14.7	−2.8×10⁵	−33.6	−1.42×10⁶	86.3	5.4×10⁶
	A2	−23.49	−4.5×10⁴	−42.2	−1.72×10⁶	77.9	5.2×10⁶

综合而言，在自然层面上，因石羊河与黑河流域冰川数量少、规模小，冰川融水量补给率小，表现在农田灌溉面积与草地面积的变化上，二者具有相似的变化规律。疏勒河流域冰川规模大，数量较多，冰川融水补给率大，农田灌溉面积与草地面积也相应呈增加趋势，但表 5-5 显示，这种增加并不显著。与此相反，石羊河与黑河流域农田灌溉面积与草地面积的减少幅度均大于 35%。这表明，对于水资源相对充足的流域，冰川变化的影响在近中期并不显著，而对于水资源相对缺乏的流域，冰川退缩将通过融水量变化显著影响流域农田灌溉与生态修复。在自然与经济复合层面，冰川变化的价值贡献相对比较复杂，农业产值除受冰川融水自然变化影响之外，还受到市场、政策等非自然因素的影响。为客观反映冰川融水变化对内陆河流域绿洲社会经济的影响，后续研究中应排除市场因素。

5.1.3 绿洲社会–生态系统对冰川变化的脆弱性

5.1.3.1 数据与方法

（1）数据及其来源

A. 行政区划数据

行政区划数据采用全国 1 : 400 万的县级行政区划矢量数据集，地理坐标系为 GCS-

Klasovaky，投影系统为 Albers 投影，数据来源于测绘科学数据库。

B. DEM 数据

DEM 数据来源于"寒区旱区科学数据中心[①]"（http://westdc.westgis.ac.cn）。

C. 气象观测数据

气象观测数据包括蒸发量与降水量，它们均来自中国气象局国家气象信息中心，时间序列为 1995～2010 年。

D. 径流数据

石羊河、黑河、疏勒河出山径流量数据，选用时段为 1995～2010 年。1995～2010 年河西三大河流域的冰川融水量数据为高鑫通过 VIC 模型模拟得到的模拟值（高鑫，2010）。

E. 社会经济数据

社会经济数据来源于河西内陆河流域所有县市 1995～2010 年的社会经济统计年鉴，以及部分行业用水资料。其中石羊河流域地区包括《武威统计年鉴》（1995～2012 年），《金昌统计年鉴》（1995～2012 年），古浪县、民勤县、天祝县及永昌县统计年鉴（1995～2013 年）；黑河流域地区包括甘肃省三市六县部分统计年鉴（1995～2012 年）、《额济纳旗统计年鉴》（1990～2010 年）、《祁连县国民经济统计年鉴》（1995～2012 年）；疏勒河流域地区包括《玉门市统计年鉴》（1996～2012 年）、《瓜州县统计年鉴》（1996～2013 年）、《敦煌市统计年鉴》（1995～2013 年）、《肃北蒙古族自治县国民经济和社会发展统计年鉴》（1995～2011 年）、阿克塞县部分统计年鉴及社会发展统计公报（1989～2009 年）。此外还包括中国统计年鉴数据库、中国宏观数据挖掘分析系统等的部分数据与资料、河西内陆河流域各县市水资源公报、水利管理年报、水资源配置方案等资料。

F. NPP 数据

植被净初级生产力（net primary productivity，NPP）数据，是利用 NASA（美国国家航空航天局）的 EOS/MODIS 传感器提供的 MOD17A3 产品，通过 BIOME-BGC 模型计算得到，其空间分辨率为 1km，时间序列为 2000～2010 年。

（2）数据处理方法

A. 降水量、蒸发量处理方法

在县域尺度上，将各县气象站点的年降水与年蒸发量分别求算术平均值，以此值代表整个县域的年降水量与年蒸发量。

B. 干燥度计算方法

干燥度指数是表征一个地区干湿程度的指标，用某一地区水分收支与热量平衡来表示。本书采用以下公式计算干燥度指数（孟猛等，2004；王亚平等，2008）

$$K = \frac{PE}{P} \tag{5-3}$$

式中，K 为干燥度指数；PE 为年可能蒸发量（mm）；P 为年降水量（mm）。某一地区的干燥度指数值越大，表明该区气候越干燥；反之，干燥度值越小，则气候越湿润。

[①] 原中国西部环境与生态科学数据中心。

C. NPP 资料处理方法

首先挑选出 2000～2010 年覆盖研究区范围的 NPP 栅格图,并利用 Modis 投影工具 (Modis projection tools, MRT) 软件分年份对其进行拼接,同时把输出影像投影系统设为 Albers 投影;然后采用 HDFView 软件将每年的 NPP 数据导出,分别生成文本文件,并在 Matlab 语言环境下求得年 NPP 总量;之后利用 ArcMap 中的 Conversion 工具将年 NPP 总量文本文件导入生成 1km 分辨率的栅格数据;最后利用行政边界图切出研究区的年 NPP 总量栅格图层,并与县级行政区划图叠加,统计得到各县域的年平均 NPP。

D. 社会经济资料处理方法

根据现有统计年鉴资料,建立了人口、土地利用情况、GDP、教育情况以及福利水平等指标构成的县域尺度的社会经济统计数据库。

E. 数据标准化处理方法

为消除各原始数据的量纲差异,采用极差标准化方法对所有原始数据进行标准化处理,公式如下

$$Y_i = \frac{(X_i - X_{\min})}{(X_{\max} - X_{\min})} \times 10 \tag{5-4}$$

式中,Y_i 为因素 i 标准化后的值,介于 0～10;X_i 为因素 i 的原始值;$X_{\max}$、$X_{\min}$ 为因素 i 的最大值与最小值。

(3) 研究方法

A. 冰川变化脆弱性指标体系

基于已构建的中国冰冻圈变化的脆弱性评价指标体系(表 2-2),结合河西内陆河流域的实际情况,以及数据获取情况,构建了内陆河流域冰川变化影响的脆弱性评价指标体系(表 5-6)。该体系包括目标层、标准层与指标层三级。选取单位绿洲面积的出山径流量、冰川融水补给率、干燥度指数、绿洲面积刻画社会–生态系统的自然暴露,选用地区 GDP、人口密度与城市化率表征系统的社会经济暴露。在河西内陆河流域,水资源主要用于农业

表 5-6　河西内陆河流域冰川变化影响的脆弱性评价指标体系

目标层	标准层	指标层		解释	单位
社会–生态系统对冰川变化的脆弱性	暴露度	自然系统暴露度	单位绿洲面积的出山径流量	出山径流量与绿洲面积的比	%
			冰川融水补给率	冰川融水径流量占河川总径流量的比例	%
			干燥度指数	反映某个地区气候干燥程度的指标	—
			历年绿洲面积	反映绿洲的规模	10^4 hm²
		社会经济暴露度	地区生产总值	反映经济水平	万元
			人口密度	单位面积上居住的人口数,反映人口的密集程度	人/km²
			城市化率	城镇人口占总人口的比例	%
	敏感性	社会–生态系统敏感性	冰川融水补给率变化	反映冰川融水补给河川径流量比例的变化情况	—
			粮食总产量	间接反映地区水量对农业生产的影响程度	t
			单位水量 GDP 产出	反映地区水量对社会经济的影响程度	元/m³

目标层	标准层	指标层	解释	单位
社会-生态系统对冰川变化的脆弱性	适应能力	生态适应能力	NPP 总量	反映生态修复能力	Gc/a
			劳动生产率	反映技术水平	万元/人
		经济适应能力	高耗水产业的占比	体现产业结构调整	—
			第三产业产值占比	体现经济质量	—
			九年义务教育合计	体现教育水平	人
		社会适应能力	恩格尔系数	体现福利水平，即食物消费占总消费的比	%

生产，农业用水约占流域总用水量的90%，地表径流出山之后通过干渠、支渠、斗渠、毛渠四级渠道直接引入农田。因此，冰川融水径流变化主要影响农业，进而影响整个经济发展。基于流域的这种用水情况，从自然与经济两方面，选取了冰川融水补给率变化、粮食总产量以及单位水量 GDP 产出刻画系统对冰川变化的敏感性。根据内陆河流域的区域特点以及资料的获取情况，从生态、经济和社会 3 个方面；遴选了地区净初级生产力（NPP）、劳动生产率、高耗水产业占比、第三产业产值占比、受教育年限与恩格尔系数反映系统的适应能力（表5-6）。

B. 评价方法

评价方法详见 4.1.3 小节。

5.1.3.2 绿洲社会-生态系统对冰川变化的脆弱性评价

（1）暴露度、敏感性与适应能力指数模型构建

对极差标准化后的暴露度、敏感性与适应能力指标进行空间主成分分析，根据主成分个数的提取原则：主成分对应的累积贡献率大于85%，选取的暴露度、敏感性与适应能力的主成分的个数分别为 4 个、2 个和 4 个，主成分的累积贡献率分别为 85.85%、85.99%和 85.77%（表5-7）。主成分基本包含了相应全部指标具有的信息，信息损失量介于14.01%~14.23%。根据表 5-7 与式（4-5），暴露度（EI）、敏感性（SI）与适应能力（AI）指数模型构建如下

$$EI = 0.32E_1 + 0.30E_2 + 0.15E_3 + 0.09E_4 \tag{5-5}$$

$$SI = 0.53S_1 + 0.33S_2 \tag{5-6}$$

$$AI = 0.30A_1 + 0.26A_2 + 0.17A_3 + 0.13A_4 \tag{5-7}$$

式中，EI、SI 和 AI 分别为暴露度指数、敏感性指数和适应能力指数；$E_1 \sim E_4$ 为从暴露度 7 个原始指标中选取的 4 个主成分，S_1 和 S_2 及 $A_1 \sim A_4$ 同 $E_1 \sim E_4$。EI、SI、AI 值越大，表明系统对冰川变化影响的暴露度越大、敏感性越高和适应能力越强。

（2）脆弱性指数模型构建

对极差标准化后的脆弱性指标（16 个）进行 SPAC 分析，依据主成分对应的特征值大于 1 提取原则，选取了 5 个主成分（表5-7）。根据表 5-7 与式（4-5），河西内陆河流域

地区受冰川变化影响的脆弱性指数模型构建如下

$$VI = 0.24V_1 + 0.21V_2 + 0.18V_3 + 0.10V_4 + 0.08V_5 \qquad (5\text{-}8)$$

式中，VI 为脆弱性指数；$V_1 \sim V_5$ 为从 16 个原始指标中选取的 5 个主成分。VI 值越大，脆弱性越高。

表 5-7　暴露度、敏感性、适应能力与脆弱性特征值与主成分贡献率　　（单位:%）

项目	选取的主成分	特征值 λ_i	贡献率	累积贡献率
暴露度	I	2.22	31.74	31.74
	II	2.11	30.20	61.94
	III	1.03	14.75	76.69
	IV	0.64	9.16	85.85
敏感性	I	1.58	52.71	52.71
	II	1.00	33.28	85.99
适应能力	I	1.82	30.30	30.30
	II	1.58	26.26	56.56
	III	0.99	16.56	73.12
	IV	0.76	12.64	85.77
脆弱性	I	3.82	23.85	23.85
	II	3.32	20.74	44.59
	III	2.86	17.88	62.47
	IV	1.57	9.82	72.29
	V	1.26	7.89	80.18

（3）社会-生态系统脆弱性及其空间变化

A. 暴露度

基于式（5-5）构建的暴露度指数模型，计算得到河西三大流域县域尺度冰川变化的暴露度指数，该指数变化于 $-1.06 \sim 2.13$。在计算得分的基础上，采用 ArcMap 软件中的 NBC 分类方法，将其分为五级：极高暴露（V）、高暴露（IV）、中暴露（III）、低暴露（II）和较低暴露（I），级别数越高，暴露度越高，其空间分布如图 5-5 所示。

由表 5-8 可知，对冰川变化影响暴露度低的县占河西地区所有县的比例最大，为 33.33%，主要分布在黑河流域，共 3 市 4 县（图 5-5）。另外，暴露度高的县所占比例为 28.57%，主要有石羊河流域的天祝县和民勤县，黑河流域的肃南县，疏勒河流域的玉门市、瓜州县、敦煌市，共两市 4 县。暴露度最高的是黑河流域的额济纳旗和疏勒河流域的肃北县、阿克塞县。石羊河流域的武威市对冰川变化的影响暴露度最低。河西内陆河流域社会-生态系统对冰川变化的暴露度总体较高，仅高、极高两种暴露类型的县域比例就高达 42.86%，若将中度暴露的县域计算在内，则比例增大为 61.90%，表明河西内陆河流域绿洲系统高度暴露于冰川变化的影响之下。

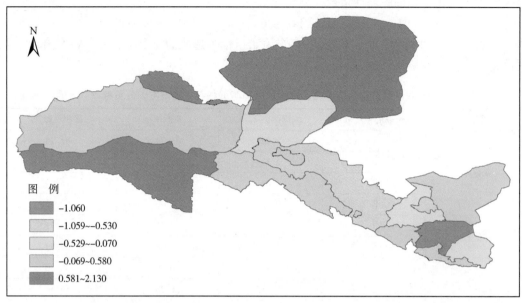

图 5-5　河西内陆河流域社会-生态系统对冰川变化影响的暴露度空间分布

表 5-8　河西内陆河流域社会-生态系统暴露度结果统计　　　（单位:%）

暴露度	分级数	EI	占总县域数的比例
极高暴露度	V	0.581 ~ 2.130	14.29
高暴露度	IV	-0.069 ~ 0.580	28.57
中暴露度	III	-0.529 ~ -0.070	19.04
低暴露度	II	-1.059 ~ -0.530	33.33
较低暴露度	I	-1.060	4.76

就空间分布而言，差异显著，各种暴露类型均存在，但总体上呈现由山前向下游降低的分布规律（图 5-5）。具体到各流域，石羊河流域各县域的暴露度较低，不存在极高暴露度级别，疏勒河流域县域的暴露度普遍高或极高，黑河流域地形独特，各县域暴露度差异较大。

B. 敏感性

用式（5-6）计算敏感性指数，其指数取值为 -1.00 ~ 2.25。依据 4.1.4 小节介绍的 NBC 分级方法，将河西内陆河流域社会-生态系统敏感性分为高敏感性（V）、较高敏感性（IV）、中敏感性（III）、低敏感性（II）和较低敏感性（I）五级，级别数越高，敏感性越强（表 5-9 和图 5-6）。

表 5-9　河西内陆河流域社会-生态系统敏感性结果统计　　　（单位:%）

敏感性	分级数	SI	占总县域数的比例
极高敏感	V	0.991 ~ 2.250	9.52

敏感性	分级数	SI	占总县域数的比例
高敏感	IV	0.181 ~ 0.990	23.81
中敏感	III	−0.299 ~ 0.180	28.57
低敏感	II	−0.999 ~ −0.300	23.81
较低敏感	I	−1.870 ~ −1.000	14.29

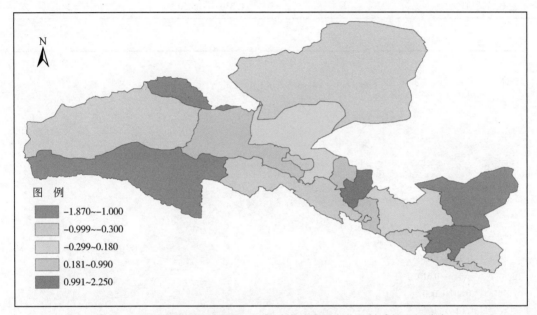

图 5-6　河西内陆河流域社会–生态系统对冰川变化的敏感性空间分布

　　河西内陆河流域地区对冰川变化具有不同程度的敏感性，其中，中度敏感县域占研究县域总数的比例最大，为 28.57%，其次是高敏感和低敏感县域，各占 23.81%，较低敏感的县域占 14.29%，极高敏感的县域只占 9.52%（表 5-9）。总体上河西内陆河流域地区对冰川变化的影响比较敏感，但三大流域差异极大。在石羊河流域，武威市的敏感性最大，其余县域主要为中、低敏感类型；黑河流域的县域所属敏感类型差异显著，张掖市对冰川变化影响的敏感性最大，其余县域主要为高敏感和中度敏感；在疏勒河流域，除玉门市为高敏感类型外，其余县域为低敏感和较低敏感。综合而言，黑河流域和石羊河流域对冰川变化的影响敏感，疏勒河流域次之。绿洲中部地区的武威市、张掖市、酒泉市、嘉峪关市、玉门市这些较大城市对冰川变化影响的敏感性高或极高。

　　C. 适应能力

　　用式（5-7）计算适应能力指数，其指数为−1.23 ~ 1.44。依据 4.1.4 小节介绍的 NBC 分级方法，将河西内陆河流域社会–生态系统的适应能力分为极高适应能力（V）、高适应能力（IV）、中适应能力（III）、低适应能力（II）和较低适应能力（I）五级，级别数越低，适应能力越差（表 5-10 和图 5-7）。

表 5-10　河西内陆河流域地区适应能力分级与比例　　　　　（单位:%）

适应能力	分级数	AI	占总县域数的比例
极高适应能力	V	0.711 ~ 1.440	9.52
高适应能力	IV	0.061 ~ 0.710	33.33
中适应能力	III	-0.609 ~ 0.060	33.33
低适应能力	II	-1.049 ~ -0.610	14.29
较低适应能力	I	-1.230 ~ -1.050	9.52

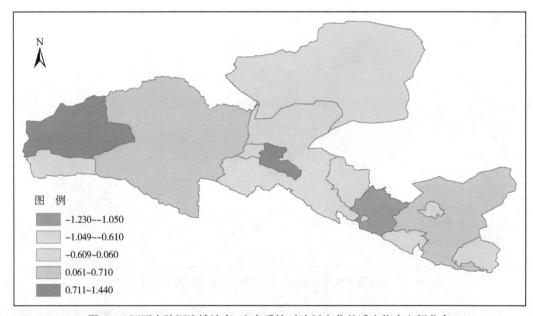

图 5-7　河西内陆河流域社会–生态系统对冰川变化的适应能力空间分布

在河西内陆河流域，高、中两种适应类型占研究县域总数的比例达到66.66%，低适应能力县域占比为14.29%，极高与较低适应能力的县域均只占9.52%。总体上，河西内陆河流域对冰川变化影响的适应能力较强，具有中等适应能力以上的县域比例高达76.19%（表5-10）。

从不同流域来看，极强适应能力的两个地区分别位于黑河流域和疏勒河流域，即酒泉市和敦煌市。较低适应能力的县均分布在黑河流域，为民乐县和山丹县。图5-7显示，黑河流域的适应能力总体偏低，石羊河流域的适应能力中等，而疏勒河流域的适应能力较强。

D. 脆弱性

使用式（5-8）计算脆弱性指数，其指数为-1.28 ~ 2.35。依据4.1.4小节介绍的NBC分级方法，将河西内陆河流域社会–生态系统的脆弱性分为极强度脆弱（V）、强度脆弱（IV）、中度脆弱（III）、轻度脆弱（II）和微脆弱（I）五级，（表5-11和图5-8）。

现状看，76.19%的地区存在不同程度的脆弱性，其中，轻度脆弱的县占研究县域总数的比例最大，为 28.57%，其次为强度脆弱和中度脆弱类型，各占 19.05%，极强度脆弱县域仅占 9.52%。河西内陆河流域社会-生态系统对冰川变化影响的脆弱性呈轻度脆弱以上为主，占比 66.67%，局部地区脆弱程度极高（表 5-11）。

表 5-11　河西内陆河流域地区脆弱性分级与比例　　　　（单位:%）

脆弱性	分级数	VI	占总县域数的比例
极强度脆弱	V	0.951～2.350	9.52
强度脆弱	IV	0.021～0.950	19.05
中度脆弱	III	−0.219～0.020	19.05
轻度脆弱	II	−0.699～−0.220	28.57
微脆弱	I	−1.280～−0.700	23.81

河西内陆河流域冰川变化影响的脆弱性空间差异显著，各种脆弱类型交错分布。如图 5-8 所示，河西走廊社会经济较发达的城市地区对冰川变化极强度与强度脆弱，这些城市包括石羊河流域的武威市、金昌市；黑河流域的酒泉市、嘉峪关市和张掖市；疏勒河流域的玉门市。轻微脆弱的县域主要分布在黑河流域和疏勒河流域，且大多位于该流域的上游。总体上，在流域层面，石羊河流域对冰川变化的影响脆弱，黑河流域次之，疏勒河流域较轻微；在县市层面，城市的脆弱性高于县。

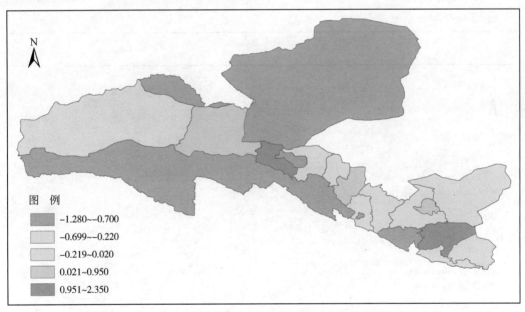

图 5-8　河西内陆河流域社会-生态系统对冰川变化的脆弱性空间分布

5.1.3.3　绿洲社会-生态系统对冰川变化脆弱性的阶段性变化

为了解河西三大河流域社会-生态系统对冰川变化脆弱性的阶段性变化，本书以 5 年为间隔，即 1995~2000 年、2000~2005 年和 2005~2010 年，将脆弱性指数进行等间距分级，节点值分别为 -1.540~-0.746、-0.745~0.049、0.050~0.844、0.845~1.639、1.640~2.434（保留 3 位有效数字）。对应的脆弱性依次为微脆弱（Ⅰ）、轻度脆弱（Ⅱ）、中度脆弱（Ⅲ）、强度脆弱（Ⅳ）和极强度脆弱（Ⅴ）（图5-9）。

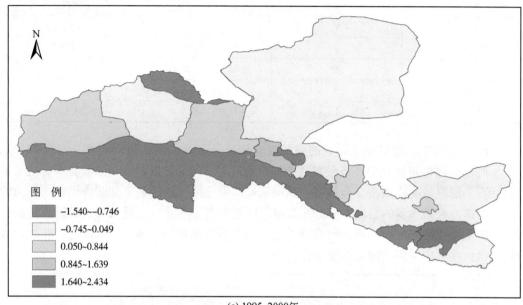

(a) 1995~2000年

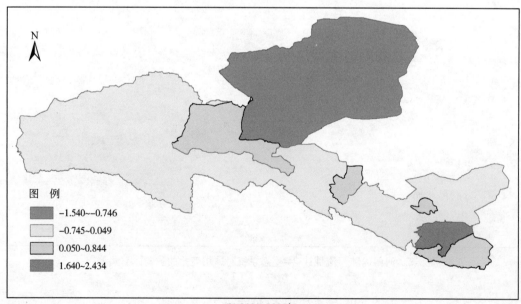

(b) 2000~2005年

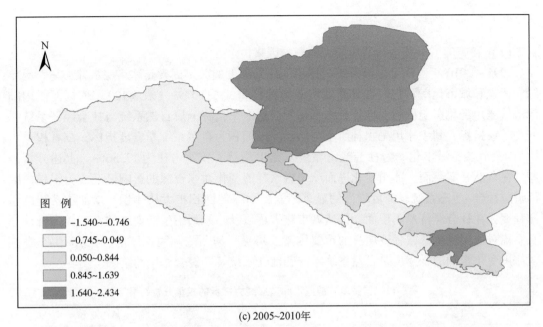

(c) 2005~2010年

图 5-9　1995～2010 年河西内陆河流域社会–生态系统对冰川变化的脆弱性的阶段性变化

　　1995～2000 年，河西内陆河流域绿洲社会–生态系统对冰川变化影响的脆弱性小，主要为轻度脆弱，县域比例为 52.38%，仅有石羊河流域的武威市和黑河流域的酒泉市为极强度脆弱和强度脆弱（图 5-6）。到 2000～2005 年，除个别区域的脆弱性有减小的现象外（如酒泉与敦煌），脆弱性总体有所增大，表现为轻度和中度脆弱。具体为石羊河流域和疏勒河流域中微脆弱的县域均攀升为轻度脆弱，这些县域分别是肃南县、阿克塞县和肃北县，石羊河流域的古浪县和天祝县由轻度脆弱攀升为中度脆弱，其余县域脆弱程度保持不变。到 2005～2010 年，河西内陆河流域绿洲社会–生态系统对冰川变化影响的脆弱性略有上升，80.95% 的县与 2000～2005 年的脆弱性保持一致，其余 4 个县域中的永昌县、民勤县由轻度脆弱攀升为中度脆弱，酒泉市由中度脆弱攀升为强度脆弱，只有天祝县由中度脆弱下降至轻度脆弱。总而言之，1995～2010 年，河西内陆河流域绿洲社会–生态系统对冰川变化影响的脆弱性呈增大趋势，表现为微偏轻度脆弱—轻度偏中度脆弱—中度偏强度脆弱的变化形式。

　　就各流域而言，近 15 年来，石羊河流域脆弱性总体上呈增长趋势，与河西内陆河流域保持一致。1995～2000 年，石羊河流域主要以轻度脆弱为主，县域比例为 57.14%；2000～2005 年石羊河流域以中、轻度为主，县域比例为 85.71%；到 2005～2010 年石羊河流域主要以中度脆弱为主，比例为 57.14%。1995～2010 年的 3 个阶段中，黑河流域的脆弱性总体较稳定，主要表现为中度脆弱和轻度脆弱。疏勒河流域的脆弱性从 1995～2010 年逐渐增大，1995～2000 年和 2000～2005 这两个阶段变化显著，80% 的县域的脆弱性发生了变化。在 2000～2005 年，原有的微脆弱区消失，主要表现为轻度脆弱，县域比例为 80%，到 2005～2010 年，疏勒河流域的脆弱性程度保持稳定，与 2000～2005 年一致。

5.1.3.4 影响因素分析

（1）暴露度、敏感性与适应能力的影响因素

1995~2010 年，决定绿洲系统对冰川变化暴露度的关键因素是冰川融水补给率、历年绿洲面积和城市化率，它们占暴露度所有指标权重的 61.07%（表 5-12）。依据河西内陆河流域冰川变化影响的脆弱性评价指标体系，这 3 个指标分属自然系统与社会经济系统暴露度一级指标，其中冰川融水补给率与历年绿洲面积为自然系统暴露度指标，二者权重占比为 43.51%，城市化率为社会经济系统暴露度指标，权重占比为 17.56%。上述分析表明，在自然暴露层面，冰川变化进而冰川融水径流变化对水资源的影响已经成为干旱内陆河流域社会–生态系统暴露度增高的显著因素，而绿洲面积扩大从体量上增加了系统的暴露程度；在社会经济暴露层面，快速城市化进程以及一系列衍生产业链的发展成为推动绿洲系统对冰川变化暴露程度增高的重要因素。可见，河西内陆河流域地区社会–生态系统对冰川变化影响的暴露度是自然系统暴露和社会系统暴露综合作用的结果。

表 5-12　暴露度、敏感性和适应能力指标的权重分析结果　　　（单位:%）

暴露度		敏感性		适应能力	
指标名称	权重	指标名称	权重	指标名称	权重
单位绿洲面积的出山径流量	3.05	冰川融水补给率变化	39.02	NPP	18.92
冰川融水补给率	25.95	粮食总产量	34.96	劳动生产率	0.90
干燥度指数	13.74	单位水量 GDP 产出	26.02	高耗水产业的占比	33.33
历年绿洲面积	17.56	—	—	第三产业产值占比	15.32
地区生产总值	9.16	—	—	受教育年限	9.91
人口密度	12.98	—	—	恩格尔系数	21.62
城市化率	17.56	—	—	—	—

影响绿洲系统对冰川变化影响敏感性的因素主要是冰川融水补给率变化和粮食总产量，占敏感性所有指标权重的 73.98%。根据定义，敏感性是系统对冰川变化扰动易于感受的性质。以上数据说明冰川变化及其对水资源的影响增加了绿洲系统对冰川变化的敏感性，此外地区粮食生产水平直接反映了绿洲系统对冰川变化的敏感性。

适应能力是社会–生态系统抵御或者对抗冰川变化不利影响的能力。表 5-12 显示，在河西内陆河流域中高耗水产业的占比的影响最大，权重占比为 33.33%；其次为恩格尔系数，权重占比为 21.62%；再次为 NPP，权重占比为 18.92%。可见，目前研究流域不仅靠本身自然系统的生态修复能力来抵御冰川变化的不利影响，社会经济系统中适当的产业结构调整也开始发挥重要的作用，且社会经济系统发挥的作用已经超过了地区本身自然系统发挥的作用。这与目前河西内陆河流域地区的区位、气候条件以及经济发展有很大的关系。说明在河西内陆河流域这样的干旱半干旱地区，由于存在人口压力以及恶劣环境的限制因素，自然系统已经处于瓶颈阶段，只有最大限度调整产业结构，才能提高地区绿洲系统应对冰川变化的能力。目前河西地区正在进行的"河西走廊"农业规模化种植、地区特

色产业加工、调整三产配比、"五市"开创区域旅游联动发展等措施有助于适应冰川变化。

（2）脆弱性的影响因素

对 16 个脆弱性指标进行权重分析，结果见表 5-13。在指标层面上，影响河西内陆河流域社会–生态系统脆弱性的关键因素主要有历年绿洲面积、地区生产总值、人口密度、地区粮食总产量、单位水量 GDP 产出以及高耗水产业占比。依据内陆河流域冰川变化脆弱性评价指标体系，这 6 个指标分属暴露度、敏感性和适应能力一级指标，其中历年绿洲面积为自然系统暴露度指标，地区生产总值、人口密度为社会经济系统暴露度指标，地区粮食总产量和单位水量 GDP 产出为敏感性指标，高耗水产业占比为适应能力指标。可见河西内陆河流域绿洲社会–生态系统对冰川变化影响的脆弱性是暴露度、敏感性与适应能力三者综合影响的结果。在准则层面，暴露度、敏感性与适应能力的权重占比分别为49.32%、32.19%、18.49%。在县域尺度上，将河西内陆河流域社会–生态系统比较脆弱归因于暴露度高、敏感性较大和适应能力较低，尤其是绿洲面积扩大、地区生产总值增加与人口密度增大使得绿洲系统的自然体量与社会经济体量增大致使社会–生态系统对冰川变化的暴露程度显著增高，是绿洲系统高脆弱的主要原因，气候变暖，冰川融水量增加不足以克服暴露度增加的影响。

表 5-13　脆弱性指标的权重分析结果　　　　　　　　（单位:%）

指标层		准则层	
因素名称	权重	因素名称	权重
单位绿洲面积的出山径流量	0.68	暴露度	49.32
冰川融水补给率	4.79	敏感性	32.19
干燥度指数	4.79	适应能力	18.49
历年绿洲面积	6.16	—	—
地区生产总值	15.75	—	—
人口密度	14.38	—	—
城市化率	2.74	—	—
冰川融水补给变化率	4.11	—	—
地区粮食总产量	10.96	—	—
单位水量 GDP 产出	17.12	—	—
NPP	0.3	—	—
劳动生产率	5.48	—	—
高耗水产业的占比	8.22	—	—
第三产业产值占比	2.05	—	—
受教育年限	1.07	—	—
恩格尔系数	1.37	—	—

5.1.4　绿洲社会–生态系统冰川变化适应措施评估

5.1.4.1　基于社会调查的感知评估

为了解河西地区应对与适应水资源变化所采取的措施以及实施这些措施的效果，采用问卷调查方法，对三大河流域的农户与当地政府进行了面对面的调查。根据前期调研，问卷设计了13种适应措施（表5-14），受访者可以根据自己的感受与了解选择其中任意多项，并对所选措施的实施效果打分评价，分数选项采用李克特量表的五分法，为1、3、5、7、9，1分代表最差，分数越高效果越好。通过统计得出各项措施的被选比例（某一项措施被选次数占问卷总数比例的百分比）与实施效果的平均分（效果分），并对其进行排序（效果排序）。根据被选比例情况，可将13种适应措施分为3个等级：第1等级被选比例大于75%，表明该措施实施普遍；第2个等级比例介于50%～75%，表明该措施实施较普遍；第3个等级比例为25%～50%，表明该措施实施不普遍。由于13种措施实施效果的平均分比较集中，故按分值大小进行排序（1～13），根据排序归为3类方便对其效果进行评价。第一类排序在1～4，代表实施效果较好；第二类排序在5～9，代表实施效果一般；第三类排序在10～13，代表实施效果较差。

表5-14　河西三大流域公众就已实施的应对水资源紧缺措施的评价　（单位：%）

针对缺水状况，当地实施了哪些应对措施？（可多选）并对所选措施的实施效果进行打分评价，1分代表效果最差，分数越高效果越好，9分代表效果最好	石羊河			黑河			疏勒河		
	被选比例	效果得分	效果排序	被选比例	效果得分	效果排序	被选比例	效果得分	效果排序
退耕还林还草	84.72	5.44	6	77.27	6.36	4	89.39	4.80	9
生态建设与修护	73.36	5.50	5	82.73	6.32	5	85.61	4.98	7
新修水库、塘坝	50.66	4.53	13	52.73	5.93	7	74.24	4.76	10
跨流域调水	55.02	5.13	8	48.18	5.30	11	71.21	4.98	8
推广节水技术	70.31	6.11	3	63.64	6.51	3	80.30	5.62	5
水票制	58.52	4.58	12	50.91	5.75	8	75.00	6.84	1
种植业结构调整	82.53	6.30	2	66.36	6.81	1	84.85	6.29	4
土地流转	60.70	5.10	9	69.09	5.53	10	84.85	5.16	6
生态移民	65.50	5.37	7	63.64	5.60	9	77.27	4.59	11
人工干预天气	54.15	4.76	11	50.91	3.96	13	71.21	3.30	12
加大宣传力度提高公众节水意识	82.10	5.94	4	74.55	6.66	2	84.85	6.30	3
发展设施农业	41.05	7.39	1	81.82	6.07	6	82.58	6.43	2
虚拟水战略	31.44	4.92	10	43.64	4.83	12	67.42	3.83	13

退耕还林还草、生态建设与修复这两项措施在河西三大河流域中的选择比例均较高，基本上大于或者接近 75%，属于第一等级，表明三大流域中这些措施实施普遍。就实施效果来看，黑河流域的公众认为实施效果较好，排序为第四和第五，而石羊河和疏勒河流域的公众认为实施效果一般，效果排序在 5~9。加大宣传力度提高公众节水意识属于社会性措施，依据被选比例，属于第一等级，效果排序亦位列 1~4，表明该项措施便于实施且效果好。

在石羊河、黑河和疏勒河流域，种植业结构调整措施被选的比例分别为 82.53%、66.36% 和 84.85%。在石羊河和疏勒河流域，该措施实施普遍，而黑河流域该措施属第二等级，实施较普遍。就实施效果排序而言，该措施得分在 1~4，公众认可度高。发展设施农业的选择比例为 41.05%、81.82% 和 82.58%。相较其他两大河流域，石羊河流域该措施实施不普遍，但效果排序第一，表明该流域的公众认为实施效果好。可见，不管实施程度普遍与否，发展设施农业措施的实施效果好，已得到当地老百姓的认可与接受。

新修水库或塘坝、跨流域调水此类工程类措施在石羊河和黑河流域实施不普遍，而在疏勒河流域实施较普遍，实施效果排序为 7~13，属第二类、第三类，公众认为实施效果一般或者较差。就水票制措施而言，三大河流域公众的选择程度及效果评价差异较大，被选比例分别为 58.52%、50.91% 和 75.00%，表明该措施在疏勒河流域实施普遍，石羊河流域较普遍，黑河次之。就实施效果而言，疏勒河流域的公众认为水票制措施实施效果最好，效果排序位列第一，石羊河流域的公众认为水票制措施实施效果不好，黑河流域介于中间（表 5-14）。可见在水资源管理上，疏勒河流域的公众对水票制措施的接受程度和认可度均最好。

推广节水技术、土地流转以及生态移民这类适应措施需要普通民众直接参与，三大河流域实施程度与效果反馈差异甚大。疏勒河流域实施程度较其他两大河流域要普遍。石羊河和黑河流域的公众认为推广节水技术的实施效果好，土地流转与生态移民措施的实施效果一般或者较差。疏勒河流域的公众认为实施推广节水与土地流转措施的效果一般，生态移民措施的实施效果较差。

综合而言，在冰川变化、水资源紧缺背景下，公众对政府部门已实施应对与适应对策措施的效果与接受程度不同。生态措施实施普遍，但老百姓接受程度与认可度低，效果不如预期理想；结构调整与设施农业建设措施尽管各流域实施普遍程度不同，但效果均比较好，老百姓接受程度高；节水技术等工程类措施，尽管实施效果好，但接受程度低。土地流转这一新农业政策，在疏勒河流域实施比较普遍，但三大河流域均未显示出良好的效果。

5.1.4.2 典型适应措施模型评估

基于上述分析，选取种植业结构调整与节水两项措施，分别运用多元线性规划方法与系统动力学仿真模型，评价其实施效果。

（1）农业种植结构调整（以疏勒河双塔灌区为例）

在河西内陆河流域，以传统农业为主，粮食作物种植面积比例大。1996~2010 年当地农作物种植类型已发生了明显变化，考虑到河西地区的土壤类型、气候条件差异，本书选取疏勒河流域的双塔灌区作为种植结构调整案例区。1996 年双塔灌区作物种植总面积为 6940. 26hm²，其中，粮食作物、经济作物种植比例约为 1∶1，均占总种植面积的 49.9%，其他作物种植面积仅占 0.2%。粮食作物主要有小麦和玉米，二者分别占 38.2% 和 11.7%。经济作物包括棉花、油料、蔬菜、瓜类，其中，棉花占经济作物面积的 86%，占总种植面积的 42.7%，油料、蔬菜、瓜类种植面积较少，占总种植面积的 7.2%。

1996 年伊始，双塔灌区种植结构发生了巨大变化。作为主要作物类型的粮食作物由 1996 年占总种植面积的 49.9% 逐渐减小到 2007 年的 0.6%，之后，尽管有所回升，但到 2010 年仍处于最小比例，为 10.6%。经济作物在波动中快速发展，成为占绝对优势的作物类型，2005~2008 年一度占到总种植面积的 90% 以上，2009 年后有所回落，但比例仍达 75.4%。其他作物发展也比较迅速，2002 年后已赶超粮食作物，跃居第二位，比例为 14%。目前当地种植结构顺序为经济作物、其他作物与粮食作物，比例为 1∶7.1∶1.3。

为优化现有市场驱动下的农作物结构调整，将当地主要种植的 7 类作物种植面积作为决策变量，即 x_1 为小麦，x_2 为玉米，x_3 为棉花，x_4 为油料，x_5 为蔬菜，x_6 为瓜类，x_7 为其他。对应的作物单位面积净产值表示为 c_1 为小麦，c_2 为玉米，c_3 为棉花，c_4 为油料，c_5 为蔬菜，c_6 为瓜类，c_7 为其他。

作物种植结构调整优化的目标是使总产值 y（元）达到最大。因此，目标方程如下

$$y_{max} = c_1x_1 + c_2x_2 + c_3x_3 + c_4x_4 + c_5x_5 + c_6x_6 + c_7x_7 \tag{5-9}$$

约束方程需要满足的条件。

1）主要作物种植面积受总灌溉面积的约束，2010 年灌溉面积 15 754. 46hm²，因此：

$$x_1 + x_2 + x_3 + x_4 + x_5 + x_6 + x_7 \leqslant 15\ 754.46 \tag{5-10}$$

由于当地是灌溉农业，不同作物类型灌溉需水量不同，小麦、玉米、棉花、油料、蔬菜、瓜类、其他作物的灌溉需水量分别为 8700m³/hm²、8700m³/hm²、8700m³/hm²、10 500m³/hm²、12 300m³/hm²、4500m³/hm²、7635m³/hm²。但灌区总供水量是依据灌溉面积由水务部门确定，为 8535m³/hm²。因此，灌溉用水量受总供水量的约束（双塔灌区目前农业灌溉仍以常规灌溉为主，由此可假设当地未来几年节水技术覆盖程度仍较低，不予考虑）（需水量均为斗口定额）

$$8700x_1 + 8700x_2 + 8700x_3 + 10\ 500x_4 + 12\ 300x_5 + 4500x_6 + 7675x_7$$
$$\leqslant 8535(x_1 + x_2 + x_3 + x_4 + x_5 + x_6 + x_7)$$

即

$$165x_1 + 165x_2 + 165x_3 + 1965x_4 + 3765x_5 - 4035x_6 - 860x_7 \leqslant 0 \tag{5-11}$$

2）根据已有研究，在我国农村居民的粮食消费中，细粮消费长期以来占主要地位，玉米等粗粮已不是人们的日常食物。在我国典型北方地区小麦是主要食物，大米消费小于 10%，此外，大米在河西地区鲜有种植，主要是外购。因此，本书在粮食消费中仅考虑小麦。在我国，粮食安全线为 400kg/（人·a），农村居民细粮直接消费量为 189.8kg/人（2004 年国家统计局统计），因此，结合甘肃省的实际情况和已有研究，200kg/人基本能够满足对口粮的基本需求。2010 年双塔灌区农业人口为 5.19 万人，1996~2010 年，小麦

平均单产为 $7275kg/hm^2$，因此，口粮总产量应不小于当地农民的基本需求

$$7275x_1 \geqslant 51\ 900 \times 200 \tag{5-12}$$

3）玉米作为一种粮食作物，仅少部分供人食用，主要用作饲料粮等。根据已有研究，2010 年我国人均粮食消费需求约为 350kg，而玉米平均单产为 11 509kg/hm²，因此，粮食总产量也应不小于当地农民的基本需求

$$7275x_1 + 11\ 509x_2 \geqslant 51\ 900 \times 350 \tag{5-13}$$

4）随着农民生活水平的提高，在日常生活中对蔬菜与粮食的需求成为刚性需求，因此，在对当地种植结构进行规划时，必须考虑蔬菜需求。根据《中国统计年鉴》（2000～2010 年）对居民蔬菜消费状况的统计，我国农村居民对蔬菜的年消费量为 100～110kg/人，由于研究区在西部地区，本书选择 100kg/人作为当地居民蔬菜的基本需求，而当地 1996～2010 年蔬菜平均单产约为 32 000kg/hm²，人口为 5.19 万人，因此，假设当地蔬菜产量基本满足当地居民需求：

$$32\ 000x_5 \geqslant 51\ 900 \times 100 \tag{5-14}$$

5）基于甘肃省经济作物技术推广站和甘肃省农村集体财务与资产监督管理总站提供的不同作物净产值和作物用水定额，求出不同作物的单方水净产值（元/t）（单方水净产值高，说明单位水创造的价值高，即该类作物更容易在缺水的地区种植），见表 5-15。

表 5-15　双塔灌区农作物单方水净产值

作物类型	用水定额 /(m³/hm²)	单方水净产值 /(元/t)	单位面积净产值 /(元/hm²)	2010 年作物种植 面积/hm²
小麦（x_1）	8 700	0.13	1 164.3	1 414.20
玉米（x_2）	8 700	0.70	6 057.45	246.20
棉花（x_3）	8 700	3.62	31 492.5	5 390.00
油料（x_4）	10 500	0.35	3 630	506.47
蔬菜（x_5）	12 300	1.81	22 312.5	5 393.47
瓜类（x_6）	4 500	5.3	23 861.25	604.20
其他（x_7）	7 635	2.66	20 294.1	2 199.93

根据对单方水产值的计算，小麦、玉米、油料的单方水产值相对较小（<1），棉花、瓜类、蔬菜和其他的单方水产值相对较大（>1），因此，根据比较优势的原则，应适当缩小单方水产值小的作物种植面积，扩大单方水产值大的作物种植面积，但由于小麦和玉米是粮食作物，种植面积大小直接影响当地的粮食安全和社会稳定，因此，本书不考虑单方水产值对小麦和玉米的约束，从而得到如下公式

$$x_3 \geqslant 3590.00 \tag{5-15}$$

$$x_4 \leqslant 506.47 \tag{5-16}$$

$$x_5 \leqslant 5393.47 \tag{5-17}$$

$$x_6 \geqslant 604.20 \tag{5-18}$$

$$x_7 \leqslant 2199.93 \tag{5-19}$$

基于双塔灌区所属乡镇及农场 1996～2010 年统计年鉴数据，利用多元线性规划方法对当地农作物种植结构进行合理规划，能够在不对当地社会和生态环境产生负面影响的前提下，最大程度提高经济效益，如表 5-16 所示，规划后的农作物种植面积略小于 2010 年作物种植面积，但农作物总产值增长到 $3.43×10^8$ 元，是 2010 年产值的 1.18 倍。具体调整方案如下。

1）在 2010 年的基础上，增加小麦、玉米、棉花的种植面积。具体地，小麦种植面积略有增加，达到 9.1%；玉米种植面积由 2010 年的 246.20hm^2 增加到 676hm^2，比例增加到 4.3%；棉花由 2010 年的 5390hm^2 增加到 12 730hm^2，所占比例大幅提高到 80.8%（表 5-16）。

表 5-16　双塔灌区已进行和需进行种植结构调整

项目	1996 年		2010 年		调整后	
作物类型	作物面积/hm^2	所占比例/%	作物面积/hm^2	所占比例/%	作物面积/hm^2	所占比例/%
小麦（x_1）	2 649.33	38.2	1 414.20	9.0	1 427	9.1
玉米（x_2）	812.13	11.7	246.20	1.6	676	4.3
棉花（x_3）	2 967.27	42.8	5 390.00	34.2	12 731	80.8
油料（x_4）	96.13	1.4	506.47	3.2	0	0
蔬菜（x_5）	247.27	3.6	604.20	3.8	162	1.0
瓜类（x_6）	154.53	2.2	5 393.47	34.2	758	4.8
其他（x_7）	13.60	0.2	2 199.93	14.0	0	0
总面积/hm^2	6 940.26		15 754.47		15 754	
净产值/元（折现 1996 年）	$8.92×10^7$		$2.90×10^8$		$3.43×10^8$	

2）在 2010 年基础上，减少油料、蔬菜、瓜类等作物种植面积。油料由于产量低、耗水多，不宜在当地普遍种植。蔬菜由 2010 年的 3.8% 调整到 1.0%，种植面积减少到 162hm^2；瓜类种植面积由 2010 年的 34.2% 大幅压减到 4.8%，面积减少 4635.47hm^2；其他类型的作物，种类繁多，无法进行规模种植，且单位水净产值较棉花和瓜类低，因此不应普及。

对比双塔灌区 1996～2010 年已开展的农业种植结构调整和通过线性规划方案优化的种植结构，可以发现：已进行的种植结构调整减少了粮食作物的种植面积，增加了经济作物种植面积，尤其增加了棉花、瓜类作物的种植面积。该项调整，增加了农业生产的经济效益，但并没有实现经济效益最大化，也没有考虑当地缺水的实情和实现粮食安全这一长远目标，而仅是在市场指导下或在当地政府指导下，农户自我进行的调整。因此在现有调整基础上，用最优化方法调整当地作物种植结构才能实现社会、经济、生态效益最大化。

（2）节水技术

在石羊河、黑河、疏勒河流域，农田灌溉仍以漫灌方式为主，节水型灌溉只有在设施农业、土地流转农场被使用。因此，在这三大河流域，节水空间巨大。我们将节水技术分为常规节水与高效节水技术。常规节水措施就是传统的大地块改小地块和平整田地，高效节水技术就是使用灌溉设施进行农田灌溉，包括喷灌、滴灌、管灌、微灌等。本节用系统动力学仿真模型模拟常规节水与高效节水技术的实施效果。

根据实地调研，常规节水措施，可节水 14%～15%，而模型模拟表明，大棚滴灌、管灌、微灌等高效节水技术，约节水 50%（图 5-10）。以 2010 年为基准年，到 2020 年，假设石羊河、黑河与疏勒河各自的出山径流量、农田灌溉面积不变。若常规节水技术得以普及，石羊河、黑河与疏勒河流域总产值将略有增加，分别为 0.3%、1.0% 和 0.6%，生态产值与林草地面积将分别增加 67%、29% 和 16%，农业灌溉用水量将减少约 15%。在普及高效节水技术的情况下，总产值增加幅度较小，介于 1.1%～3.1%，而生态产值与林草地面积将大幅度增加，分别为 225%、99% 和 53%，农业灌溉用水量大幅减少约 50%。

上述分析表明，实施节水技术对农业经济效益的影响不明显，但生态效益非常显著，而且越是干旱缺水的流域，节水效果越显著，对生态环境的改善越明显。

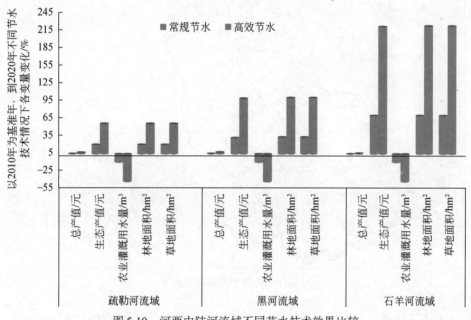

图 5-10 河西内陆河流域不同节水技术效果比较

5.2 新疆典型内陆河流域

5.2.1 乌鲁木齐河与阿克苏河流域简介

（1）乌鲁木齐河流域

乌鲁木齐河流域位于天山北坡中段，准噶尔盆地南缘，地理坐标为 86°45′E～87°56′E，

43°00′N～44°07′N，流域总面积为4684km²，东、西分别与头屯河流域和板房沟流域接壤。流域南部山区为河流发源地，北部为平原荒漠，地形东南和西南高，向中间倾斜（图5-11）。乌鲁木齐河是流域内的主要河流，多年平均年径流量为2.28×10⁸m³，该河发源于天山北坡中段的喀拉乌成山主峰——天格尔Ⅱ峰的1号冰川，沿着地势险峻的高山峡谷流向东北，在白杨沟口出山后至乌拉泊折向正北，穿过乌鲁木齐市区，至昌吉市北部蔡家湖处逐渐消失，全长214.3km（张山清等，2011）。河源区共发育现代冰川155条，总面积为48.04km²（刘时银等，1999）。冰川融水汇聚而成的乌鲁木齐河是流域内流程最长、径流量最大、受益范围最广的河流，也是该流域农业生产和城市生活用水的主要水源。

图5-11 乌鲁木齐河流域概况

乌鲁木齐河流域气候属中温带大陆性干旱气候，南部海拔在2000m以上的山区年平均气温为2℃，年降水量为500mm，年蒸发量为953.4mm；北部年均气温为5～7℃，年降水量为150mm，年蒸发量为2200mm（乌鲁木齐河流域志编纂委员会，2000）。因此，流域内生态建设、社会经济发展均依赖南部山区降水与冰雪融水。

（2）阿克苏河流域

阿克苏河流域位于我国新疆天山南坡阿克苏地区西部、吉尔吉斯斯坦东部和哈萨克斯坦东南部，地理坐标为75°35′E～82°00′E，40°17′N～42°27′N，流域总面积为5.2×10⁴km²，其中我国境内面积为3.3×10⁴km²，主要包括阿合奇县、柯坪县、乌什县、温宿县、阿瓦提县、阿克苏市及阿拉尔部分地区，境外面积为1.9×10⁴km²。阿克苏河源于吉尔吉斯斯坦境内的两大干流——库玛拉克河和托什干河在喀拉都维汇合而成，干流全长132km。库玛拉克河为北干流，发源于汗腾格里峰，全长 260km；托什干河为西干流，发源于阿特巴什山脉，全长 457km。阿克苏河流至艾里西处又分为东西两支，东为新大河，西为老大河。新大河、老大河在阿瓦提县下游区又重新汇合，在肖夹克处汇入塔里木河。

阿克苏河流域地势西北高、东南低，垂直地带性规律显著，托木尔峰和汗腾格里峰附近高山区的年降水量在 900mm 以上，而海拔约为 1000m 的平原区多年平均降水量仅为 40~90mm，而年蒸发量却达 2000~2900mm。降水时空分布不均，时间分配上，季节与年际变化较大，夏季降水量占全年的 70% 左右；地区分布上，降水集中在山区，高山区降水量大而气温较低。阿克苏河流域河川径流的补给随流域海拔、自然条件和降水方式的不同分为高山冰雪融水（包括冰川融水及永久积雪融水、夏季冰面降雪融水）、季节积雪融水、雨水和地下水 4 种补给来源。高山地带以高山冰雪融水补给为主，中低山地带除了雨水和高山冰雪融水的补给外，还有少量季节积雪融水的补给，在河谷和平原区为雨水、融水及地下水多种混合补给。

5.2.2 水资源对冰川变化的脆弱性

5.2.2.1 数据与方法

（1）水资源系统对冰川变化的脆弱性指标体系

基于构建的中国冰冻圈变化的脆弱性评价指标体系（表2-2），结合乌鲁木齐河和阿克苏河流域冰川变化及其影响的实际情况，以暴露度、敏感性和适应能力为准则层，遴选出 16 个脆弱性指标为指标层，构建了水资源系统对冰川变化的脆弱性评价指标体系（表5-17）。

表 5-17　乌鲁木齐河与阿克苏河流域水资源系统对冰川变化的脆弱性指标体系

目标层	准则层	指标层	备注
水资源系统对冰川变化的脆弱性	暴露度（A）	冰川面积（A1）	—
		冰川径流量（A2）	—
		冰川物质平衡（A3）	+
	敏感性（B）	气温变化率（B1）	+
		降水量变化率（B2）	+
		地表水资源量（B3）	+
		农业用水量（B4）	+
		工业用水量（B5）	+
		生活用水量（B6）	+
		土地利用类型（B7）	—

续表

目标层	准则层	指标层	备注
水资源系统对冰川变化的脆弱性	适应能力（C）	人均 GDP（C1）	–
		人口（C2）	–
		耕地面积（C3）	–
		经济增长率（C4）	–
		政府环境政策满意度（C5）	–
		公众参与集体事务态度（C6）	–

注："+"表示正比关系；"–"表示反比关系；"—"表示没有正、负向。

在指标层中，暴露度指标（A）主要考量流域冰川变化程度，包含冰川面积（A1）、冰川径流量（A2）与冰川物质平衡（A3）三项指标。冰川面积变化是反映冰川变化的基本指标，在冰川厚度不变的情况下，冰川面积越小，冰川水资源储量越小，对干旱区流域水资源供应的压力就越大，即水资源的脆弱性越大。冰川径流量是反映冰川变化的另一基本指标，通常受到气温、降水（降雪）的影响，气温升高则径流增加，同时若降水（降雪）对冰川补给不足，则冰川径流量的增加反映了冰川消耗的增加，从长远来看，这会导致流域水资源脆弱性加重。冰川物质平衡反映冰川水资源储量的增减，冰川物质平衡为正值表示冰川水资源储量增加，这将减轻流域水资源供应压力；冰川物质平衡为负值表示冰川水资源储量减小，这将加大水资源脆弱性。

敏感性（B）指标主要是反映冰川变化影响下环境与水资源变化的程度。其中，气温变化率（B1）和降水量变化率（B2）反映冰川变化对区域气候的交互作用；地表水资源量（B3）可以判断冰川变化对区域内水资源总量的影响程度，在降水量影响较小的情况下，该项指标与暴露度指标 A2 具有较强的对应关系；农业用水量（B4）对应于农业水资源，工业用水量（B5）对应于工业用水资源；生活用水量（B6）则考虑包含居民生活及自然生态系统的影响，土地利用类型（B7）反映了不同土地利用条件下水资源对冰川变化的敏感性差异，如耕地、工矿用地、居民点等人类活动频繁的区域。对水资源的需求量大、对冰川变化非常敏感，而山区林地、灌丛等人类活动较少的区域，水资源的需求量相对较少，对冰川变化的敏感性相对较低。

适应能力（C）指标主要是反映地区自然环境条件及社会经济现状的指标。其中，人均 GDP（C1）及经济增长率（C4）指标反映流域或区域的经济能力，经济水平越好表征区域或流域对水资源短缺风险的承受和适应能力越高，从而脆弱性越低；政府环境政策满意度（C5）和公众参与集体事务态度（C6）指标反映政府职能部门以及普通民众在参与和处理水资源事务中的主观能动性，数据来源于问卷调查。

（2）数据来源

A. 冰川变化相关参数

乌鲁木齐河流域冰川面积采用 2005 年的数据，源于李忠勤等（2010），各市县采用同一值。阿克苏河流域数据来自沈永平等（2009）。其中，阿克苏市、阿瓦提县和温宿县都采用萨雷扎兹-库玛拉克河流域冰川面积，阿合奇县和乌什县采用托什干河流域冰川面积。

乌鲁木齐河流域的冰川径流量采用 2005~2006 年的数据（Li et al., 2006）。阿克苏河流域、阿克苏市、阿瓦提县和温宿县径流资料来源于沈永平等（2009），阿合奇县和乌什县采用沙里桂兰克站2002年的总径流量数据。乌鲁木齐河流域的冰川物质平衡为2002～2003年平均值，数据来自杨惠安（2005）。阿克苏河流域，阿克苏市、阿瓦提县和温宿县冰川物质平衡资料为1994～2006年均值，数据来源于沈永平等（2009），阿合奇县和乌什县采用估算值。

B. 气候及气候变化数据

乌鲁木齐河和阿克苏河流域所有气象站点1961～2010年的年平均气温、年降水量资料数据来自国家气象中心。气候变化预估资料来自于国家气候中心发布的"中国地区气候变化预估数据集"中多模式集合平均数据。

C. 流域水资源数据

流域水资源数据包括乌鲁木齐河流域和阿克苏河流域的水文监测站点数据及2001～2010年乌鲁木齐市与阿克苏市的水资源公报。水文站点分别为英雄桥站、协合拉站、沙里桂兰克站及西大桥站，资料序列长度为1950～2019年。

D. 流域人口、社会经济等资料

流域人口、社会经济等资料为2001～2010年乌鲁木齐市和阿克苏市的社会经济统计年鉴资料。主要包括：乌鲁木齐市统计年鉴、新疆统计年鉴、新疆生产建设兵团统计年鉴等。流域土地利用数据来源于国家自然科学基金委员会"寒区旱区科学数据中心"①（http://westdc.westgis.ac.cn），主要为以行政区为单元的土地利用资料。

E. 社会问卷调查资料

社会问卷调查资料来自于国家重点基础研究发展计划（973计划）"我国冰冻圈动态过程及其对气候、水文和生态的影响机理与适应对策"项目支持的乌鲁木齐河流域和阿克苏河流域冰冻圈变化、影响及适应对策问卷调查资料。

（3）数据处理方法

A. 冰川变化预估处理方法

乌鲁木齐河和阿克苏河流域冰川未来变化预估借鉴谢自楚等（2006）的研究方法。本书将面积较小的乌鲁木齐河流域冰川列为敏感性冰川，将面积较大的阿克苏河流域冰川列为稳定性冰川（表5-18）。

表5-18　冰川面积及冰川径流的未来变率（相对于2001～2010年）

项目	冰川面积		冰川径流		冰川物质平衡	
	敏感型	稳定型	敏感型	稳定型	敏感型	稳定型
2010～2020年	0.84	0.89	0.99	1.24	1.15	1.38
2020～2030年	0.79	0.87	0.96	1.29	1.16	1.46
2030～2040年	0.74	0.85	0.93	1.33	1.17	1.53
2040～2050年	0.68	0.83	0.88	1.37	1.16	1.60

注：假设冰川物质平衡变化与冰川面积变率呈反比，而与冰川径流变率呈正比。采用下式估算：冰川物质平衡变率＝（1-冰川面积变率）×冰川径流变率。

---

① 原中国西部环境与生态科学数据中心。

B. 气温和降水量变化预估处理方法

未来气温及降水量数据采用 A1B 情景下国家气候中心发布的 "中国地区气候变化预估数据集" 中多模式集合平均数据。该数据集的分辨率为 1°×1°，由于本书上述两个流域的面积较小，因此实际计算用到的数据包含流域周边的格点资料，具体为乌鲁木齐河流域用到其流域周边 4 个格点，阿克苏河流域用到其流域周边 12 个格点。计算结果见表 5-19。

表 5-19　乌鲁木齐河流域和阿克苏河流域未来气温和降水的变化

项目	温度变化率/(℃/10a)		降水变化率/(mm/10a)	
	乌鲁木齐河流域	阿克苏河流域	乌鲁木齐河流域	阿克苏河流域
2010~2020 年	0.07	0.06	20.4	-0.1
2020~2030 年	0.68	0.74	2	3.8
2030~2040 年	0.24	0.15	-3.1	-2
2040~2050 年	0.32	0.37	-5.6	2.5

C. 地表水资源量及行业用水量估计

邓铭江等（2010）曾根据天山北麓各区域水资源调查情况，结合社会经济发展潜力，对该区域未来 20~30 年的水资源状况进行了估计。根据邓铭江等的研究结果，本书给出了 2010~2050 年代乌鲁木齐河流域行业用水量的变化情况，见表 5-20。

表 5-20　2010~2050 年乌鲁木齐河及阿克苏河流域行业用水量年变化率预测　（单位:%）

变量	农业用水量	工业用水量	生活用水量
乌鲁木齐河流域	-0.36	10.87	3.35
阿克苏河流域	-1.1	12.7	3.8

关于阿克苏河流域未来水资源利用变化情况，尚未见文献报道，但近年来阿克苏地区行政部门发布的地区未来发展规划及水利部门发布的相应水资源规划，可为本书研究提供数据支撑。阿克苏地区自 2000 年实行用水总量控制、限额用水制度以来，全区农业用水量逐年递减，而工业用水、居民生活及牲畜用水却在逐年增加。据统计，全区 2000 年农业灌溉用水量为 9.34 亿 m³，2009 年下降到 8.02 亿 m³，下降 14.13%；2000 年工业用水量为 0.18 亿 m³，2009 年增加到 0.41 亿 m³，约增长 1.3 倍；2000 年居民生活用水为 0.04 亿 m³，2009 年增加到 0.23 亿 m³，增长了 4.75 倍。根据这一用水趋势，结合阿克苏市国民经济和社会发展 "十一五" 发展规划中的人口及年均增长率计算，截至 "十二五" 末期（2015 年），阿克苏市各行业用水量达 9.06 亿 m³（其中农业灌溉用水量 7.85 亿 m³，工业用水量 0.52 亿 m³，居民生活用水 0.23 亿 m³，牲畜用水 0.03 亿 m³）。根据本书分析推算，至 2050 年阿克苏地区行业水资源用水量情况见表 5-20。

地表水资源量主要来自冰川融水径流和降水，根据本书对乌鲁木齐河和阿克苏河流域冰川变化及降水变化的估算可以看出，2050 年前两河流域的降水有增有减，变化不如冰川径流明显，因此，本书的地表水资源量的变化速率直接采用了冰川径流的变化速率。

D. 未来社会经济发展状况

未来社会经济发展状况主要用于评价流域水资源系统对冰川变化的适应能力，主要包括 GDP、人口、耕地面积、经济增长率、政府环境政策满意度及公众参与集体事务态度等指标。其中根据《新疆五十年》《乌鲁木齐统计年鉴 2009》等统计资料，计算获取了 1955 ~ 2005 年各项指标的变化速率，结合《乌鲁木齐市国民经济和社会发展第十二个五年规划纲要》及《阿克苏地区国民经济和社会发展第十二个五年规划纲要》的经济发展规划估算的各市县 GDP 及人口等指标未来变化情况，列于表 5-21。随着各市县城市化进程的加快，土地利用类型在未来 40 年会有一定程度的变化，相应的耕地面积也会出现波动，但耕地面积的未来变化幅度难以估算，因此本书暂做不变处理。经济增长率跟表中 GDP 的变化率相对应，该套数据可以较为准确地估算"十二五"期间各市县经济发展状况，未来更长期的经济变化情况则假定维持该增长率。政府环境政策满意度及公众参与集体事务态度资料来源于问卷调查，未来情况较难估计，本书假定其不变。

表 5-21 乌鲁木齐河流域及阿克苏河流域未来 GDP 及人口变化情况的估计

流域	项目	GDP 年变化/%	人口年变化率/‰
乌鲁木齐河流域	乌鲁木齐县	13.6	10.68
	天山区	9.9	5.02
	沙依巴克区	10.16	4.64
	新市区	18.1	5.83
	头屯河区	10	3.85
	米东区	18	6.26
	水磨沟区	12	5.41
	五家渠市	15	0.84
阿克苏河流域	阿合奇县	22.1	12.99
	阿克苏市	13.5	10.47
	阿瓦提县	16.8	22.30
	温宿县	15.8	12.7
	乌什县	16.3	14.61

E. 土地利用类型指标的处理

未来 40 年，随着社会和经济的发展，人类对自然界的干预继续增强：一方面，城市化进程加快，用于城镇、道路等类型的土地面积增加；另一方面，随着水资源条件的变化以及政府职能部门的综合规划及环境治理，耕地面积将有所减小，生态恢复面积会有所增加。虽然这符合一些研究者的预测，但毕竟其是一种定性的推断，尚不能应用在本书中。因此，未来流域水资源对冰川变化的脆弱性评估，仍然基于 2010 年代的土地利用状况。

5.2.2.2 水资源系统对冰川变化的脆弱性现状评价

（1）基于模糊模式交叉迭代法的冰川变化脆弱性评价

基于构建的脆弱性评价指表体系，建立乌鲁木齐河和阿克苏河流域冰川变化脆弱性指标识别矩阵，应用模糊交叉迭代方法，迭代计算精度设定 $\varepsilon_1 = \varepsilon_2 = 0.01$，通过 6 次迭代，得到各项指标的最终权重（表 5-22）。

表 5-22　模糊模式识别方法迭代求算最优权重

迭代	A1	A2	A3	B1	B2	B3	B4	B5	B6	C1	C2	C3	C4	C5	C6
1	0.0737	0.0651	0.0467	0.0962	0.0735	0.0342	0.0571	0.0381	0.0423	0.1314	0.0700	0.0620	0.0955	0.0631	0.0511
2	0.0563	0.0552	0.0532	0.1235	0.0781	0.0421	0.0550	0.0567	0.0594	0.0838	0.0801	0.0484	0.0874	0.0656	0.0550
3	0.0654	0.0575	0.0473	0.1358	0.0659	0.0343	0.0558	0.0452	0.0460	0.1137	0.0759	0.0554	0.0976	0.0583	0.0458
4	0.0522	0.0520	0.0494	0.1463	0.0787	0.0393	0.0542	0.0530	0.0574	0.0883	0.0802	0.0448	0.0946	0.0597	0.0500
5	0.0586	0.0532	0.0463	0.1532	0.0683	0.0355	0.0558	0.0471	0.0487	0.1064	0.0768	0.0500	0.0993	0.0561	0.0447
6	0.0507	0.0497	0.0471	0.1590	0.0781	0.0386	0.0545	0.0519	0.0564	0.0906	0.0790	0.0435	0.0975	0.0562	0.0471

表 5-22 中，最后一行为 15 项指标的最终权重向量。可以看出，由客观权重方法获得的权重向量分布较为分散，未出现权重值集中于少数指标的情况。其中，B1 气温变化率指标、B2 降水量变化率指标、C1 人均 GDP 和 C4 经济增长率指标等权重相对较高。

对应的 13 个县市样本隶属于级别 h（$h=1\rightarrow5$）的相对隶属度见表 5-23。

表 5-23　县市样本隶属级别的相对隶属度

流域	县市	级别 1	级别 2	级别 3	级别 4	级别 5
乌鲁木齐河流域	乌鲁木齐县	0.3360	0.3954	0.1598	0.0706	0.0381
	天山区	0.0973	0.2258	0.3812	0.2058	0.0898
	沙依巴克区	0.1214	0.2532	0.3402	0.1921	0.0930
	新市区	0.0966	0.1927	0.3282	0.2548	0.1278
	头屯河区	0.1057	0.2248	0.3521	0.2157	0.1017
	米东区（东山区）	0.0934	0.2135	0.3789	0.2188	0.0954
	水磨沟区	0.0791	0.1861	0.3941	0.2422	0.0985
	五家渠市	0.0890	0.1624	0.2819	0.2929	0.1738
阿克苏河流域	阿合奇县	0.1223	0.2522	0.3375	0.1935	0.0945
	阿克苏市	0.0701	0.1419	0.3021	0.3269	0.1589
	阿瓦提县	0.0977	0.1879	0.3139	0.2620	0.1385
	温宿县	0.1524	0.3166	0.3102	0.1481	0.0727
	乌什县	0.1821	0.3428	0.2762	0.1316	0.0673

根据迭代计算获得的各个县市对各描述项的不同级别的相对隶属度矩阵，根据在分级条件下最大隶属度原则的不适用性原理（陈守煜，1998），将相对隶属度矩阵与级别特征值向量相乘即可确定各个县市的脆弱性级别特征值

$$H_j = \alpha_i \times \boldsymbol{u}_{ij} \tag{5-20}$$

式中，H_j 为脆弱性特征值；α_i 为指标最优权重向量；$\boldsymbol{u}_{ij}$ 为相对隶属度矩阵。

上述评价尚未体现不同土地利用类型对水资源脆弱性的贡献，由于本书使用的土地利用类型数据为矢量数据，因此将上述评价结果叠加到以县市为单元的土地利用类型数据中，采用专家判断方法对不同土地利用类型的水资源脆弱性进行分级赋值（表 5-24），将土地利用类型指标的权重设为 0.25。从而得到最终的水资源系统对冰川变化的脆弱性评价结果。采用等间距分级方法对 H_j 进行分级处理（表 5-25），以最低和最高脆弱性得分为上下限，每个级别采用相同的间隔，可以较好地判定不同地区脆弱性评价结果的集中分布情况。

表 5-24　不同土地利用类型下水资源对冰川变化的脆弱性级别赋值

一级类型		二级类型		脆弱性级别（5 级）
编号	名称	编号	名称	
1	耕地	11	水田	5
		12	旱地	5
2	林地	21	有林地	3
		22	灌木林	3
		23	疏林地	4
		24	其他林地	4
3	草地	31	高覆盖度草地	3
		32	中覆盖度草地	4
		33	低覆盖度草地	5
4	水域	41	河渠	2
		42	湖泊	5
		43	水库坑塘	5
		44	永久性冰川雪地	5
		45	滩涂	—
		46	滩地	5
5	城乡、工矿、居民用地	51	城镇用地	2
		52	农村居民点	2
		53	其他建设用地	2
6	未利用土地	61	沙地	1
		62	戈壁	1
		63	盐碱地	1
		64	沼泽地	1
		65	裸土地	1
		66	裸岩石砾地	1
		67	其他	1

表 5-25　脆弱性级别分级方法

级别	等间距分级 H_j 取值范围
微度脆弱	$Min(H) < H_j \leq [Max(H) - Min(H)]/5$
轻度脆弱	$[Max(H) - Min(H)]/5 < H_j \leq 2[Max(H) - Min(H)]/5$
中度脆弱	$2[Max(H) - Min(H)]/5 < H_j \leq 3[Max(H) - Min(H)]/5$
强度脆弱	$3[Max(H) - Min(H)]/5 < H_j \leq 4[Max(H) - Min(H)]/5$
极强度脆弱	$4[Max(H) - Min(H)]/5 < H_j \leq Max(H)$

（2）脆弱性评价结果分析

表 5-26 显示，2010～2019 年，新疆天山南北两大流域，即阿克苏河与乌鲁木齐河流域水资源系统对冰川变化的脆弱性呈中强度脆弱级别，脆弱性高。从排序情况来看，乌鲁木齐河流域的五家渠市脆弱性最高，其次为阿克苏河流域的阿克苏市和乌鲁木齐河流域的新市区，而乌鲁木齐县、天山区、乌什县、温宿县等的脆弱性相对较低。就空间分布而言，在乌鲁木齐河流域，自流域南部向北水资源系统的脆弱性呈增加趋势，流域南部为天山北坡山区，大多属于轻度脆弱区，向北脆弱性逐次增强，到北部干旱地区达到极强度脆弱级别。乌鲁木齐河流域水资源系统脆弱性呈南低北高的分布状况与该流域由南向北的走向一致，越向下游，脆弱性越强（图 5-12）。在阿克苏河流域，水资源系统对冰川变化的脆弱性分布较乌鲁木齐河流域复杂，流域北缘靠近天山南麓地区脆弱性整体呈条带状东西向分布，流域下游沿河道向两侧脆弱性递减。阿克苏河流域脆弱性的这种分布格局并未呈现如乌鲁木齐河流域自上游向下游那种明显的分布规律，这可能与流域分布、流域内各县市经济发展差异有关。总体上，阿克苏河流域脆弱性比乌鲁木齐河流域要强。

表 5-26　流域水资源对冰川变化的脆弱性评价结果

流域	县市	得分	所属级别	脆弱性级别	排序
乌鲁木齐河流域	乌鲁木齐县	2.330	3	中度	13
	天山区	2.514	3	中度	12
	沙依巴克区	2.980	3	中度	8
	新市区	3.179	4	强度	3
	头屯河区	2.900	3	中度	9
	米东区	3.097	4	强度	7
	水磨沟区	3.178	4	强度	4
	五家渠市	3.388	4	强度	1
阿克苏河流域	阿合奇县	3.171	4	强度	5
	阿克苏市	3.252	4	强度	2
	阿瓦提县	3.152	4	强度	6
	温宿县	2.838	3	中度	10
	乌什县	2.794	3	中度	11

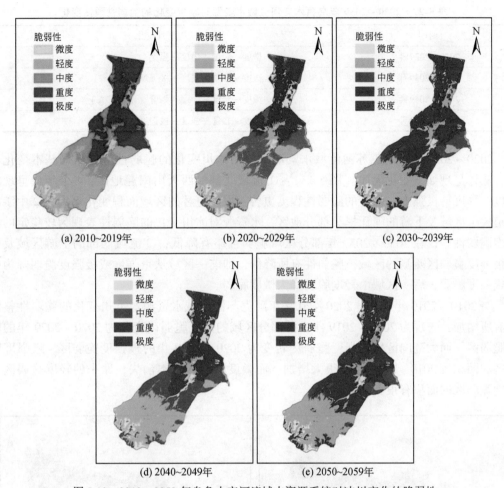

图 5-12　2010～2059 年乌鲁木齐河流域水资源系统对冰川变化的脆弱性

5.2.2.3　水资源系统对冰川变化的脆弱性预估

（1）流域层面脆弱性预估变化

总体上，乌鲁木齐河流域水资源系统对冰川变化的脆弱性具有从上游向下游减弱的态势（图 5-12）。年代变化上，从 2010～2059 年脆弱性呈现先加重后减弱、脆弱性范围向下游扩大的变化规律。具体为：2020～2029 年从上游至下游脆弱性分布依次为中微度—轻度—中度—强度；2030～2039 年，流域源区脆弱性变大，为强、微度，中游由中度增强为强度，下游由强度增强为极强度，各级脆弱性范围变化不大，但级别明显增大（表 5-27）。除下游强度脆弱性区范围向南扩展之外，2040～2049 年的脆弱区分布格局基本与 2020～2029 年一致。2050～2059 年的脆弱区分布格局又与 2030～2039 年相似，只是下游极强度脆弱性区范围有所扩大。总体上，在乌鲁木齐河流域脆弱性变化较大的区域为源区和中下游，源区呈现中、微度与强、微度之间的循环变化，中下游呈现中度—强度与强度—极强度之间循环并伴随范围扩大的变化态势。

表 5-27　2020～2059 年乌鲁木齐河流域水资源对冰川变化的脆弱性预估变化

时间	脆弱性变化
2020～2029 年	中、微度—轻度—中度—强度
2030～2039 年	强、微度—轻度—强度—极度
2040～2049 年	中、微度—轻度—中度—强度（范围扩大）
2050～2059 年	强、微度—轻度—强度—极强度（范围扩大）

2020～2059 年，阿克苏河流域水资源系统对冰川变化的脆弱性空间格局基本变化不大，具体呈现如下变化规律（图 5-13）：①流域北部沿西天山南麓地区，4 个年代呈现极强度—强度—极强度—强度的脆弱性程度更替，发生更替的区域面积变化不大；②中游沿河道狭窄区域及下游的阿瓦提县部分地区，水资源对冰川变化的脆弱性表现为较稳定的极强度脆弱性，仅在 2030～2039 年部分区域脆弱性略有降低；③流域西部的上游区域及中游极强度脆弱区两侧的区域，脆弱性有所降低，即前一区域从重强度或极强度脆弱降为中度或强度脆弱，后一区域由轻度脆弱降为微度脆弱。

与 2010～2019 年相比，2020～2029 年阿克苏河流域水资源对冰川变化的脆弱性整体上有所增加，表现为 2010～2019 年中游部分区域的微度脆弱区变化为 2020～2029 年的轻度脆弱区，而大范围区域的强度脆弱区转变为 2020～2029 年的极强度脆弱区，极强度脆弱区的面积较 2010～2019 年有很大增加，而微度脆弱区基本消失，原来的轻度脆弱区与中度脆弱区的面积有很大削减。

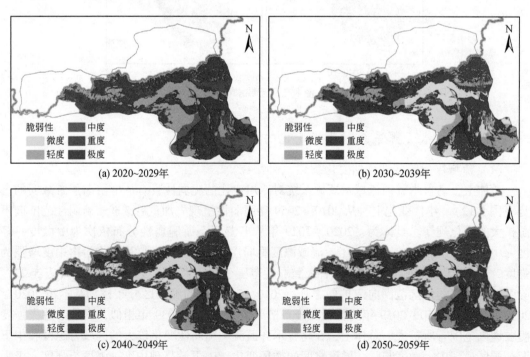

图 5-13　2020～2059 年阿克苏河流域水资源系统对冰川变化的脆弱性

（2）县市层面脆弱性预估变化

以县市为单元的水资源系统对冰川变化脆弱性评价结果显示（图 5-14），在乌鲁木齐河流域，2010～2059 年各市县脆弱性变化基本一致，相较 2010～2019 年和 2020～2029 年的脆弱性减弱，2030～2039 年之后呈现增加、减弱、又增加的变化态势。除乌鲁木齐县与天山区之外，其余六市区的脆弱性与流域平均一致，均低于 2010～2019 年的水平。在所有 8 市县区中，乌鲁木齐县的脆弱性最低（图 5-14）。

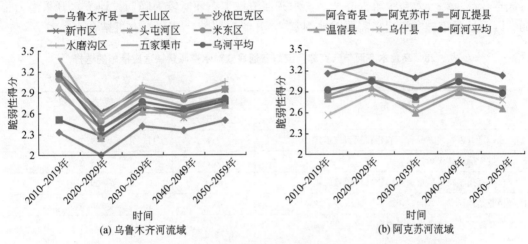

图 5-14　2010～2059 年干旱内陆河流域水资源系统对冰川变化的脆弱性

图中，乌河指乌鲁木齐河流域；阿河指阿克苏河流域

在阿克苏河流域，2010～2059 年各市县脆弱性变化也基本一致，呈现增强—减弱—增强—减弱的波动变化趋势。除阿合奇县的脆弱性明显降低之外，其余各市县的脆弱性虽处于波动变化之中，但总体变化不大。

5.2.3　水资源系统冰川变化适应措施评估

（1）基于普通民众的适应措施评估

基于 2008～2010 年乌鲁木齐河与阿克苏河流域普通民众对冰冻圈变化的感知调查及适应措施选择调查问卷，分析在自发状态下，普通民众对水资源变化适应措施的选择倾向。表 5-28 是该项调查的结果。在乌鲁木齐河流域，根据措施的被选比例（被选次数占问卷总数比例），将 12 种适应措施分为 3 个等级：第 1 等级为 "E" 和 "G" 选项，比例分别高达 38.7% 和 37.0%；第 2 等级为 "L" 选项，比例为 25.0%；第 3 等级为其余选项，比例介于 6.4%～14.1%。在各措施的选择中，首先，乌鲁木齐河流域普通民众倾向于选择 "制度" 的改变（选项 E）和基础设施建设（选项 G），这一点可以归结为以政府或决策部门为主导的适应性措施，这种措施实施起来规模大、耗时长、耗资大，但从长远来看，成效也最为显著，是最重要的适应措施之一。其次，民众对主动避开不利自然环境有一定的倾向性（选项 L），如选择外出打工或者移民。这是人们在变化的自然环境下趋利避害自然选择的一种结果，也是"气候移民"的真实反映。再次，普通群众对亲身参与适应行动的紧迫性仍然认识不足，如 A、B、C、D、H、I 及 K 等选项，这类适应措施的实施需要普通民众个体直接参与投资或行动，由于关系民众的短期利益得失或生产生活习惯的改变，因而这类措施实施的关键在于积极宣传推广，提高认识和鼓励民主参与。最后，普通民众对"开源"的适应措施总体较认可，如选项 F 和选项 G。增加地下水开采和利用以及对污水的处理再利用等"开源"措施有直接或迅速的效果，但污水处理再利用运行成本较高，综合效益很难提高，乌鲁木齐河流域生态环境较为脆弱，地下水开采潜力很弱，因而这类措施实施起来需要因地制宜，"开源"要与"节流"有机结合。

表 5-28　乌鲁木齐河与阿克苏河流域普通民众对水资源紧缺适应措施的选择

（单位：%）

选项及内容	乌鲁木齐河流域选择比例	排序	阿克苏河流域选择比例	排序
A-国家投资开发抗旱新品种，农户投资引进推广	7.7	11	39.7	1
B-农户投资搞耕作保墒技术	9.2	9	22.6	8
C-农户投资搞塑料地膜覆盖和作物秸秆覆盖保墒	14.1	4	29.0	5
D-种植业结构调整	10.5	6	36.6	2
E-改进漫灌方式，或者由政府投资、示范推广高效节水灌溉制度	38.7	1	34.0	3
F-增加地下水的开采利用	9.5	8	19.7	9
G-修建调节水库，提高用水保证率	37.0	2	30.2	4
H-渠道防渗处理	9.8	7	25.2	7
I-推广喷灌、滴灌和低压管道灌溉等高新节水技术	8.2	10	27.1	6
J-处理污水并再使用	11.4	5	16.7	10
K-减少生活用水	6.4	12	11.8	11
L-外出打工，或者移民到外地	25.0	3	2.5	12

在阿克苏河流域，首先，"国家投资开发抗旱新品种，农户投资引推广"（A）、"种植业结构调整"（D）、"改进漫灌方式"（E）与"修建调节水库"（G）的选择比例均超过30%，即上述措施最易被当地居民接纳。措施 A、D、E 能够降低农业系统对水资源的脆弱性，提高其适应能力，而 G 作为一种基础设施建设型措施，有效保证了当地农业用水需求。其次，选择比例位于20%～30%的措施有4项，从高到低依次是覆盖保墒（C）、推广灌溉新技术（I）、"渠道防渗处理"（H）与耕作保墒（B）。它们均为提高农业水资源利用效率的有效举措，并依赖于农业技术的不断发展创新与政府的积极引导，当地居民同样较为赞同。再次，"增加地下水的开采利用"（F）、污水再利用（J）、"减少生活用水"（K）等措施的选择比例介于10%～20%。这类措施一方面从开源与节流的角度降低了当地水资源的脆弱性，另一方面又具有一定的局限性。例如，减少生活用水可能会影响居民日常生活，过度开采地下水将加重生态环境负担，污水再利用中存在污

水处理成本高、处理技术是否完善等问题。因此，居民并未表现出较高的积极性。最后，外出打工或者移民（L）被选比例仅 2.5%，表明当地居民对这种趋利避害型措施的认可度非常低。对于一些生态承载超负荷地区，措施 L 仍不失为一种缓解资源环境压力的有效途径。鉴于阿克苏河流域自然地理条件的复杂性以及气候变化对农业影响的多样性，当地居民对水资源紧缺状况适应措施的选择较广泛，需将各种措施有机结合起来，才能达到理想的适应效果。

图 5-15 为乌鲁木齐河流域和阿克苏河流域不同社会属性居民对适应对策选择差异柱状图。在乌鲁木齐河和阿克苏河流域，不同性别普通居民对各种适应措施的选择差异不太明显，不同民族之间的差异主要体现在 A、D、E、G 4 种措施上，这 4 种措施依次分别为国家投资开发抗旱新品种、调整种植业结构（压缩粮食和棉花高耗水作物种植面积，扩大低耗水、高效益作物和林草种植面积）、改进漫灌方式（或者由政府投资、示范推广高效节水灌溉制度）、修建调节水库。不同年龄民众之间，适应对策的选择差异较为复杂，其中 51～60 岁及 60 岁以上人群对一些适应措施的选择有别于其他年龄段的人群，如 A、C、G 选项，选择的倾向度要高于其他年龄人群。学历差异对适应措施的选择主要体现在 E、H 和 I 选项上，其中 H 选项为渠道防渗处理，I 选项为推广灌溉新技术（包括农业设施）。从职业差异来讲，从事不同行业的人群对适应措施的选择有较为明显的差异，如农民人群（粮食作物种植和经济作物种植）及学生人群选择 A～E 选项的比例要高于其他人群；从事畜牧业的民众对 E、G、L 选项的选择比例要高于其他人群。

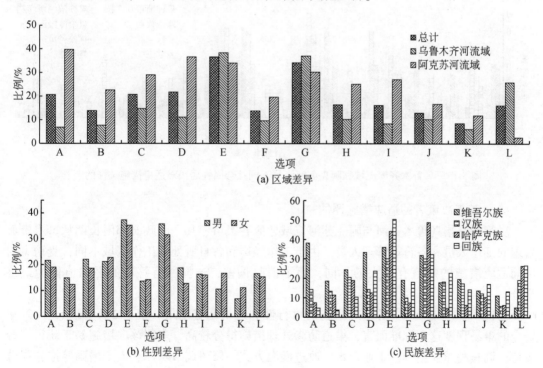

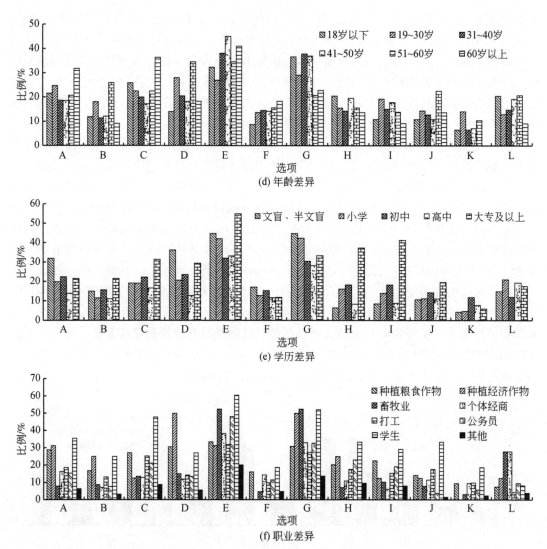

图 5-15　乌鲁木齐河流域和阿克苏河流域不同社会属性居民对适应措施选择的差异

（2）基于决策者的适应措施评估

决策者是指乌鲁木齐河与阿克苏河流域地区各级市、县、区政府部门长期从事水资源管理的工作人员和各行业管理人员。由于工作经历和各自所处的工作区域不同，受访者对不同适应措施的赋值有很大的不同，为了消除偏差，选择所有答卷的平均值作为最终得分。

乌鲁木齐河流域水资源适应措施的可行性和效果调查结果（表5-29）显示，就筹集资金的难易程度这一标准而言，渠道防渗处理措施得分较高，表明该项措施易于获得资金支持。调整种植业结构、工业节水、改进漫灌方式、修建调节水库、人工增雨等措施得分在3.0左右，表明这些措施基本可获得一定资金支持。此外减少生活用水的措施得分较低，为2.67，表明实施这类措施不适合获得过多资金支持。从现有的工程技术能力方面看，同样是渠道防渗处理措施得分最高，表明技术可行性最好。人工增雨作业及修建调节水库等措施得分在 3.4 左右，也具有较高的技术可行性。从农民、居民、工厂等参与的主动性看，渠道防渗措施得分最高，结合前述普通民众的调查结果分析，可见这项措施人们参与的积极性高。从缓解用水紧张、保护生态环境效果方面看，改进漫灌方式、修建调节水库及渠道防渗处理等措施得分较高，表明这类措施对于快速缓解用水紧张现状以及保护生态环境方面具有较好的效果。从与国家政策的一致性方面看，几乎所有措施得分都在 3.0 以上，表明这项调查提取的适应措施大都与国家政策保持一致。得分较低的措施为加大地下水的开采和利用，表明这项措施在一定程度上与国家政策有所冲突，这是因为近年来我国许多地区地下水位大幅度下降，严重影响了地面生态环境，水管理部门加大了管理力度，严格控制地下水的开采。从经济社会成本方面看，改进漫灌方式、修建调节水库、渠道防渗处理以及人工增雨作业，增加水资源总量得分较高，具有较高的成本可行性。从减少缺水造成的经济损失方面看，修建调节水库、渠道防渗处理、人工增雨作业，增加水资源总量等措施得分最高，都在 3.6 分以上，表明这些措施较之其他措施更能够减少缺水造成的经济损失。从政府信息管理能力方面看，前面三项措施同样得分较高。从公共节水意识看，改进漫灌方式及渠道防水措施最能符合公共节水意识。综合上述分析，可以看出改进漫灌方式、渠道防渗处理及修建调节水库、人工增雨作业四项措施得分总体高于其他措施，在乌鲁木齐河流域是首选的四项措施，根据平均得分统计，后面较为可行的适应措施依次为污水处理再利用、调整种植业结构、农户出钱搞耕作保墒等措施。

表 5-29　乌鲁木齐河流域水资源适应措施的可行性和效果调查结果

适应措施	筹集资金的难易程度	现有的工程技术能力	农民、居民、工厂等参与的主动性	缓解用水紧张、保护生态环境效果	与国家政策的一致性	经济社会成本	减少缺水造成的经济损失	政府信息管理能力	公共节水意识	平均得分
A-国家开发抗旱新品种或开展设施农业示范，农户引进推广	2.72	2.35	2.71	3.14	3.68	2.79	3.37	2.92	3.02	2.97
B-农户出钱搞耕作保墒	2.82	2.80	3.00	3.09	3.44	2.86	3.30	3.11	3.25	3.07
C-调整种植业结构	3.05	2.65	2.85	3.20	3.53	3.07	3.39	3.08	3.23	3.12
D-工业使用先进技术，减少水的需求	3.12	2.83	2.53	3.36	3.43	3.26	3.29	2.92	3.00	3.08
E-改进漫灌方式，或由政府推广节水灌溉技术	3.18	3.11	3.14	3.60	3.75	3.51	3.84	3.41	3.44	3.44
F-增加地下水的开采利用	2.90	3.29	2.78	3.13	2.87	3.00	3.17	3.09	2.98	3.02
G-修建调节水库，提高用水保证率	3.16	3.37	3.12	3.46	3.66	3.39	3.76	3.42	3.30	3.40

适应措施	筹集资金的难易程度	现有的工程技术能力	农民、居民、工厂等参与的主动性	缓解用水紧张、保护生态环境效果	与国家政策的一致性	经济社会成本	减少缺水造成的经济损失	政府信息管理能力	公共节水意识	平均得分
H-渠道防渗处理	3.47	3.66	3.38	3.61	3.87	3.41	3.67	3.58	3.61	3.58
I-人工增雨作业,增加水资源总量	3.21	3.40	2.86	3.55	3.63	3.39	3.64	3.32	3.31	3.37
J-污水处理再使用	3.12	2.91	2.88	3.44	3.80	3.29	3.49	3.16	3.25	3.26
K-减少生活用水	2.67	2.89	2.45	3.13	3.40	3.03	3.10	2.93	3.16	2.97

注:0 表示没有效果或者没有可行性;5 表示非常有效果或者可行性非常大;0→5 表示效果越来越好或者可行性越来越大。样本数为71。

在阿克苏河流域的调查结果(表5-30)显示,阿克苏河流域决策者对冰川变化适应措施的选择基本与乌鲁木齐河流域一致。改进漫灌方式与渠道防渗处理是最优先考虑的适应措施。

表5-30 阿克苏河流域水资源适应措施的可行性和效果调查结果

适应措施	筹集资金的难易程度	现有的工程技术能力	农民、居民、工厂等参与的主动性	缓解用水紧张、保护生态环境效果	与国家政策的一致性	经济社会成本	减少缺水造成的经济损失	政府信息管理能力	公共节水意识	平均得分
A-国家开发抗旱新品种或开展设施农业示范,农户引进推广	2.59	2.72	2.63	3.12	3.49	3.03	3.19	3.00	3.05	2.98
B-农户出钱搞耕作保墒	2.84	3.10	2.91	3.12	3.30	3.13	3.20	3.10	3.13	3.09
C-调整种植业结构	2.89	3.05	2.97	3.22	3.38	3.16	3.16	3.15	3.15	3.13
D-工业使用先进技术,减少水的需求	2.97	2.82	2.77	3.07	3.31	3.08	3.18	3.15	3.04	3.04
E-改进漫灌方式,或由政府推广节水灌溉技术	3.16	3.32	3.21	3.42	3.64	3.42	3.43	3.45	3.39	3.38
F-增加地下水的开采利用	3.00	3.03	2.96	3.10	3.29	3.09	3.15	3.24	3.29	3.13
G-修建调节水库,提高用水保证率	2.93	3.26	2.84	3.17	3.46	3.17	3.24	3.36	3.27	3.19
H-渠道防渗处理	3.35	3.42	3.31	3.45	3.76	3.50	3.48	3.64	3.57	3.50
I-人工增雨作业,增加水资源总量	2.74	2.77	2.63	2.96	3.24	3.01	2.99	3.09	3.14	2.95

续表

适应措施	筹集资金的难易程度	现有的工程技术能力	农民、居民、工厂等参与的主动性	缓解用水紧张、保护生态环境效果	与国家政策的一致性	经济社会成本	减少缺水造成的经济损失	政府信息管理能力	公共节水意识	平均得分
J-污水处理再使用	2.78	2.80	2.74	2.95	3.12	3.01	2.93	3.01	3.03	2.93
K-减少生活用水	2.89	2.97	2.85	3.12	3.34	3.18	3.11	3.20	3.23	3.10

注：0 表示没有效果或者没有可行性；5 表示非常有效果或者可行性非常大；0→5 表示效果越来越好或者可行性越来越大。样本数为242。

（3）基于普通民众与决策者的适应措施优选

对普通居民和决策者而言，选择适应对策不可避免带有一定主观性。普通居民对适应对策的选择受到职业、年龄、民族、学历等因素的影响，具有复杂性。同时，普通居民在选择适应对策时，在涉及切身利益的措施上，往往倾向于选择力所能及的投入，措施规模较小，实施范围较为狭窄，依赖国家资金和技术的投入，期望能集国家之力实施大范围、长周期的适应措施。而对决策者来说，他们可能对区域水资源总体现状及未来发展趋势了解，对国家及地方政府政策导向有深入认识，但这些在一定程度上处于理论层面，可能缺乏具体操作的实践经验，也可能缺乏与普通居民的沟通。前述结果显示，来自政府部门的专家及行政人员的适应措施选择倾向与普通民众具有一定的差异性（表5-31）。因此，本节将基于上述调查分析结果，对适应对策集进行优选及评价。

表 5-31　普通居民与决策者对适应措施集的选择差异　（单位:%）

适应措施	乌鲁木齐河流域 普通居民选择比例	乌鲁木齐河流域 决策者综合得分	阿克苏河流域 普通居民选择比例	阿克苏河流域 决策者综合得分
A-国家开发抗旱新品种或开展设施农业示范，农户引进推广	7.7	2.97	39.7	2.98
B-农户出钱搞耕作保墒	9.2	3.07	22.6	3.09
C-调整种植业结构	14.1	3.12	29.0	3.13
D-工业使用先进技术，减少水的需求	10.5	3.08	36.6	3.04
E-改进漫灌方式，或由政府推广节水灌溉技术	38.7	3.44	34.0	3.38
F-增加地下水的开采利用	9.5	3.02	19.7	3.13
G-修建调节水库，提高用水保证率	37.0	3.40	30.2	3.19
H-渠道防渗处理	9.8	3.58	25.2	3.50
I-人工增雨作业，增加水资源总量	8.2	3.37	27.1	2.95
J-污水处理再使用	11.4	3.26	16.7	2.93
K-减少生活用水	6.4	2.97	11.8	3.10

采用专家打分法将普通居民与决策者选择的效率因子作为最终评价权重。效率因子调查结果列于表5-32。

表 5-32 普通居民及决策者对适应措施优选的效率因子

项目	A	B	C	D	E	F	G	H	I	J	K
普通居民	0.43	0.69	0.51	0.37	0.31	0.22	0.15	0.44	0.39	0.22	0.42
决策者	0.57	0.31	0.49	0.63	0.69	0.78	0.85	0.56	0.61	0.78	0.58

注：首行字母 A~K 分别表示表 5-31 中的适应措施。

上述基于普通民众对适应措施的评价是运用措施的被选比例，而基于决策者的适应措施评价使用的是综合得分，二者不一。为便于适应措施最优评价，将普通居民对适应对策的选择比例乘以 5 进行赋分处理，同时依据表 5-32 给出的效率因子，采用加权法得出每项措施的综合得分，见表 5-33。

表 5-33 乌鲁木齐河和阿克苏河流域水资源适应措施综合得分

适应措施集合	乌鲁木齐河流域		阿克苏河流域	
	综合得分	排序	综合得分	排序
A-国家开发抗旱新品种或开展设施农业示范，农户引进推广	1.858	9	2.552	5
B-农户出钱搞耕作保墒	1.27	11	1.738	11
C-调整种植业结构	1.89	8	2.273	9
D-工业使用先进技术，减少水的需求	2.13	7	2.592	4
E-改进漫灌方式，或由政府推广节水灌溉技术	2.97	2	2.859	2
F-增加地下水的开采利用	2.46	4	2.658	3
G-修建调节水库，提高用水保证率	3.17	1	2.938	1
H-渠道防渗处理	2.22	5	2.514	6
I-人工增雨作业，增加水资源总量	2.216	6	2.328	8
J-污水处理再使用	2.67	3	2.469	7
K-减少生活用水	1.857	10	2.046	10

表 5-33 显示，在乌鲁木齐河流域，水资源适应措施优化排序依次为修建调节水库，提高用水保证率；改进漫灌方式，或由政府推广节水灌溉技术—污水处理再使用—增加地下水的开采利用—渠道防渗处理—人工增雨作业，增加水资源总量—工业使用先进技术，减少水的需求—种植业结构调整—国家开发抗旱新品种或开展设施农业示范，农户引进推广—减少生活用水—农户出钱搞耕作保墒。

在阿克苏河流域，水资源适应措施优化次序为修建调节水库，提高用水保证率—改进漫灌方式，或由政府推广节水灌溉技术—增加地下水的开采利用—工业使用先进技术，减少水的需求—国家开发抗旱新品种或开展设施农业示范，农户引进推广—渠道防渗处理—处理污水并再使用—人工增雨作业，增加水资源总量—种植业结构调整—减少生活用水—农户出钱搞耕作保墒。

综合乌鲁木齐河与阿克苏河流域水资源适应措施的评价结果，两河流域优选的措施主要有"修建调节水库，提高用水保证率""改进漫灌方式，或由政府推广节水灌溉技术""增加地下水的开采利用"；而"农户出钱搞耕作保墒""减少生活用水""调整种植业结构"三项措施都是排序靠后的适应措施。鉴于普通居民与决策者对适应措施选择的倾向性差异，在实施上述适应措施时要充分协调及沟通，因地制宜，国家层面上宏观调控、职能部门积极配合，并充分调动普通民众的参与积极性。

5.3 长江黄河源区

5.3.1 长江黄河源区自然和社会经济概况

长江、黄河源区简称江河源区，长江源区地理坐标为 90°30′E ~ 95°35′E、32°30′N ~ 35°40′N，流域面积约为 11.42×10⁴km²；黄河源区地理坐标为 96°00′E ~ 99°45′E、33°00′N ~ 35°35′N，流域面积约为 7.46×10⁴km²（王根绪等，2001）（图 5-16）。

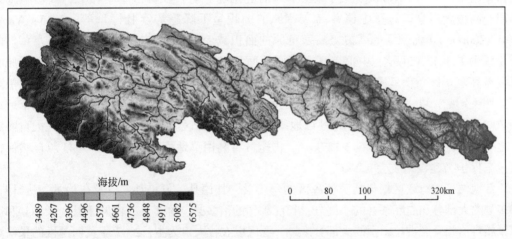

海拔/m

3489 4267 4396 4496 4579 4661 4736 4848 4917 5082 6575

0   80   100   320km

图 5-16　长江、黄河源区区位

江河源区位于青藏高原腹地，源区地貌由海拔 6000m 以上的极高山、海拔 4000m 以上的高山、高海拔丘陵台地和平原等基本地貌类型构成。源区气候属于青藏高原亚寒带的那曲果洛半湿润区和羌塘半干旱区，区内气候属青藏高原气候系统，具有典型的内陆高原气候特征（王根绪等，2001）。源区河流密布，湖泊、沼泽众多，雪山冰川广布，是世界上海拔最高、面积最大、湿地类型最丰富的地区，素有"江河源""中华水塔"之称。该源区是世界高海拔地区生物多样性特点最显著的地区，被誉为高寒生物自然种质资源库，源区具有独特而典型的高寒生态系统，为中亚高原高寒环境和世界高寒草原的典型代表。

江河源区是我国冰冻圈的重要组成部分之一，现代冰川、多年冻土、季节冻土广布。源区有现代冰川 660 条，冰川总面积为 1264.4km²，冰川总储量为 107.4km³，储量折合水量约为 994.8×10⁸m³。其中，长江源区共有冰川 627 条，面积为 1168.2km²，分别占江河源区总冰川条数和总面积的 95.00% 和 92.40%，储量折合水量为 887.52×10⁸m³，占江河源区冰川总水资源量的 89.21%，冰川年消融量约为 9.89×10⁸m³（刘时银等，2015；王根绪等，2001）。黄河源区仅在其东南区域的巴颜喀拉山和阿尼玛卿山有少量冰川分布，面积仅为 96.26km²，冰

川储量折合水量为 $2.2 \times 10^8 \, m^3$，占江河源区水资源总量的 10.79%，年融水量为 $320 \times 10^4 \, m^3$（刘时银等，2015；王根绪等，2001）。众多研究表明，近几十年来江河源区冻土表现为地温显著升高、冻结持续日数缩短、最大冻土深度减小和多年冻土面积萎缩、季节冻土面积增大以及冻土下界上升等总体退化的趋势。巴颜喀拉山北坡融区范围扩大，冻土下界由海拔 4320m 上升到 4370m，退化幅度达 50m；巴颜喀拉山南坡多年冻土下界由 4490m 上升到 4560m，下界上移约 70m（朱林楠等，1995；王一博等，2004；高荣等，2004；汪青春等，2005）。

受全球气候与冰冻圈变化的影响，江河源地区生态系统退化明显。从 1969~2013 年，长江源区的高寒草地面积出现了明显的变化，主要表现为高覆盖高寒草原、高覆盖高寒草甸以及中覆盖高寒草原的面积呈下降趋势（杜际增等，2015；Wang et al.，2006）。长江源区的高寒草原的面积减少了 870.66km²，高寒草甸的面积减少了 1778.40km²，中覆盖高寒草原的面积减少了 2062.44km²，低覆盖高寒草原面积呈显著增加趋势，低覆盖高寒草原的面积增加了 3872.67km²。黄河源区草地的变化趋势与长江源区基本相似，高覆盖高寒草原、高覆盖高寒草甸及中覆盖高寒草原的面积呈下降趋势（杜际增等，2015；Wang et al.，2006）。黄河源区的高覆盖高寒草原的面积减少了 2095.31km²，高覆盖高寒草甸的面积减少了 3042.05km²，中覆盖高寒草原的面积减少了 2851.47km²，低覆盖高寒草原和低覆盖高寒草甸面积呈显著增加趋势，低覆盖高寒草原的面积增加了 3186.96km²。"黑土滩""黑土坡"和"黑土山"是江河源区最严重的土地退化形式，源区黑土型退化草地约为 70 319km²（尚占环等，2006），草地鼠虫害是江河源区与雪灾、旱灾并列的三大自然灾害之一，草地鼠虫害面积为 42 127km²，占全区可利用草地面积的 20%（三江源自然保护区生态保护与建设编委会，2007）。

江河源区的行政区划包括黄河源区的玛沁县、甘德县、班玛县，以及久治县、达日县、玛多县的大部分和曲麻莱县的小部分；长江源区的治多县、称多县、曲麻莱县、杂多县和玉树藏族自治州及唐古拉山镇的大部分区域。源区以农牧人口为主，2007 年黄河源区的果洛藏族自治州农牧人口占全州总人口的 73.5%，畜牧业是该地区的主导产业，也是农牧民经济福利和生活的主要来源。截至 2007 年年底，源区内有乡镇 91 个（其中镇 18 个），总人口为 468 513 人，其中农牧业人口为 341 953 人，占总人的 73.0%，藏族人口占总人口的 88.5%（Fang et al.，2011a，2011b）。地区生产总产值为 2.6 亿元，其中第一产业增加值占地区生产总值的 54%，畜牧业增加值占农业增加值的 87%，占 GDP 的 47%（Fang et al.，2011a，2011b）。2007 年年底牲畜存栏数为 1110.15 头，人均农牧民收入为 2160 元，农村平均恩格尔系数为 69.2%，是青海省和中国最贫困的地区之一（Fang et al.，2011a，2011b）。

5.3.2 长江黄河源区的战略地位

江河源区地处青藏高原腹地，是青藏高原的主要组成部分，其生态环境状况，尤其是作为下垫面的水文、水系变化和土地利用、土地覆盖变化会直接影响江河源区的热力作用，进而影响我国季风性质，同时它又是全球气候敏感区，其生态环境的优势对我国的气候稳定具有不可忽视的意义。"江河源"生态系统的保护所产生的生态效益，不仅直接影响当地的经济和社会发展，而且也直接影响长江、黄河流域中下游地区的可持续发展。它的生态效益，不仅超越了青藏高原本身，直接关系到中华民族的未来发展及千秋万代的根本利益。长江、黄河流域是我国社会和经济发展的重要地带，也是支撑我国 21 世纪可持续发展的命脉（Fang，2013a；三江源自然保护区生态保护与建设编委会，2007）。

（1）生态地位

江河源区不仅是我国的"江河源"和"生态源"，还是我国乃至东半球气候的"启动器"和"调节区"，源区的高寒草原、高寒草甸等生态系统（王根绪和程国栋，2001），以及冰川、冻土、湖泊、沼泽等生态系统，由于适应变化的能力弱，适应变化的阈值小，对外界自然环境特别是气候条件的变化极为敏感，且对环境变化具有放大作用，气候条件的微小变化会产生十分强烈的反应，因此生态战略地位十分重要。

（2）水资源地位

江河源区以其独特的生态环境，造就了特殊的高寒生态系统，一座座高山孕育着巨大的冰川、大面积的积雪以及冻土环境。冰川是江河的固体水库，它与江河源区地表径流一起构成永不枯竭的源泉，称为"中华水塔"。江河源区是亚洲和我国大部分地区的"生命之源"，发挥着江河水文循环的初始作用。据统计，长江总水量的 25%、黄河总水量的49% 来自江河源地区（王得祥等，2004）。

（3）生物多样性地位

生物多样性是人类赖以生存和发展的物质基础，同时对维护区域生态平衡、调节气候环境等具有重要意义。源区地貌类型丰富，区域跨越暖温带和温带等气候带，加之海拔的垂直变化，具有气候类型的多样性和生态环境变化的复杂性，从而形成了高原丰富而独特的生物多样性特征（李迪强和李建文，2002）。其孕育的生态系统主要有森林生态系统、草原生态系统、荒漠生态系统、草甸生态系统、湿地生态系统、农田生态系统。源区是世界上高海拔生物多样性比较集中的地区，由于其所处的地理位置和独特的地貌特征决定了其具有丰富的生物多样性、物种多样性、基因多样性、遗传多样性和自然景观多样性。

（4）民族关系地位

尽管江河源区人口密度每平方千米不到 1 人，但该区仍是少数民族聚集区，少数民族占总人口的 95% 以上，包括藏族、回族、土族、撒拉族、蒙古族及其他民族。对于江河源区主要依赖草地生态系统为生计资源的农牧民来说，由于气候和冰冻圈变化，以及人口大幅度上升，畜牧业压力增加，生态环境的人为影响增大，草地退化加剧，从而直接影响了当地藏族同胞的生存与发展基础。

5.3.3 基于冰冻圈变化的生态系统脆弱性现状评价

（1）生态系统脆弱性评价方法

不同的区域具有不同的制约因素与现状特征，江河源区作为一种特殊的区域，生态系统脆弱性有其特定的内涵，指标选择的总体思想如下：以气候变化为背景，冰冻圈变化为切入点，充分考虑自然与社会因素的综合集成，强调冰冻圈要素、草地生态、抗灾能力、居民生计等主导因素，突出指标选择与评价体系的区域指向性、科学性和可操作性。按照大多学者对脆弱性的认识和评价（冷疏影和刘燕华，1999；杨建平等，2007；孙武等，2000；Luers et al.，2003；O'Briena et al.，2004；Brooks et al.，2005；Hans and Richard，2006；IPCC，2007a），建立评价方法（表5-34）。因部分数据为栅格数据，为避免均一化数值过程中出现的某些误差，因此，采用层次分析法（AHP）计算各指标的权重。其中部分复合指标在中间处理过程中采用等权来予以处理（表5-35）。一般指标标准化处理的基本原则如下：当因子 x_i 值与暴露度（或者敏感性、适应能力）呈正相关时，使用式（5-21）；当因子 x_i 值与暴露度（或者敏感性、适应能力）呈负相关时，使用式（5-22）

表 5-34　冰冻圈变化的江河源区生态系统脆弱性综合评价指标体系

目标层	要素层	指标层
江河源区生态系统脆弱性	暴露度	冰川覆盖
		冻土类型与分布
		积雪日数与深度
		人口密度
		载畜密度
		灾害频度
	敏感性	水量变率
		年降水量的变差系数
		0cm 地温变率
		NPP 变率
		植被退化率
		人口密度变率
		牲畜量密度变率
	适应能力	人均草地面积
		人均水资源量
		多样性指数
		破碎度指数
		分离度指数
		抗灾能力
		人民生活指数
		产业进化指数
		社会治安指数
		信息通达指数
		科技教育水平

表 5-35　江河源区生态系统脆弱性现状评价部分指标解释及其处理

指标	主要来源、依据和获取方法
人民生活指数 （农村居民人均收入、农村恩格尔系数、农民人均住房面积、农民文化娱乐消费占比、农村彩电普及率）	统计年鉴、中间指标等权处理
社会保障指数 （参加基本养老保险职工比例、参加基本医疗保险职工比例、参加农村合作医疗人数比例）	统计年鉴、中间指标等权处理
产业进化指数 （三次产业比例与第一产业的比例）	统计年鉴、中间指标等权处理
信息通达指数 （通电话村比例、通有线电视村比例、本地电话年末用户比例、住宅电话年末用户比例、移动电话年末用户比例、互联网拨号上网用户比例）	统计年鉴、中间指标等权处理
科教水平 （科技支出占财政收入比例、教育支出占财政收入比例、专业技术人员占职工人数比例）	统计年鉴、中间指标等权处理
抗灾能力 （人员、组织、机构、通达性、海拔）	图层处理

$$x'_i = \frac{x_i - x_{i\min}}{x_{i\max} - x_{i\min}} \tag{5-21}$$

$$x'_i = \frac{x_{i\max} - x_i}{x_{i\max} - x_{i\min}} \tag{5-22}$$

式中，x'_i 为第 i 个指标的标准化值；x_i 为第 i 个指标的初始值；$x_{i\min}$、$x_{i\max}$ 分别为第 i 个指标在研究区内的最小值和最大值。

　　植被退化指数在实践中获取有一点难度，本书利用标准差异植被指数（normal differential vegetation index，NDVI）予以代替，因 NDVI 能反映出植物冠层的背景影响，如土壤、潮湿地面、枯叶、粗超度等，且与植被覆盖有关，其值为（−1~1），具有标准化的特征，故而选用其值代替植被退化率（Stoms，2000；Boer and Puigdefdbregas，2003，2005）。由于冰川面积、厚度、物质平衡等数据获取难度大，加上江河源区冰川的覆盖地区较少，因此，在脆弱性评价过程中将有冰川地区赋值为 1，其余地区赋值为 0 来进行处理。

　　尽管脆弱性理解角度不尽相同，但总体上，脆弱性是指生态系统在受到干扰时，从一种状态转变为另一种状态的反映，是系统对气候负面影响的敏感度，或指应对负面影响的能力，而脆弱性包括了暴露度、敏感性与适应能力三大要素（冷疏影和刘燕华，1999；杨建平等，2007；孙武等，2000；Luers et al.，2003；O'Briena et al.，2004；Brooks et al.，2005；Hans and Richard，2006；IPCC，2007a）。暴露度是系统处于负面影响的可能性，而敏感性是系统对负面影响的响应程度，或者说是抗外部干扰的程度、自组织能力；适应能力则是对新环境的适应能力（方一平等，2009a，2009b，2009c，2009d；杨建平等，

2013a，2015）。评价模型反映的是它们之间的一个关系。暴露度越高，敏感性越强，越脆弱，而适应能力则相反。也就是说对于生态系统脆弱性而言，暴露度、敏感性对其有放大作用，而适应能力对其有缩小或者说减缓作用。脆弱性是暴露度、敏感性及适应能力的函数，在评价过程中，暴露敏感适应（ESA）模型采用以下公式来表示

$$V = (E \times S)/A \tag{5-23}$$

式中，V 为脆弱性；E 为暴露度；S 为敏感性；A 为适应能力。

通过样本点数据，利用 Kriging 和反距离权重插值，其中方法为通用半变异函数模型线性漂移法（Universal，Semivariogram，Model）；栅格大小为 0.01°×0.01°，即 1.111km；地理坐标系为 WGS84，投影坐标系为横轴墨卡托投影，并应用空间栅格计算方法进行生态系统脆弱性分析，可直接在 ArcMap 的 Spatial Analysis 模块支持下实现，无需编程。

根据上述方法，计算得到生态系统脆弱性，并利用 GIS 手段进行空间表达，结果表明：整个江河源区生态系统脆弱性 V 的平均值为 0.20。为了进一步揭示江河源区生态系统脆弱性特征，需要对江河源区生态系统脆弱性进行分级，而目前对生态脆弱性的分级没有统一的标准，也没有普遍适应的评价依据。在国内研究中，不少学者将生态系统脆弱性划分为轻度、中度、强度、极强度脆弱区四类。根据国内外研究现状，结合江河源区自然地理状况及生态系统脆弱性表现特征，以及数据分布的特点（分值 0.16 以下的数据较为集中，故而采取间隔为 0.04，而 0.16 以后，采用 0.07 分度），将脆弱性大小分为微度、轻度、中度、强度和极强度脆弱五级，具体分值范围见表 5-36。

表 5-36　江河源区生态系统脆弱性分级结果

等级	评价分级	分级范围	面积/10^4km^2	占总面积百分比/%
I	微度脆弱	<0.12	0.07	0.43
II	轻度脆弱	0.12 ~ 0.16	4.99	29.66
III	中度脆弱	0.16 ~ 0.23	6.93	41.26
IV	强度脆弱	0.23 ~ 0.30	4.06	24.13
V	极强度脆弱	>0.30	0.76	4.52

（2）生态系统脆弱性现状评价结果分析

依据生态系统脆弱性分类标准，在 ArcMap 的 Spatial Analysis 模块中利用 RECLASS 函数对得到的生态系统脆弱性图进行分类，从而得到 2007 年长江黄河源区生态系统脆弱性空间分布及分类结果（图 5-17）。从脆弱性评价现状和类型看，江河源区以中度脆弱为主，面积占江河源区总面积的 41.26%，轻度脆弱次之，面积占比为 29.66%，强度脆弱位列第三，占江河源区总面积的 24.13%，而极强度和微度脆弱面积分别占江河源区总面积的 4.52%、0.43%。由于生态系统脆弱性的分值范围，特别是轻度与中度脆弱之间的差距很小，过渡性较小，所以在某种意义上说，江河源区生态系统脆弱性较高。从整体上看，黄河源区生态系统脆弱程度高于长江源区，即长江源区优于黄河源区，唐古拉山镇、治多县西北部相对较好，黄河源区的久治县东部，达日、班玛县的北部地区相对较为脆弱。

按照表 5-36 的分类标准，江河源区生态系统 99.57% 的地区存在不同程度的脆弱性，

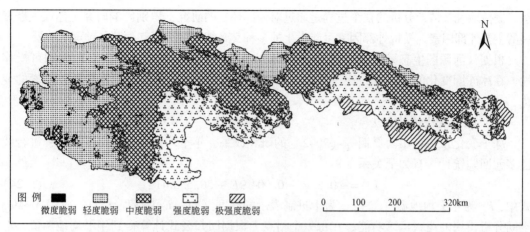

图 5-17　2007 年长江黄河源区生态系统脆弱性空间分布及分类结果

且以中度脆弱水平为主，轻度脆弱水平次之，强度和极强度脆弱水平所占比例也较大。中度及中度以上脆弱面积约占总面积的 70%，由图 5-17 可以判断，江河源区生态系统极为脆弱，特别是人类活动密度较大的黄河源区以及长江源区的东南部地区（玉树藏族自治州、称多县地区），尤为脆弱；在人类活动难以或者很少涉及的地区生态系统状况相对较好；而对于人类活动较少，但有大型项目施工的地区生态系统也比较脆弱，如青藏铁路沿线、国道沿线等。

由于冰冻圈要素（冰川、冻土、积雪）的影响，这些要素直接与海拔、纬度有很大的关联性，尤其是冻土空间分布及其变化是形成生态系统脆弱性的重要因素，因此可以看到生态系统脆弱性在海拔、纬度上具有明显差异；而生态系统对于冰冻圈变化的暴露度、敏感性与适应能力三方面，由于其作用因素的数据取的是各县的行政中心、气象站点为插值点，推求其余地区的指标值，故而各县内生态系统脆弱性的差异明显；而植被退化率以NDVI 所替代，地区间的植被生长情况受到不同因素（自然因素、人为因素以及自然人为因素的综合作用）的影响，其 NDVI 值也有较大区别，源区内 NDVI 差异越大，则生态系统脆弱性的差异也就越大；反之，NDVI 差异越小，则生态系统脆弱性在研究区内的差异也就越小；源区交通网络分布不均匀，导致其生态系统适应能力抗灾能力的不同，交通网络发达的州府、县府等人口集聚地区适应能力相对较强。

5.3.4　基于冰冻圈变化的生态系统脆弱性预估

5.3.4.1　关联要素和指标预估方法

（1）情景分析法

情景分析法（scenario analysis，SA）又称前景描述法或脚本法，是在推测的基础上，对可能的未来情景加以描述，同时将一些有关联的单独预测集，集中形成一个总体的综合预测。情景分析就是就某一主体或某一主题所处的宏观环境下，进行分析的一种特殊研究方法。概括地说，情景分析的整个过程是通过对外部环境的研究，识别影响研究主体或主题发展的主要外部因素，模拟外部因素可能发生的多种交叉情景，分析和预测各种可能前景。

根据江河源区生态系统异常脆弱的特点，以及相关指标和数据的可获取性和可操作性，在冰冻圈变化的背景下，逐一考虑江河源区生态系统脆弱性评价指标体系各要素的变化，建立情景预估模式。

（2）冻土变化预估方法

冻土变化预估利用南卓铜等（2002）的研究成果，年平均地温值与纬度、高程进行线性多元回归统计，有如下关系

$$T_{cp} = -0.83\varphi - 0.004\ 9E + 50.633\ 41 \tag{5-24}$$

式中，T_{cp} 为年平均地温（℃）；φ 为十进制表示的纬度（°）；E 为高程（m）。应用 ArcMap 空间分析模块的逻辑运算功能，在每一个格点上根据回归公式计算得到年平均地温值，然后应用高原冻土分带指标进行再分类（程国栋和王绍令，1982）（表5-37）。

表5-37　冻土分带的地温界线

极稳定型	稳定型	亚稳定型	过渡型	不稳定型	多年冻土	季节冻土
$T_{cp} < -5.0$	$-5.0 < T_{cp} < -3.0$	$-3.0 < T_{cp} < -1.5$	$-1.5 < T_{cp} - 0.5$	$-0.5 < T_{cp} < 0.5$	$T_{cp} < 0.5$	$T_{cp} > 0.5$

由式（5-24）可知，冻土变化预估首先需要年均气温指标和冻土要素作为基础，年均气温依据中国气象科学研究院高学杰的结果，利用 RegCM3 模拟的 2019 年、2020 年和 2021 年 3 年平均数据以及 2049 年、2050 年和 2051 年 3 年平均数据分别获得 2020 年与 2050 年江河源区的气温情景。根据李述训等（1996）情景模拟，以 $T_{cp} = 0.5$℃ 作为季节冻土与多年冻土的界线，从而可以模拟出 2020 年和 2050 年的冻土变化情形。

冻土是影响江河源区生态环境的重要因素之一，冻土变化与温度密切相关。根据青藏高原多年冻土分带指标（表5-37），在未来气候变化情景下，2020 年前期气温上升约 0.9℃，冻土带可能发生的变化如下：极稳定带部分地区退化为稳定带，稳定带向过渡带变化，而不稳定带变为极不稳定带，现有的极不稳定冻土带消失。2050 年气温上升约为 1.0℃ 后，极稳定带有可能变为亚稳定带，稳定带变为不稳定带，而过渡带变为极不稳定带，而现有的不稳定带和极不稳定带将可能消失。气温上升使冻土向不稳定方向转化，连片多年冻土进一步岛状化，部分转为季节性冻土，且季节性融化层加深，多年冻土界限向高纬度、高海拔退缩。

（3）积雪变化预估方法

利用 1951～2007 年积雪深度、积雪日数时间序列平均值，作为江河源区积雪要素的未来变化依据，即 2020 年、2050 年积雪深度、积雪日数的变化情景。

（4）冰川变化预估方法

尽管冰川面积及储量均在不断减少，2050 年面积减少率为 5%（0.01K/a）～24%（0.05K/a），到 2100 年则达到 10%～54%，冰储量最大减少 57%；到 2030 年、2050 年该区冰川面积平均将减少 6.9% 和 11.6%，冰川径流平均将增加 26% 和 28.5%（谢自楚等，2002，2006；王欣等，2005；张明军等，2011）。由于冰川面积、储量等的实测数据获取难度

很大，本书采用的只是冰川分布的有与无，即分别用 1 和 0 代替，由于江河源区冰川分布面积较少（主要集中在长江源区）、比例较低，且对冰冻圈的暴露也不是主要因素，而在近 50 年面积减少 5%，基本可忽略不计，因此，冰川要素的预估假定基本不变。

（5）自然生态系统指标的预估方法

自然生态系统具体指标的预估见表 5-38。为便于开展研究，提高可操作性，自然生态系统中的水量变率、年降水量的变化率、0cm 地温变率、植被退化率等指标在本书中假定不变。

（6）社会经济系统指标的预估方法

社会经济系统具体指标的预估见表 5-38。以人口密度变率、载畜量密度变率、社会经济变率等作为定值，预估分析社会经济系统指标。

表 5-38　江河源区生态系统脆弱性预估指标处理解释

目标层	要素层	指标层	预估方法与指标处理
冰冻圈变化的江河源区生态系统脆弱性	暴露度	冰川覆盖	不变
		冻土类型与分布	由南卓铜等（2002）研究成果与中国气象科学研究院提供气温预估数据得到
		积雪日数与深度	由 1951～2007 年积雪深度、积雪天数模拟而得
		人口密度	以各地区人口密度变率、载畜量密度变率为定值，预估人口数量、牲畜数量的变化，计算得到
		载畜密度	
		灾害频度	不变
	敏感性	水量变率	不变
		年降水量的变化度	
		0cm 地温变率	
		NPP 变率	
		植被退化率	
		人口密度变率	
		牲畜量密度变率	
	适应能力	人均草地面积	利用人口数量计算得到
		人均水资源量	
		多样性指数	不变
		破碎度指数	
		分离度指数	
		抗灾能力	
		人民生活指数	各地区的 2000～2007 年社会经济相应指标变率为定值，计算得到
		产业进化指数	
		社会治安指数	
		信息通达指数	
		科技教育水平	

5.3.4.2 脆弱性情景预估

设置 2020 年、2050 年两个时段进行情景分析，对不同要素预估的图层进行叠加，利用生态系统脆弱性分类标准，在 ArcMap 的 Spatial Analysis 模块中利用 RECLASS 函数对得到的生态系统脆弱性空间分布进行分类，从而得到江河源区生态系统 2020 年、2050 年对应时段脆弱性空间分布及其类型结果（图 5-18）。

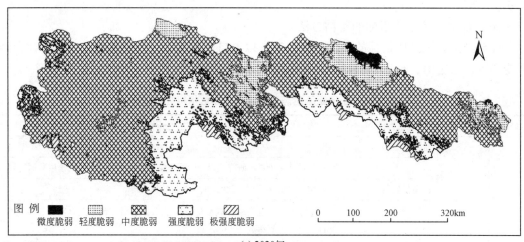

（a）2020年

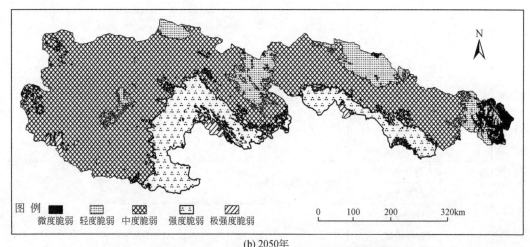

（b）2050年

图 5-18　2020 年和 2050 年长江黄河源区生态系统脆弱性预估

（1）2020 年脆弱性预估

2020 年时段江河源区生态系统仍以中度脆弱为主，面积约占江河源区总面积的 67.4%，强度脆弱次之，面积占比为 19.6%，其他脆弱类型状况分别为轻度、极强度与微度脆弱区，它们分别占源区总面积的 9.8%、2.3% 和 0.9%。中度及中度以上生态系统脆弱区，占源区总面积的 89.3%，其中极强、强度脆弱区占源区面积的 21.9%（表 5-39），脆弱类型及其脆弱程度的空间分异如图 5-18 所示。

（2）2050 年脆弱性预估

2050 年时段江河源区生态系统仍以中度脆弱为主，面积约占江河源区总面积的 66.1%。强度脆弱次之，面积占比为 19.2%。其他类型的状况分别为轻度、极强度、微度脆弱区分别占江河源区总面积的 11.1%、1.8% 和 1.8%。中度及中度以上生态系统脆弱性区面积占江河源区总面积的 87.1%，其中极强、强度脆弱面积占江河源区总面积的 21.0%（表 5-39），脆弱性类型及其脆弱程度的空间分异格局如图 5-18 所示。

表 5-39　2020 年与 2050 年江河源区生态系统脆弱性预估结果统计　（单位：%）

等级	脆弱性分级	分级范围	占源区总面积的比例	
			2020 年	2050 年
I	微度脆弱	<0.12	0.9	1.8
II	轻度脆弱	0.12 ~ 0.16	9.8	11.1
III	中度脆弱	0.16 ~ 0.23	67.4	66.1
IV	强度脆弱	0.23 ~ 0.30	19.6	19.2
V	极强度脆弱	>0.30	2.3	1.8

5.3.4.3　生态系统脆弱性时空变化

空间上，江河源区生态系统脆弱性总体上由西向东逐步发生变化，依次由微度脆弱向极强度脆弱过渡，总体上，脆弱性程度长江源区低于黄河源区；长江源区从西北向西南方向依次由微度脆弱向极强度脆弱过渡，而黄河源区则由北向南依次由微度脆弱向极强度脆弱过渡。

动态看，黄河源区生态系统脆弱性整体上有向南移动的趋势，且自南向北脆弱性强度依次降低。长江源区生态系统脆弱性从西北向西南方向依次由微度脆弱向极强度脆弱过渡，整体有西移的趋势。江河源区生态系统脆弱性整体上呈现出逐渐变坏然后变好的趋势，生态系统脆弱性以中度脆弱为主，且比例先增加后减少，由 2007 年占总面积的 41.3% 增加到 2020 年的 67.4%，此后减小到 2050 年的 66.1%，而微度脆弱面积由 2007 年占总面积的 0.4% 增加到 2020 年的 0.9%，再增加到 2050 年的 1.8%，其余各脆弱等级基本类似。黄河源区 2007 ~ 2050 年，微度脆弱、轻度脆弱面积逐渐增加，强度、极强度脆弱面积逐渐减少，中度脆弱面积则先增后减。长江源区 2007 ~ 2050 年，强度、极强度脆弱面积逐渐增减，微度脆弱面积逐渐减少，轻度脆弱面积先减少后有所增加，中度脆弱面积先增加后有所减少。

5.3.4.4　生态系统脆弱性变化原因解析

以冰冻圈三要素变化作为切入点，而冻土变化作为江河源区脆弱性的控制因素，起着脆弱性影响的主导作用，由于黄河源区冻土退化程度比长江源区较为明显，且受到人类等外界环境的影响较长江源区大，黄河源区人类活动相对较为强烈，人口密度较长江源区高，加上"三江源国家级自然保护区"的建设，而核心区又主要在黄河源区，因此，就脆弱性评价出现的结果看，长江源区生态系统脆弱性开始优于黄河源区，随着时间的推移，黄河源区脆弱性得到一定改善，并逐步出现优于长江源区的现象。这应该是人类干扰和调控的叠加效应和滞后效应。同时，产生江河源区生态系统脆弱性东部高于西部的原因还可以从以下几个方面去理解。

暴露度方面。暴露度指标中的冰冻圈冰川、冻土、积雪3要素，在江河源区的东部分布面积和广度明显低于西部地区，特别是冻土，黄河源区多为季节冻土；而人口、载畜密度东部更是高于西部。因此，暴露度预估方面西部低于东部。

敏感性方面。虽然江河源区的东部地区降水量、生物多样性等指标值高于西部，但其变率明显高于西部地区，气候变化、冰冻圈变化对东部地区产生的相应影响明显高于西部地区。所以，在敏感性预估方面同样西部低于东部。

适应能力方面。在社会经济的评估指标方面，总体上，长江黄河源区东部地区其指标值明显高于西部地区，但是就整个地区而言，指标之间的差距不是特别大（指标值都比较低），且西部地区因为人口数量少，人均草地、水资源等指标明显高于东部地区。因而，在适应能力估值方面西部高于东部地区。

江河源区生态系统比较脆弱，长期以来水土流失、土地沙化、荒漠化现象一直比较严重，随着人类干扰活动强度的不断加大，程度不断加深，特别是人口密度、载畜量的增加以及开发工程建设的不断开展，生态状况有恶化趋势。但由于区域面积大、区内生态与环境状况有较大差异，社会经济状况也不相同，在自然与社会经济的综合作用下，这使得生态系统脆弱影响因子及其对生态系统脆弱程度的影响形成了空间上的分异格局。

以2007年、2020年、2050年为代表时段，江河源区生态系统脆弱性变化总体趋势是先向坏后向好的方向转变，但是长江源区的情况确实一直有变坏的趋势，强度、极强度脆弱面积反而有一定的增加，尽管人类活动在一定程度上加深了某些结果，但最可能是自然要素，特别是气候变化、冰冻圈变化引发或诱发的结果，这应当引起社会各界的广泛关注。

在假定敏感性不变的情况下，讨论冰冻圈变化以及人类活动对江河源区生态系统脆弱性的影响，整个江河源区生态系统脆弱性是先变差后变好，冰冻圈暴露值呈现了先增加后减少趋势，即由2007年的0.108~0.389，减少到2020年的0.075~0.418，再减少到2050年的0.071~0.421；而适应能力方面则是由2007年的0.287~0.531，增加到2020年的0.311~0.506，再到2050年的0.311~0.506。当到了一定程度后生态系统适应能力会达到某个较为稳定的水平，这时对生态系统脆弱性的影响就只有暴露度这一因子，而冻土、人口密度、载畜量密度是暴露度最为敏感的因子，对生态系统脆弱性起到较为重要的控制作用。

人口与载畜量密度受到草地生态系统的影响，同时，又影响生态系统脆弱性。有关研究表明，黄河源区草地退化受人口密度影响，草地退化率与海拔成反比，相关系数为-0.925；距离居民点越近，退化率越高；离交通干线越近，退化率越高。地区的降水差异和季节分布决定着牧草的生产力，江河源地区在7~8月，牧草的生长期降水量有明显减少趋势，比如黄河源区的达日县20世纪60年代、70年代、80年代的8月降水量分别为

102.5mm、95.4mm 和 87.4mm。牧草生长期降水量的逐年减少，必然导致干旱的概率加大，使草地生长量减少。随着草地牧草生长量的较少，载畜量自然就会减少，游牧民就会选择牧草生长较好的草地发生迁移，从而草地生态系统脆弱性也会发生一定程度的空间变迁。

综上所述，对于江河源区生态系统脆弱性分异的主要原因，应该是自然和人文因素综合作用的叠加反映，而自然因素是主导——主要是气候变化、冰冻圈变化（尤其是冻土类型变化、空间格局）和草地生长季节水资源的变化对源区草地生态系统的影响，人文因素方面尽管涉及面广、要素复杂，但就江河源区而言，人类活动干扰主要是人口数量和载畜量的时空变化，自然要素和人文要素的叠加，从而形成了源区生态系统脆弱性的时空格局。

5.4　横断山地区

5.4.1　自然与社会经济概况

（1）横断山地区

横断山地区是位于青藏高原东南部川滇藏境内山川南北纵贯的广大地区，地理坐标为 97°00′E ~ 102°40′E，25°40′N ~ 32°30′N。地形以山地为主，山高谷深，山河相间，纵向分布，是南北向的山地和交通要道。该地区为亚热带季风气候，夏季高温多雨，冬季温和少雨，土壤肥沃，区内具有从亚热带至冰雪带的不同自然景观，有明显的植被地带分异，水源丰富，是我国著名的三江（金沙江、澜沧江、怒江）并流区，具有极其丰富的物种和自然生态系统类型。由于横断山区海拔高、垂直地势落差大，复杂的地形和陡峭的地势，导致泥石流多发，半湿润区的位置和山地峡谷地形导致水灾及其次生地质灾害频发。同时，横断山地区是我国海洋型冰川广泛发育的地区（李吉均，1996；秦大河，2009）。海洋型冰川具有降水丰沛、降雪量大、冰温较高而雪线较低的特点，冰川物质交换水平高、冰川活动性强，冰舌地质地貌作用明显。研究发现（李宗省等，2009），20 世纪 80 年代至今，横断山地区冰川均处于退缩状态，且与之前相比，冰川后退速度明显增加。

在本书中，横断山地区范围主要包括我国的川西和滇西北一带，在行政区域上包括四川甘孜藏族自治州、四川凉山彝族自治州、云南丽江市、迪庆藏族自治州 4 个州中的 24 个县。研究区分布民族众多，主要有藏族、彝族、纳西族等民族，其中藏族人口最多，在全国范围内属于经济发展落后地区，长期处于传统农业发展阶段，社会经济与科教文卫相对滞后。

（2）玉龙雪山地区

玉龙雪山（地理坐标为 100°09′E ~ 100°20′E，27°10′N ~ 27°40′N）位于青藏高原东南部和横断山南端，主峰扇子陡海拔为 5596m，是中国最南的一座雪山，也是欧亚大陆距赤道最近的海洋型冰川区，隶属横断山系。其山势由北向南，是云南亚热带的极高山地，具备了亚热带、温带到寒带的垂直自然景观。海拔 2000 ~ 4000m 分布有阔叶林、针阔叶交错林、针叶林、灌木、草原和高山草甸等丰富齐全的垂直植物带谱，是我国植物物种最为丰富的地区（赵希涛等，1998）。玉龙雪山分布有 19 条现代冰川，总面积为 11.61km²，积雪和冻土面积达 200km²（Pang et al.，2010；He et al.，2010）。行政区划上玉龙雪山地区包括丽江古城区和玉龙纳西族自治县，面积为 7647.4km²，区域中心位于丽江市。该地区总人口为 36.6 万人，有纳西族、汉族、白族等十余个民族，其中纳西族人口为 20.53 万人，占总人口的 58.67%。因区位优势不明显、交通不便，玉龙雪山地区工农业基础薄弱，长期处于传统农业阶段，社会经济与科教文卫相对滞后，而旅游业相对比较发达。2010年，玉龙雪山冰川区旅游人数达到 234.6 万人次，旅游综合收入达到 7.2×10⁸ 元，同期增长率超过 20%。

近几年，因气候变暖，冰川消融加剧，冰川旅游资源经历了前所未有的衰退和消亡，并对许多以冰川为特色的旅游胜地造成了巨大的损失。有研究表明（Joe and Sandeep，2005；Elsasser and Burki，2002；Richardson and Loomis，2003；Lewis et al.，2009；Vergara et al.，2007），若气候变暖和人类活动持续影响高山冰川旅游区的自然结构、特征和脆弱的生态系统，高山冰川景观价值和生态环境质量将随之减少或消失、景区自然灾害加剧、景区危险系数增大、山地生物多样性和生态系统受损、登山路线和滑雪场地改变、冰上旅游体验难度增加，进而波及冰川景点到访旅客数量使山区经济收益的减少和削弱。

玉龙雪山地处丽江盆地的北缘，是我国季风海洋型冰川发育最为典型的地区。该区近 20 年来出现消融量增加、冰舌位置后退、冰川面积减少、雪线上升现象（李宗省等，2008，2010；何元庆和章典，2004；宁宝英等，2006；Wang et al.，2010）。玉龙雪山冰川的持续消融，一方面，将极大地影响区域内的水源补给，并将导致地质灾害的发生和部分生物物种的消亡（McCarthy et al.，2007b），对玉龙雪山区域内的气候反馈调节作用、生态环境产生极大的负面影响；另一方面，玉龙雪山是著名的冰雪旅游胜地，玉龙雪山的变化严重影响该地区经济的长远发展。调查显示，95% 以上的受调查者认为玉龙雪山冰川变化对丽江地区气候、水资源与旅游业有重要影响。气候变暖，雪山冰川若消失将会使丽江的游客数量在目前的基础上减少一半以上，冰川变化对丽江旅游业的影响尤其显著。目前对玉龙雪山冰川物质平衡、冰川化学、冰川物质、气候变化，以及冰川旅游的研究较为多见，而对其脆弱性的研究却鲜有涉及。

书中首先从区域尺度评价了横断山地区冰冻圈变化的脆弱性，多层面展示了其空间格局变化。在该基础上，选取受冰川旅游高度影响的玉龙雪山地区为典型区，深入剖析该地区冰冻圈变化的脆弱性，揭示其时间变化趋势与空间变化特征，并分析驱动脆弱性的关键因素。

5.4.2 横断山地区冰冻圈变化的脆弱性

5.4.2.1 研究方法

（1）评价指标体系

基于构建的中国冰冻圈变化的脆弱性评价指标体系（表2-2），结合横断山地区冰冻圈变化及其影响的实际情况，以暴露度、敏感性和适应能力为准则层，将遴选出的 14 个脆弱性指标作为指标层，构建了研究地区冰冻圈变化的脆弱性评价指标体系（表5-40）。

表 5-40　横断山地区冰冻圈变化脆弱性评价指标体系

目标层	准则层	指标层	因素说明	单位
横断山地区受冰冻圈变化影响的脆弱性	暴露度	坡度	影响冰冻圈要素发育的水热条件	(°)
		坡向	影响冰冻圈要素发育的水热条件	(°)
		地形遮蔽度	一定范围内要素被遮蔽状况，影响能量的接收	—
		海拔	冰冻圈要素所处的位置，该因素是其发育的条件	m
		冰川面积变化率	不同时期冰川面积变化之比，反映冰川面积变化水平	%
		累积积雪厚度变化率	为年累积积雪深度变率，反映积雪深度变化的水平	cm/a
		0cm 地温变化率	反映冻土地表温度变化水平	℃/a
	敏感性	气温变化趋势	反映气温的变化水平	℃/a
		降水量变化趋势	反映降水量的变化水平	mm/a
		土地利用变化	反映人类活动对自然的改造程度	—
		NPP 变化率	反映陆地生态系统的初始物质和能量变化	$gc/(m^2/a)$
	适应能力	水资源量	反映水资源的富集程度	—
		人类发展指数	由预期寿命、成人识字率和人均 GDP 组成	—
		地方财政收入	反映区域的经济基础	万元

（2）评价方法

具体评价方法详见4.1.3小节。

5.4.2.2　横断山地区冰冻圈变化的脆弱性评价

（1）基于 SPAC 的暴露度、敏感性与适应能力指数模型构建

利用式（4-4）对表5-40中的原始数据进行极差标准化处理，在此基础上，分别对暴露度、敏感性和适应能力指标进行 SPAC 分析。根据主成分个数的提取原则：主成分对应的累计贡献率大于85%。暴露度、敏感性与适应能力选取的主成分的个数分别为 4 个、3 个、3 个，主成分的累积贡献率依次为87.03%、92.09%和100.00%（表5-41）。主成分基本包含了相应全部指标具有的信息，信息损失量介于 0～12.97%。根据表5-41与式（4-5），暴露度、敏感性与适应能力指数模型构建如下

$$\text{EI} = 0.41 \times E_1 + 0.21 \times E_2 + 0.18 \times E_3 + 0.07 \times E_4 \tag{5-25}$$

$$\text{SI} = 0.57 \times S_1 + 0.27 \times S_2 + 0.09 \times S_3 \tag{5-26}$$

$$\text{AI} = 0.62 \times A_1 + 0.20 \times A_2 + 0.18 \times A_3 \tag{5-27}$$

式中，EI、SI 和 AI 分别为暴露度、敏感性与适应能力指数；$E_1 \sim E_4$ 为从暴露度的 7 个原始指标中选取的 4 个主成分；$S_1 \sim S_3$ 是从敏感性的 4 个原始指标中选取的 3 个主成分；$A_1 \sim A_3$ 是类似于 $E_1 \sim E_4$ 和 $S_1 \sim S_3$，为适应能力原始指标中选取的 3 个主成分。EI、SI、AI 值越大，表明系统对冰冻圈变化的暴露度越大、越敏感和适应能力越强。

表 5-41　暴露度、敏感性和适应能力特征值与主成分贡献率　　（单位:%）

模型参数	暴露度				敏感性			适应能力		
主成分	E_1	E_2	E_3	E_4	S_1	S_2	S_3	A_1	A_2	A_3
特征值 λ_i	8.93	4.67	3.84	1.58	6.32	2.93	0.97	2.77	0.90	0.81
贡献率	40.86	21.36	17.59	7.22	56.92	26.42	8.75	61.87	20.04	18.09
累计贡献率	40.86	62.22	79.81	87.03	56.92	83.34	92.09	61.87	81.91	100.00

（2）基于 SPAC 的脆弱性指数模型构建

对极差标准化后的脆弱性指标（14 个）进行 SPAC 分析，依据主成分对应的累积贡献率大于 85% 的提取原则，选取了 7 个主成分（表 5-42）。根据表 5-42 与式（4-5），横断山地区受冰冻圈变化影响的脆弱性指数模型构建如下

$$CVI = 0.23 \times C_1 + 0.18 \times C_2 + 0.14 \times C_3 + 0.11 \times C_4 + 0.09 \times C_5 + 0.07 \times C_6 + 0.05 \times C_7$$

$$(5-28)$$

式中，CVI 为脆弱性指数；$C_1 \sim C_7$ 为从 14 个原始指标中选取的 7 个主成分。CVI 值越大，脆弱性越高。

表 5-42　脆弱性特征值与主成分贡献率　　（单位:%）

主成分	C_1	C_2	C_3	C_4	C_5	C_6	C_7
特征值 λ_i	10.32	8.14	6.27	5.08	4.23	3.02	2.19
贡献率	22.47	17.71	13.63	11.05	9.22	6.58	4.76
累计贡献率	22.47	40.17	53.81	64.86	74.08	80.65	85.42

5.4.2.3　横断山地区的脆弱性及其空间变化

（1）暴露度

基于式（5-25），计算暴露度指数，用自然分类法（NBC）将其分为 5 级：较低暴露、低暴露（Ⅰ）、中暴露（Ⅱ）、高暴露（Ⅲ）和极高暴露（Ⅳ）（表 5-43 和图 5-19）。

表 5-43 显示，横断山地区不同程度地暴露于冰冻圈变化影响之下，其中，低暴露区占研究区总面积的比例最大，为 32.1%，其次是较低暴露区，为 20.8%，中暴露区面积比例与较低暴露区相当，为 20.2%，高暴露和极高暴露区面积比例合计约为 27%。总体上，横断山地区对冰冻圈变化的暴露度以低中暴露为主，占研究区总面积的 50% 以上，但局部地区暴露度高。

横断山地区对冰冻圈变化的暴露度空间差异显著，各种类型交错分布，总体上呈现西北部向南、中部向东向西递减的分布规律。具体地，西北部地区、中、南部局部地区以高、极高暴露为主，西部和南部边缘地区主要为低和较低暴露（图 5-19）。就行政区而言，白玉县、新龙县、理塘县、康定县、九龙县和丽江纳西族自治县对冰冻圈变化影响的暴露度较高；维西傈僳族自治县、德钦县和得荣县处于较低暴露度水平，其他县主要处于低中水平。

表 5-43   暴露度分级与面积比例

暴露度分级	面积/km²	占总面积的比例/%
较低暴露（Ⅰ）	34 901	20.8
低暴露（Ⅱ）	53 966	32.1
中暴露（Ⅲ）	33 920	20.2
高暴露（Ⅳ）	24 191	14.4
极高暴露（Ⅴ）	20 939	12.5

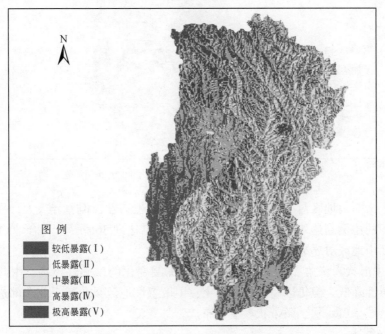

图 5-19   横断山地区暴露度空间分布

（2）敏感性

用式（5-26）计算敏感性指数，并用 NBC 方法将其分为 5 级：较低敏感性（Ⅰ）、低敏感性（Ⅱ）、中敏感性（Ⅲ）、高敏感性（Ⅳ）和极高敏感性（Ⅴ）（表 5-44 和图 5-20）。

表 5-44   敏感性分级与面积比例

敏感性分级	面积/km²	占总面积的比例/%
较低敏感性（Ⅰ）	9 300	5.5
低敏感性（Ⅱ）	11 458	6.8
中敏感性（Ⅲ）	12 795	7.7
高敏感性（Ⅳ）	60 516	36.0
极高敏感性（Ⅴ）	73 848	44.0

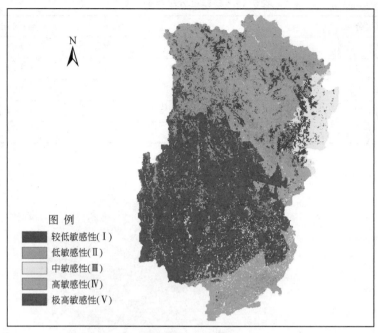

图 5-20 横断山地区敏感性空间分布

现状看，横断山地区对冰冻圈变化均具有一定的敏感性，但差异极大，极高敏感区占研究区总面积的比例高达 44%，高敏感区面积比例也达到 36%，二者合计约占 80%。由此可见，横断山地区对冰冻圈变化非常敏感。

图 5-22 中形状为三角形的中南部地区对冰冻圈变化的敏感性极高，由此向东南、向北、西北敏感性降低，但仍以高敏感性为主，中敏感性地区只分布于北东部边缘地区，低和较低敏感区域呈斑块状、条带状零星分布。

（3）适应能力

使用式（5-27）计算适应能力指数，并用 NBC 方法将其分为 5 级：较低适应（Ⅰ）、低适应（Ⅱ）、中适应（Ⅲ）、高适应（Ⅳ）和极高适应（Ⅴ）（表 5-45 和图 5-21）。

表 5-45 适应能力分级与面积比例

适应能力分级	面积/km²	占总面积的比例/%
较低适应（Ⅰ）	49 347	30.0
低适应（Ⅱ）	45 185	26.5
中适应（Ⅲ）	28 263	16.9
高适应（Ⅳ）	36 996	22.2
极高适应（Ⅴ）	8 126	4.9

表 5-45 显示，在横断山地区，较低适应区面积约占研究区总面积的 30.0%，低适应区面积比例为 26.5%，二者合计为 56.5%；高适应区与中适应区分别占 22.2% 和 16.9%。

可见，横断山地区对冰冻圈变化的适应能力总体较低，局部地区适应能力较强，极少数地区具有极高适应能力。

就形状而言，横断山地区犹如一长方形。图 5-21 显示，近似西北-东南对角线的地区对冰冻圈变化的适应能力最低，而近似东北-西南对角线的地区适应能力以高和极高为主，尤其是西南部呈 "V" 字形的地区是研究区适应能力最高的区域，该地区就是著名的丽江地区。

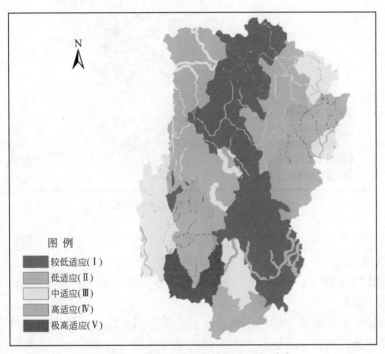

图 5-21　横断山地区适应能力空间分布

（4）脆弱性

依据式（5-28）计算脆弱性指数，并用 NBC 方法将其分为 5 级：潜在脆弱（Ⅰ）、轻度脆弱（Ⅱ），中度脆弱（Ⅲ），强度脆弱（Ⅳ）和极强度脆弱（Ⅴ）（表 5-46 和图 5-22）。

表 5-46　脆弱性分级与面积比例

脆弱性分级	面积/km²	占总面积的比例/%
微度脆弱（Ⅰ）	14 551	8.7
轻度脆弱（Ⅱ）	40 215	24.1
中度脆弱（Ⅲ）	46 848	28.1
强度脆弱（Ⅳ）	46 438	27.9
极强度脆弱（Ⅴ）	18 681	11.2

针对冰冻圈变化，横断山地区存在不同程度的脆弱性，其中，中度脆弱区面积占研究

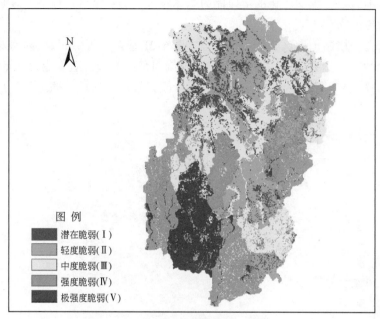

图 5-22　横断山地区脆弱性空间分布

区总面积的比例最大，为 28.1%，其次为强度脆弱区，面积比例为 27.9%，轻度脆弱区占 24.1%，极强度脆弱区占 11.2%。横断山地区的脆弱性总体较高，强度和极强度两种脆弱型的面积比例近 40%，若将中度脆弱型也计算在内，则比例为 67.2%，表明该地区对冰冻圈变化很脆弱。

横断山地区对冰冻圈变化的脆弱性总体上呈现南部向北递减的分布规律。丽江纳西族自治县及其北部地区为极强脆弱性，其两侧为强度脆弱区，近西北-东南对角线地区的脆弱性以中度、轻度和微度脆弱为主。

综上所述，横断山地区对冰冻圈变化的脆弱性较高，处于中度脆弱以上水平。脆弱性是暴露度、敏感性与适应能力三者综合作用的结果。横断山地区对冰冻圈变化影响的暴露度较低，为低中暴露度，但对冰冻圈变化非常敏感，仅高、极高敏感区面积占研究区总面积的比例就高达 80%，该地区适应能力又较低，低和较低适应能力地区面积比例达 56.5%。可见，该地区脆弱性较高主要源于对冰冻圈变化的高敏感与其自身的低适应。

5.4.2.4　驱动横断山地区脆弱性的关键因素

横断山地区对冰冻圈变化影响的脆弱性是诸多因素综合影响的结果。在这些因素中，哪些是关键影响因素，哪些又属于次要因素？为什么一些适应能力极强的地区恰恰又是极脆弱的地区？基于上述问题，本书对横断山地区的脆弱性评价指标进行了方差分析，结果见表 5-47 和表 5-48。

表 5-47　暴露度、敏感性和适应能力指标的方差分析结果　　　（单位:%）

暴露度		敏感性		适应能力	
指标名称	占方差百分比	指标名称	占方差百分比	指标名称	占方差百分比
冰川面积变化率	38.81	土地利用变化	56.22	人类发展指数	53.51
坡向	21.33	降水量变化趋势	18.11	地方财政收入	28.49
地形遮蔽度	15.79	气温变化趋势	17.03	水资源量	18.00
0cm 地温变化率	7.14	年 NPP 平均变化	8.65	—	—
累积积雪深度变化率	6.54	—	—	—	—
坡度	6.36	—	—	—	—
海拔	4.03	—	—	—	—

表 5-48　脆弱性指标的方差分析结果　　　（单位:%）

指标层			准则层		
因素名称	方差	占方差百分比	因素名称	方差	占方差百分比
冰川面积变化率	9.24	20.10	适应能力指数	3.1	42.18
土地利用变化	6.24	13.58	敏感性指数	2.26	30.75
人类发展指数	5.92	12.88	暴露度指数	1.99	27.07
坡向	5.08	11.05	—	—	—
地形遮蔽度	3.76	8.18	—	—	—
地方财政收入	3.14	6.83	—	—	—
降水量变化趋势	2.01	4.37	—	—	—
水资源量	1.99	4.33	—	—	—
气温变化趋势	1.89	4.11	—	—	—
0cm 地温变化率	1.7	3.70	—	—	—
累积积雪厚度变化率	1.56	3.39	—	—	—
坡度	1.51	3.29	—	—	—
年 NPP 平均变化	0.96	2.09	—	—	—
海拔	0.96	2.09	—	—	—

（1）暴露度、敏感性与适应能力的影响因素

表 5-47 显示，冰川面积变化率、坡向和地形遮蔽度是横断山地区生态-经济系统暴露度的主要影响因素，三者占暴露度总方差的 76% 左右，其中冰川面积变化率对暴露度方差的贡献最大，占方差总量的 38.81%。依据暴露度的定义，坡向和地形遮蔽度属于地形暴露指标，而冰川面积变化率属于冰冻圈要素指标，主要反映冰川变化幅度。上述分析表

明，横断山地区对冰冻圈变化的暴露程度主要取决于冰冻圈变化的幅度以及该地区的地形情况，其中冰冻圈变化幅度是最主要的。

就敏感性而言，土地利用变化是最主要的影响因素，其占敏感性方差总量的56%以上。土地利用变化是人类对土地资源的开发、利用和改造程度的体现。在冰冻圈变化的压力下，土地利用变化对冰冻圈变化最为敏感。

适应能力是生态−经济系统抵御或应对冰冻圈变化不利影响的能力。表5-47显示，在适应能力的3个指标中人类发展指数的影响居于首位，方差贡献达到53.51%，其次为地方财政收入和水资源量。这表明在横断山地区，目前主要还是以个体的适应为主，地区的适应能力还未起到主导作用，这与横断山地区的区位、经济发展总体落后有着密切的关系。

（2）脆弱性的影响因素

在指标层面，影响横断山地区脆弱性的因素主要有冰川面积变化率、土地利用变化、人类发展指数和坡向，这与暴露度、敏感性、适应能力影响因素的分析结果一致，也表明脆弱性受三者综合影响（表5-48）。在上述4个主要影响因素中，冰川面积变化率和坡向属于暴露度指标，为自然因素；土地利用变化和人类发展指数分属敏感性和适应能力一级指标，主要反映人类活动和社会经济发展状况。上述分析表明，横断山地区生态−经济系统对冰冻圈变化影响的脆弱程度主要取决于其对冰川变化的暴露程度，土地利用对冰冻圈变化的敏感程度，以及该地区社会经济发展水平。

在准则层面，适应能力的方差最大，占到方差总量的42.18%，表明适应能力是影响横断山地区脆弱程度的主导因素，其次为敏感性和暴露度。

5.4.3 玉龙雪山地区冰冻圈变化的脆弱性

5.4.3.1 研究方法

（1）玉龙雪山地区脆弱性评价指标体系

基于构建的中国冰冻圈变化的脆弱性评价指标体系（表2-2），结合玉龙雪山地区冰冻圈变化的地区特征与数据搜集情况，在对影响玉龙雪山地区冰冻圈变化脆弱性因素进行详细、深入分析与筛选后，最终利用遴选出的16个因素构建了玉龙雪山地区生态−经济系统对冰冻圈变化的脆弱性评价指标体系（表5-49）。

表5-49 玉龙雪山地区受冰冻圈变化影响的脆弱性指标及说明

目标层	标准层	因素层	因素说明	单位
玉龙雪山地区冰冻圈变化的脆弱性	暴露度	坡度	影响冰冻圈要素发育的水热条件	(°)
		坡向	影响冰冻圈要素发育的水热条件	(°)
		地形遮蔽度	一定范围内要素被遮蔽状况，影响能量的接收	—
		冰舌末端海拔	反映冰川变化	m

续表

目标层	标准层	因素层	因素说明	单位
玉龙雪山地区冰冻圈变化的脆弱性	敏感性	气温变化趋势	反映气温的变化水平	℃/a
		降水量变化趋势	反映降水量的变化水平	mm/a
		NPP 变化率	反映陆地生态系统的初始物质和能量变化	$gc/(m^2 \cdot a)$
	适应能力	下游径流量	主要反映地表径流的水资源	M^3/s
		人均水资源量	人均水资源占有量	M^3
		山地旅游指数	山地旅游经济总量与区域经济总量之比	%
		人均 GDP	反映个体的经济适应能力	元
		地区 GDP	主要反映了适应的经济基础能力	万元
		教育与科技水平	中等专业学校及以上学生教师人数与地区人口之比	%
		医疗水平	反映医疗救助水平	‰
		交通运输能力	反映区域交通运输保障能力，衡量指标为交通里程数	km
		固定资产投入	反映综合抗风险和适应冰冻圈变化的能力	—

（2）基于 SPSS 的主成分分析

5.4.2 小节分析结果表明，地理位置、地形条件以及冰冻圈发育条件对脆弱性影响显著，但这种影响主要表现在空间尺度上，在时间尺度上它们的作用是同等的，可以不予考虑。同时，应用主成分析法（PCA）进行脆弱性分析时，要求变量方差不为零。因此，本节指标体系中的坡度、坡向、地形遮蔽度 3 个要素不参与主成分分析。

对玉龙雪山地区脆弱性评价指标原始数据进行极差标准化处理（表 5-50），其中，ZX_1 为冰舌末端海拔，ZX_2 为气温变化趋势，ZX_3 为降水变化趋势，ZX_4 为 NPP 变化率，ZX_5 为下游径流量，ZX_6 为人均水资源量，ZX_7 为山地旅游指数，ZX_8 为人均 GDP，ZX_9 为地区 GDP，ZX_{10} 为教育与科技水平，ZX_{11} 为医疗水平，ZX_{12} 为交通运输能力，ZX_{13} 为固定资产投入。分别计算 3 个时段（1980~2000 年、2000~2005 年、2005~2008 年）的相关系数矩阵（表 5-51~表 5-53）。由相关系数矩阵计算特征值，以及各个主成分的贡献率和累计贡献率（表 5-54）。由表 5-54 可见，1980~2000 年第一主成分、第二主成分和第三主成分的累计贡献率高达 92.59%；2000~2005 年第一主成分和第二主成分的累计贡献率为 89.23%；2005~2008 年第一主成分和第二主成分的累计贡献率为 88.86%。根据主成分个数的提取原则：主成分对应的特征值大于 1 或者累计贡献率大于 85% 的前 m 个主成分。可知，1980~2000 年提取前三个主成分、2000~2005 年和 2005~2008 年分别取前两个主成分。

表 5-50　玉龙雪山地区脆弱性评价指标标准化后数据

因素标准化值	1980 年	1985 年	1990 年	1995 年	2000 年	2001 年	2002 年	2003 年	2004 年	2005 年	2006 年	2007 年	2008 年
ZX_1	1.61	−1.93	−1.52	−0.71	−0.37	−0.23	−0.16	0.04	0.18	0.38	0.79	0.93	0.99
ZX_2	−0.81	−0.76	−1.59	−0.06	−0.78	0.08	0.05	0.93	−0.13	1.38	2.17	−0.10	−0.38

续表

因素标准化值	1980 年	1985 年	1990 年	1995 年	2000 年	2001 年	2002 年	2003 年	2004 年	2005 年	2006 年	2007 年	2008 年
ZX_3	−0.11	−0.73	1.12	−0.10	0.50	1.09	1.40	−0.96	0.99	−1.55	−1.30	0.42	−0.78
ZX_4	−0.52	−1.24	0.44	−0.04	0.20	1.40	1.64	−0.76	1.16	−1.24	−0.47	0.54	−1.14
ZX_5	−0.27	−1.22	−0.21	−0.22	1.79	1.15	1.31	−0.13	0.87	0.04	−0.88	−0.93	−1.31
ZX_6	1.26	0.25	1.42	0.07	0.32	0.70	0.83	−1.01	0.51	−1.53	−1.41	−0.20	−1.20
ZX_7	1.20	2.76	−0.71	−0.93	−0.66	−0.61	−0.44	−0.61	−0.17	0.35	0.07	−0.15	−0.10
ZX_8	−1.24	−1.20	−1.12	−0.81	−0.37	−0.29	−0.17	−0.04	0.38	0.66	0.94	1.37	1.88
ZX_9	−1.21	−1.17	−1.10	−0.81	−0.39	−0.31	−0.19	−0.06	0.35	0.63	0.93	1.38	1.93
ZX_{10}	−1.03	−1.22	−1.03	−1.09	−0.52	−0.26	−0.01	0.07	0.86	−0.03	1.18	1.37	1.69
ZX_{11}	−1.73	−1.26	−0.39	−0.08	−0.31	−0.36	−0.10	−0.41	0.24	0.34	0.52	2.01	1.54
ZX_{12}	−1.92	−1.47	−1.20	−0.88	0.32	0.32	0.56	0.57	0.61	0.61	0.61	0.61	1.27
ZX_{13}	−0.95	−0.94	−0.95	−0.85	−0.62	−0.61	−0.51	−0.08	0.41	0.82	0.91	1.38	2.00

表 5-51 1980 ~ 2000 年指标的相关系数矩阵

相关系数	ZX_1	ZX_2	ZX_3	ZX_4	ZX_5	ZX_6	ZX_7	ZX_8	ZX_9	ZX_{10}	ZX_{11}	ZX_{12}	ZX_{13}
ZX_1	1	0.19	−0.05	0.05	0.28	0.33	−0.05	−0.02	−0.01	0.25	−0.46	−0.20	0.06
ZX_2	0.19	1	−0.64	−0.29	−0.01	−0.79	−0.01	0.31	0.31	−0.08	0.14	0.14	0.26
ZX_3	−0.05	−0.64	1	0.92	0.53	0.55	−0.76	0.29	0.29	0.50	0.52	0.38	0.24
ZX_4	0.05	−0.29	0.92	1	0.65	0.29	−0.95	0.51	0.51	0.56	0.72	0.54	0.42
ZX_5	0.28	−0.01	0.59	0.65	1	−0.11	−0.64	0.89	0.89	0.99	0.47	0.86	0.91
ZX_6	0.33	−0.79	0.55	0.29	−0.11	1	−0.04	−0.53	−0.53	−0.09	−0.37	−0.48	−0.49
ZX_7	−0.05	−0.01	−0.76	−0.95	−0.64	−0.04	1	−0.61	−0.61	−0.52	−0.82	−0.59	−0.49
ZX_8	−0.02	0.31	0.29	0.51	0.89	−0.53	−0.61	1	0.97	0.86	0.68	0.97	0.98
ZX_9	−0.01	0.31	0.29	0.51	0.89	−0.53	−0.61	0,967	1	0.86	0.67	0.97	0.98
ZX_{10}	0.25	−0.08	0.49	0.56	0.99	−0.09	−0.52	0.86	0.86	1	0.38	0.85	0.91
ZX_{11}	−0.46	0.14	0.52	0.72	0.47	−0.37	−0.82	0.68	0.67	0.38	1	0.73	0.54
ZX_{12}	−0.20	0.14	0.38	0.54	0.86	−0.49	−0.59	0.97	0.97	0.85	0.73	1	0.96
ZX_{13}	0.06	0.26	0.24	0.42	0.91	−0.49	−0.49	0.98	0.99	0.91	0.54	0.96	1

表 5-52 2000 ~ 2005 年指标的相关系数矩阵

相关系数	ZX_1	ZX_2	ZX_3	ZX_4	ZX_5	ZX_6	ZX_7	ZX_8	ZX_9	ZX_{10}	ZX_{11}	ZX_{12}	ZX_{13}
ZX_1	1	0.78	−0.64	−0.54	−0.80	−0.69	0.88	0.97	0.97	0.61	0.79	0.84	0.98
ZX_2	0.78	1	−0.80	−0.68	−0.93	−0.84	0.61	0.66	0.66	0.15	0.33	0.61	0.67
ZX_3	−0.64	−0.80	1	0.98	0.81	0.99	−0.51	−0.57	−0.56	0.09	−0.22	−0.39	−0.64
ZX_4	−0.54	−0.68	0.98	1	0.71	0.97	−0.43	−0.49	−0.48	0.16	−0.17	−0.30	−0.57
ZX_5	−0.80	−0.93	0.81	0.71	1	0.85	−0.50	−0.66	−0.66	−0.34	−0.27	−0.67	−0.70

续表

相关系数	ZX_1	ZX_2	ZX_3	ZX_4	ZX_5	ZX_6	ZX_7	ZX_8	ZX_9	ZX_{10}	ZX_{11}	ZX_{12}	ZX_{13}
ZX_6	-0.69	-0.84	0.99	0.97	0.85	1	-0.56	-0.62	-0.61	0.03	-0.27	-0.46	-0.68
ZX_7	0.88	0.61	-0.51	-0.43	-0.50	-0.56	1	0.95	0.95	0.39	0.93	0.66	0.91
ZX_8	0.97	0.66	-0.57	-0.49	-0.66	-0.62	0.95	1	0.99	0.60	0.90	0.78	0.99
ZX_9	0.97	0.66	-0.56	-0.48	-0.66	-0.61	0.95	0.99	1	0.60	0.90	0.79	0.99
ZX_{10}	0.61	0.15	0.09	0.16	-0.34	0.03	0.39	0.60	0.60	1	0.58	0.73	0.58
ZX_{11}	0.79	0.33	-0.22	-0.17	-0.27	-0.27	0.93	0.90	0.90	0.58	1	0.68	0.84
ZX_{12}	0.84	0.61	-0.39	-0.30	-0.67	-0.46	0.66	0.78	0.79	0.73	0.68	1	0.77
ZX_{13}	0.98	0.67	-0.64	-0.57	-0.70	-0.68	0.91	0.99	0.99	0.58	0.84	0.77	1

表 5-53　2005～2008 年指标的相关系数矩阵

相关系数	ZX_1	ZX_2	ZX_3	ZX_4	ZX_5	ZX_6	ZX_7	ZX_8	ZX_9	ZX_{10}	ZX_{11}	ZX_{12}	ZX_{13}
ZX_1	1	-0.11	-0.24	-0.35	-0.98	-0.38	-0.26	0.92	0.92	0.75	0.82	0.53	0.88
ZX_2	-0.11	1	-0.71	-0.38	-0.02	-0.63	0.73	-0.38	-0.39	-0.46	-0.55	-0.48	-0.40
ZX_3	-0.24	-0.71	1	0.92	0.41	0.99	-0.82	-0.17	-0.16	0.30	0.21	-0.17	-0.22
ZX_4	-0.35	-0.38	0.92	1	0.50	0.95	-0.69	-0.42	-0.41	0.17	0.01	-0.48	-0.49
ZX_5	-0.98	-0.02	0.41	0.50	1	0.54	0.10	-0.90	-0.90	-0.66	-0.73	-0.55	-0.87
ZX_6	-0.38	-0.63	0.99	0.95	0.54	1	-0.75	-0.32	-0.31	0.17	0.07	-0.28	-0.36
ZX_7	-0.26	0.73	-0.82	-0.69	0.10	-0.75	1	-0.31	-0.32	-0.78	-0.50	-0.25	-0.24
ZX_8	0.92	-0.38	-0.17	-0.42	-0.90	-0.32	-0.31	1	0.99	0.75	0.84	0.79	0.99
ZX_9	0.92	-0.39	-0.16	-0.41	-0.90	-0.31	-0.32	0.99	1	0.75	0.84	0.79	0.99
ZX_{10}	0.75	-0.46	0.30	0.17	-0.66	0.17	-0.78	0.75	0.75	1	0.69	0.57	0.67
ZX_{11}	0.82	-0.55	0.21	0.01	-0.73	0.07	-0.50	0.84	0.84	0.69	1	0.43	0.81
ZX_{12}	0.53	-0.48	-0.17	-0.48	-0.55	-0.28	-0.25	0.79	0.79	0.57	0.43	1	0.83
ZX_{13}	0.88	-0.40	-0.22	-0.49	-0.87	-0.36	-0.24	0.99	0.99	0.67	0.81	0.83	1

表 5-54　特征值及贡献率　　　　　　　　　　　　（单位：%）

时间	主成分	特征值	贡献率	累积贡献率
1980～2000 年	1	7.35	56.56	56.56
	2	3.02	23.20	79.76
	3	1.67	12.83	92.59
	4	0.96	7.41	100.00
2000～2005 年	1	8.96	68.95	68.95
	2	2.64	20.29	89.23
	3	0.89	6.84	96.07
	4	0.33	2.56	98.63
	5	0.18	1.37	100.00

续表

时间	主成分	特征值	贡献率	累积贡献率
2005～2008 年	1	7.10	54.64	54.64
	2	4.45	34.22	88.86
	3	0.96	7.40	96.26
	4	0.49	3.74	100.00

主成分是原来 N 个指标的线性组合，各指标的权数为特征向量，它刻画了各单项指标对于主成分的重要程度，并决定了该主成分的实际意义。根据 SPSS 主成分得到的载荷矩阵，以及各主成分对应的特征值。计算得到主成分表达式的系数，即主成分特征向量。表 5-55 为 3 个时期主成分对应的特征向量，可以看出，3 个时期相比，各主成分所表达的因子倾向既有相同，也有差异。

表 5-55　主成分特征向量

特征向量系数	1980～2000 年主成分特征向量			2000～2005 年主成分特征向量		2005～2008 年主成分特征向量	
	A_1	A_2	A_3	B_1	B_2	C_1	C_2
冰舌末端海拔	-0.01	0.06	0.69	0.33	0.09	0.35	-0.04
气温变化趋势	0.04	-0.48	0.03	0.27	-0.23	-0.14	-0.36
降水变化趋势	0.20	0.48	-0.10	-0.25	0.40	-0.06	0.47
NPP 变化率	0.27	0.35	-0.11	-0.22	0.42	-0.15	0.41
下游径流量	0.34	0.05	0.28	-0.28	0.22	-0.34	0.12
人均水资源量	-0.11	0.53	0.21	-0.27	0.37	-0.12	0.45
山地旅游指数	-0.29	-0.22	0.15	0.29	0.15	-0.13	-0.43
人均 GDP	0.35	-0.16	0.04	0.32	0.16	0.38	-0.01
地区 GDP	0.35	-0.16	0.05	0.32	0.16	0.38	0.00
教育与科技水平	0.33	0.04	0.31	0.16	0.43	0.29	0.22
医疗水平	0.28	0.02	-0.48	0.25	0.34	0.31	0.16
交通运输能力	0.35	-0.11	-0.06	0.27	0.19	0.29	-0.01
固定资产投入	0.34	-0.17	0.15	0.32	0.10	0.37	-0.03

表 5-56 显示，1980～2000 年，第一主成分（A_1）与人均 GDP、地区 GDP、交通运输能力、固定资产投入、教育与科技水平，以及下游径流量呈较强的正相关关系，除下游径流量为自然因子外，其他均为经济社会因子，可见第一主成分综合反映了 1980～2000 年丽江地区的社会经济状况，被称为社会-经济因子；第二主成分（A_2）与人均水资源量呈显著的正相关关系，与降水量变化趋势、NPP 变化率为较显著的正相关，而与气温变化趋势为负相关。从表象看，该主成分好像反映的是自然因子，但实际上，综合反映了一个地区的水源涵养状况，可以认为是水资源因子；第三主成分（A_3）与冰舌末端海拔高度呈现显著的正相关关系，与医疗水平呈负相关。

2000～2005 年，提取了两个主成分，第一主成分（B_1）与冰舌末端海拔、固定资产投入、人均 GDP 和地区 GDP 呈较显著的正相关关系，冰舌末端海拔对玉龙雪山地区的影响，主要反映在冰川旅游上，再结合其与人均 GDP 和地区 GDP 的关系，B_1 可被称为经济因子。第二主成分（B_2）与教育科技水平、NPP 变化率、降水量变化趋势呈较显著的正相关关系，被称为自然–社会因子。

2005～2008 年，提取了两个主成分，第一主成分（C_1）与冰舌末端海拔、人均 GDP、地区 GDP 和固定资产投入呈较显著正相关关系，除冰舌末端海拔因子之外，其余均为经济因子，可见 C_1 主要反映了丽江地区的经济状况。第二主成分（C_2）与人均水资源量、降水量变化趋势、NPP 变化率为正相关，与气温变化趋势、山地旅游指数为负相关。C_2 既与自然因子有关，又与经济因素有关，是自然与经济的综合体，称为综合因子。

A. 主成分模型

利用提取的主成分特征值、贡献率和特征向量，使用线性加权法，得到主成分的数学模型如下。

1980～2000 年

$$A_1 = -0.01 \times ZX_1 + 0.11 \times ZX_2 + 0.55 \times ZX_3 + 0.73 \times ZX_4 + 0.93 \times ZX_5$$
$$- 0.31 \times ZX_6 - 0.78 \times ZX_7 + 0.96 \times ZX_8 + 0.96 \times ZX_9 + 0.88 \times ZX_{10}$$
$$+ 0.76 \times ZX_{11} + 0.95 \times ZX_{12} + 0.92 \times ZX_{13} \tag{5-29}$$

$$A_2 = 0.10 \times ZX_1 - 0.83 \times ZX_2 + 0.83 \times ZX_3 + 0.61 \times ZX_4 + 0.08 \times ZX_5$$
$$+ 0.91 \times ZX_6 - 0.38 \times ZX_7 - 0.28 \times ZX_8 - 0.28 \times ZX_9 + 0.07 \times ZX_{10}$$
$$+ 0.04 \times ZX_{11} - 0.19 \times ZX_{12} - 0.29 \times ZX_{13} \tag{5-30}$$

$$A_3 = 0.89 \times ZX_1 + 0.04 \times ZX_2 - 0.13 \times ZX_3 - 0.14 \times ZX_4 + 0.36 \times ZX_5$$
$$+ 0.27 \times ZX_6 + 0.20 \times ZX_7 + 0.05 \times ZX_8 + 0.06 \times ZX_9 + 0.40 \times ZX_{10}$$
$$- 0.61 \times ZX_{11} - 0.08 \times ZX_{12} + 0.19 \times ZX_{13} \tag{5-31}$$

2000～2005 年

$$B_1 = 0.33 \times ZX_1 + 0.27 \times ZX_2 - 0.25 \times ZX_3 - 0.22 \times ZX_4 - 0.28 \times ZX_5$$
$$- 0.27 \times ZX_6 + 0.29 \times ZX_7 + 0.32 \times ZX_8 + 0.32 \times ZX_9 + 0.16 \times ZX_{10}$$
$$+ 0.25 \times ZX_{11} + 0.27 \times ZX_{12} + 0.32 \times ZX_{13} \tag{5-32}$$

$$B_2 = 0.09 \times ZX_1 - 0.23 \times ZX_2 + 0.40 \times ZX_3 + 0.42 \times ZX_4 + 0.22 \times ZX_5$$
$$+ 0.37 \times ZX_6 + 0.15 \times ZX_7 + 0.16 \times ZX_8 + 0.16 \times ZX_9 + 0.43 \times ZX_{10}$$
$$+ 0.34 \times ZX_{11} + 0.19 \times ZX_{12} + 0.10 \times ZX_{13} \tag{5-33}$$

2005～2008 年

$$C_1 = 0.35 \times ZX_1 - 0.14 \times ZX_2 - 0.06 \times ZX_3 - 0.15 \times ZX_4 - 0.34 \times ZX_5$$
$$- 0.12 \times ZX_6 - 0.13 \times ZX_7 + 0.38 \times ZX_8 + 0.38 \times ZX_9 + 0.29 \times ZX_{10}$$
$$+ 0.31 \times ZX_{11} + 0.29 \times ZX_{12} + 0.37 \times ZX_{13} \tag{5-34}$$

$$C_2 = -0.04 \times ZX_1 - 0.36 \times ZX_2 + 0.47 \times ZX_3 + 0.41 \times ZX_4 + 0.12 \times ZX_5$$
$$+ 0.45 \times ZX_6 - 0.43 \times ZX_7 - 0.01 \times ZX_8 + 0.22 \times ZX_{10}$$
$$+ 0.16 \times ZX_{11} - 0.01 \times ZX_{12} - 0.03 \times ZX_{13} \tag{5-35}$$

B. 综合模型

以每个主成分所对应的特征值占所提取主成分总的特征值之和的比例作为权重计算的主成分综合模型。

1980~2000 年

$$
\begin{aligned}
A = {}& 0.11 \times ZX_1 - 0.09 \times ZX_2 + 0.23 \times ZX_3 + 0.24 \times ZX_4 + 0.26 \times ZX_5 \\
& + 0.09 \times ZX_6 - 0.21 \times ZX_7 + 0.18 \times ZX_8 + 0.18 \times ZX_9 + 0.25 \times ZX_{10} \\
& + 0.11 \times ZX_{11} + 0.18 \times ZX_{12} + 0.19 \times ZX_{13}
\end{aligned} \tag{5-36}
$$

2000~2005 年

$$
\begin{aligned}
B = {}& 0.27 \times ZX_1 + 0.16 \times ZX_2 - 0.10 \times ZX_3 - 0.08 \times ZX_4 - 0.17 \times ZX_5 \\
& - 0.12 \times ZX_6 + 0.26 \times ZX_7 + 0.28 \times ZX_8 + 0.28 \times ZX_9 + 0.22 \times ZX_{10} \\
& + 0.27 \times ZX_{11} + 0.25 \times ZX_{12} + 0.27 \times ZX_{13}
\end{aligned} \tag{5-37}
$$

2005~2008 年

$$
\begin{aligned}
C = {}& 0.20 \times ZX_1 - 0.22 \times ZX_2 + 0.14 \times ZX_3 + 0.07 \times ZX_4 - 0.16 \times ZX_5 \\
& + 0.10 \times ZX_6 - 0.24 \times ZX_7 + 0.23 \times ZX_8 + 0.23 \times ZX_9 + 0.26 \times ZX_{10} \\
& + 0.25 \times ZX_{11} + 0.18 \times ZX_{12} + 0.22 \times ZX_{13}
\end{aligned} \tag{5-38}
$$

以上各式中的 ZX 为原始变量经过标准化处理的值。

5.4.3.2 玉龙雪山地区脆弱性的动态变化

根据综合模型计算得到玉龙雪山地区 1980~2000 年、2000~2005 年、2005~2008 年 3 个时期的脆弱性指数（表 5-56），这里的正负数表示与生态–经济系统脆弱性水平位置的相对关系，这只是整个过程数据标准化的结果，而且数值越大，生态–经济系统越脆弱。

表 5-56　1980~2008 年脆弱性指数

年份	1980	1985	1990	1995	2000	2001	2002	2003	2004	2005	2006	2007	2008
脆弱性值	−1.52	−2.79	−0.53	−0.85	0.46	−1.12	−0.87	0.30	0.89	−0.12	0.62	2.38	2.57

1980~2000 年，只有 2000 年的脆弱性指数为正值，其他均处于 0 以下，表明这个时段玉龙雪山地区受冰冻圈变化影响小，脆弱性水平低，但整体上脆弱性呈上升趋势 [图 5-23（a）]。

与 1980~2000 年相比，2000~2005 年脆弱性指数均在增大（表 5-56），图 5-23（b）也显示，玉龙雪山地区脆弱性有进一步上升的态势。

2005~2008 年，玉龙雪山地区脆弱性继续攀升。在这个时段，只有 2005 年的脆弱性指数为负值，其余均大于 0 [图 5-23（c）]。表明随着气候持续变暖，冰冻圈急剧退缩对玉龙雪山地区产生了显著影响，该地区脆弱性水平迅速升高。

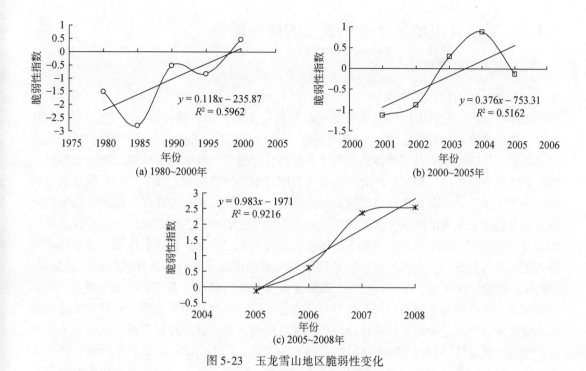

图 5-23　玉龙雪山地区脆弱性变化

总体而言，1980~2008 年，玉龙雪山地区受冰冻圈变化影响的脆弱性在波动变化中呈增大趋势（图 5-24），但表现出阶段性变化的特征，1985~2000 年冰冻圈变化对该地区社会经济的影响小，脆弱性小；2000 年以后脆弱性急剧增大，到 2008 年达到近 30 年的最大，表明冰冻圈的持续变化已对玉龙雪山地区产生了显著影响，而且这种影响还将进一步增大。

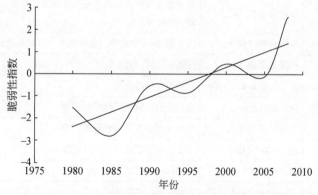

图 5-24　1980~2008 年玉龙雪山地区冰冻圈变化的脆弱性变化趋势

5.4.4 玉龙雪山地区冰冻圈变化的适应能力

5.4.4.1 研究方法

（1）适应能力指标体系构建

在详细分析玉龙雪山地区冰冻圈变化的特点与主要影响的基础上，从生态、水资源、经济和社会系统 4 个方面遴选了 20 个适应能力指标，构建了玉龙雪山地区生态–经济系统对冰冻圈变化的适应能力评价体系。该体系包括目标层、准则层与指标层三级（表5-57）。生态系统适应能力包括初级生产力、森林覆盖率、生态治理指数，这 3 个指标既反映了在冰冻圈变化条件下生态系统自身的物质能量状况，又反映了在人为有序干扰下生态系统的修复能力。在玉龙雪山地区，水资源系统是冰冻圈变化影响的主要领域之一，不仅关乎下游聚居区的生产生活用水，而且关乎古城区的景观用水。为此，在评价体系中着重将水资源系统作为与生态、社会和经济系统并列的指标遴选准则，其具体指标包括水资源总量、人均水资源量、供水量、下游径流量。旅游业是玉龙雪山地区社会经济的支柱产业，冰冻圈变化不仅影响旅游景观的布局与旅游经济收益，而且从变化趋势来看，还严重威胁山地冰川旅游的存亡，进而影响该地区旅游产业的可持续发展。故在经济系统指标中引入山地旅游指数，其他经济指标有地区 GDP、GDP 增长率、人均 GDP、第二产业产值、固定资产投资。科学技术、基础建设、信息、知识与技能、制度、社会资本等社会因素对应对冰冻圈变化具有重要意义，因此社会系统指标包括人口城市化率、教育与科技水平、医疗水平、信息通达度、交通运输能力、政府惠农政策、居民对冰冻圈变化的应对意识。

表 5-57 玉龙雪山地区生态–经济系统对冰冻圈变化适应能力评价体系

目标层（A）	准则层（B）	指标层（C）	指标说明	单位
冰冻圈变化适应能力（A）	生态系统适应能力（B1）	初级生产力（C1）	说明陆地生态系统的初始物质和能量状况	$t/(hm^2/a)$
		森林覆盖率（C2）	林业生态保护及治理状况，反映水源涵养、水土保持能力的程度	%
		生态治理指数（C3）	当年造林/退牧还草、还林面积与区域面之比	%
	水资源系统适应能力（B2）	水资源总量（C4）	反映水资源的富集程度	$10^3 m^3$
		人均水资源量（C5）	水资源的保障能力	m^3
		供水量（C6）	反映供给工农业、生活的水量	km^3
		下游径流量（C7）	主要反映地表径流水资源支撑能力	m^3/s
	经济系统支撑能力（B3）	地区 GDP（C8）	主要反映了适应的经济基础能力	万元
		GDP 增长率（C9）	说明经济基础适应能力的动态变化趋势	%
		人均 GDP（C10）	反映个体的经济适应能力	元
		第二产业产值（C11）	主要指工业产值，值越大适应能力越强	万元
		山地旅游指数（C12）	山地旅游经济总量与地区旅游经济总量之比	%
		固定资产投资（13）	反映抗风险和适应冰冻圈变化的能力（包括农业、水利、交通及科教）	万元

续表

目标层（A）	准则层（B）	指标层（C）	指标说明	单位
冰冻圈变化适应能力（A）	社会系统保障能力（B4）	人口城市化率（14）	非农人口与全市人口之比，反映非农人口集中程度	%
		教育与科技水平（C15）	中等专业学校及以上学生教师数与地区人口比，反映教育支撑能力	%
		医疗水平（16）	卫生技术人员占区域人口之比，反映医疗救助水平	‰
		信息通达度（C17）	广电与电信覆盖率（平均值），反映信息通达程度	%
		交通运输能力（C18）	衡量指标为交通里程数，反映区域交通运输保障能力	km
		政府惠农政策（19）	说明政府在冰冻圈变化中对农业的支持力度	—
		居民对冰冻圈变化的应对意识（20）	反映个体应对冰冻圈变化的态度与关注度	—

上述 20 个评价指标中，18 个指标（C1～C18）为硬性指标，其数据主要来自《丽江统计年鉴》（1980～2003 年）、《丽江统计年鉴》（1949～2008 年）、《云南统计年鉴》（1980～2003 年）、丽江市水资源公报（1980～2008 年）、寒区旱区科学数据中心等。其中，初级生产力（NPP）使用周广胜的模型计算而得，玉龙雪山地区下游径流量为漾弓江流域木家桥水文站流量。C19 和 C20 为软性指标，其中，政府惠农政策以每年颁布的惠农政策为基准，使用李克特五级量表进行 1～5 级模糊量化，按照重要性程度分别以 5、4、3、2、1 进行赋值，当指标等级介于两相邻等级之间时，相应评分为 4.5、3.5、2.5、1.5。居民对冰冻圈变化的应对意识处理方法同上。

（2）基于层次分析法（AHP）的指数模型构建

A. 确定指标权重

层次分析法（analytic hierarch process，AHP）是目前评价研究领域应用比较广泛和成熟的一种方法，该方法将主观附权法中最优秀的专家打分法与客观附权法有机结合，故本节采用专家意见征询和层次分析相结合的方法，确定冰冻圈变化适应能力评价指标的权重。依据 AHP 原理和方法，在建立递阶层次结构后，聘请有关专家自上而下对指标体系各层次指标进行两两重要程度判断比较，得出层次结构模型各层次的判断矩阵。为了使指标之间进行两两比较，得到量化的判断矩阵，根据心理学家的研究，人们区分信息等级的极限能力为 7±2，因此引入 1～9 的标度，见表 5-58。

表 5-58 层次分析法评判标度及其含义

标度 a_{ij} 的取值	判断规则
1	i 指标与 j 指标相比同等重要
3	i 指标与 j 指标相比 i 指标略重要
5	i 指标与 j 指标相比 i 指标较重要
7	i 指标与 j 指标相比 i 指标非常重要
9	i 指标与 j 指标相比 i 指标极为重要

标度 a_{ij} 的取值	判断规则
2、4、6、8	为上述两两判断之间的中间状态的标度值
倒数	i 指标与 j 指标比较得 a_{ij}，反之得 $a_{ji}=1/a_{ij}$

根据专家意见和层次分析法评判标度构建两两判断矩阵并计算判断矩阵的最大特征根和标准化的特征向量。根据专家意见和层次分析法评判标度构建两两判断矩阵并计算判断矩阵的最大特征根和标准化的特征向量。采用和积法求取最大特征根和对应的特征向量。归一化处理判断矩阵 (X) 的每一列，即 $\bar{b}_{ij} = b_{ij}/\sum_{k=1}^{n} b_{kj}\ (i = 1, 2, \cdots, n)$，将按列归一化的判断矩阵，再按行求和，即 $\bar{W}_i = \sum_{j=1}^{n} \bar{b}_{ij}\ (i = 1, 2, \cdots, n)$，将向量 $\bar{W} = (\bar{W}_1, \bar{W}_2, \cdots, \bar{W}_n)^{\mathrm{T}}$ 进行归一化处理，即 $W_i = \bar{W}_i/\sum_{i=1}^{n} \bar{W}_i\ (i = 1, 2, \cdots, n)$，则 $W = (W_1, W_2, \cdots, W_n)^{\mathrm{T}}$，即为权重向量；计算判断矩阵的最大特征根，即 $\lambda_{\max} = \sum_{i=1}^{n} \frac{(BW)_i}{nW_i}$，$(BW)_i$ 为向量 BW 的第 i 个分量；计算判断矩阵一致性指标 $\mathrm{CI} = \frac{\lambda_{\max} - n}{n - 1}$（$n$ 为判断矩阵的阶数）；计算判断矩阵的随机一致性比较 $\mathrm{CR} = \mathrm{CI/RI}$。经过计算得到各层次指标 CR 均小于 0.10，均通过一致性检验。根据以上计算结果，最终可以求得评价指标各自的权重（表 5-59）。

表 5-59　冰冻圈变化适应能力各指标组合权重与排序

目标层（A）	准则层（B）	权重	指标层（C）	权重	综合权重（Q）	排序
冰冻圈变化适应能力（A）	生态系统适应能力（B1）	0.16	C1	0.44	0.07	6
			C2	0.39	0.06	7
			C3	0.17	0.03	13
	水资源系统适应能力（B2）	0.18	C4	0.47	0.08	4
			C5	0.29	0.05	8
			C6	0.18	0.03	12
			C7	0.06	0.01	18
	经济系统支撑能力（B3）	0.37	C8	0.31	0.12	2
			C9	0.20	0.07	5
			C10	0.27	0.10	3
			C11	0.06	0.02	15
			C12	0.10	0.04	11
			C13	0.06	0.02	16

目标层（A）	准则层（B）	权重	指标层（C）	权重	综合权重（Q）	排序
冰冻圈变化适应能力（A）	社会系统保障能力（B4）	0.29	C14	0.09	0.03	14
			C15	0.17	0.05	9
			C16	0.04	0.01	19
			C17	0.06	0.02	17
			C18	0.46	0.13	1
			C19	0.16	0.05	10
			C20	0.03	0.01	20

B. 适应能力指数模型

冰冻圈变化适应能力评价体系中每一指标都从不同侧面反映不同年份研究区冰冻圈变化的适应能力水平，为全面反映生态–经济系统对冰冻圈变化的综合适应能力，还需进行综合评价。本书采用多目标线性加权函数法建立适应能力评价模型，通过对指标层 n 个指标进行加权处理，计算冰冻圈变化适应能力综合评价指数，具体模型如下

$$A = \sum_{j=1}^{n} (C_{ij} \times Q_{ij}) \tag{5-39}$$

式中，A 为某时段冰冻圈变化适应能力综合指数；C_{ij} 为指标层第 j 年某单项指标的标准化值；Q_{ij} 为指标层单项指标在该层下的权重。A 值大于零，表明冰冻圈变化适应能力处于各时间段平均水平之上，A 值小于零，表明冰冻圈变化适应能力处于各时间段平均水平之下，值越大，表明冰冻圈变化适应能力越大。

为消除各原始数据的量纲差异，本书采用 Z-Scores 标准化法对原始数据进行标准化处理。当指标为正向指标时，值越大越有利于冰冻圈变化适应能力的提升；当指标为逆向指标且值越小越有利于适应能力的提高时，首先将逆向指标进行正向化处理，然后以正向指标对待。

5.4.4.2　评价结果分析

（1）子系统对冰冻圈变化的适应能力

在对原始数据进行标准化处理的基础上，利用式（5-39），结合层次分析法确定的各指标权重，分别计算 1980～2008 年生态、水资源、经济与社会系统对冰冻圈变化的适应能力。

1980～2008 年玉龙雪山地区生态系统适应能力呈上升趋势（图 5-25）。20 世纪 80 年代，生态系统适应能力较低；自 90 年代以来，丽江市开始实施天保工程，生态环境得到了很大程度改善，森林覆盖率由 1980 年的 27% 显著增加到 2008 年的 66%，生态系统适应能力相应的也明显增强；2002 年后生态系统适应能力出现波动。表 5-59 显示，初级生产力（NPP）是影响生态系统适应能力的最主要因素，其次是森林覆盖率。在玉龙雪山地

区，NPP 与降水量呈显著的正相关关系，而与气温几乎没有相关关系。可见，降水量的波动是 2000 年以来生态系统适应能力波动的决定因素。

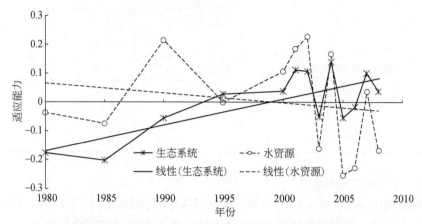

图 5-25　1980～2008 年玉龙雪山地区生态与水资源系统适应能力变化

玉龙雪山地区水资源系统适应能力呈前期增强，后期下降态势，分界点为 2002 年（图 5-25）。在水资源系统中，水资源总量指标对该系统适应能力的贡献最大，为 47%（表 5-59）。1980～2008 年研究地区水资源总量也呈阶段性变化（图 5-26），2002 年之前，水资源总量在波动中增加，之后在波动中急剧减少。可见，水资源总量的变化是决定水资源系统适应能力变化的主要因素。生态系统与水资源系统适应能力具有非常好的一致性，当水资源系统适应能力较弱时，生态系统适应能力也较弱。反之，生态系统适应能力较强。水资源系统一定意义上影响着生态系统适应能力的大小。

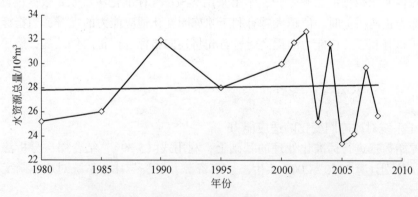

图 5-26　1980～2008 年玉龙雪山地区水资源总量的变化

1980～2008 年玉龙雪山地区经济、社会系统适应能力呈逐渐上升趋势（图 5-27）。地区 GDP 是经济系统适应能力的主要影响因素，其次是人均 GDP；在社会系统中，交通运输能力对适应能力的影响最大，达到 46%。相比之下，玉龙雪山地区经济、社会系统的适应能力明显优于生态、水资源系统的适应能力。

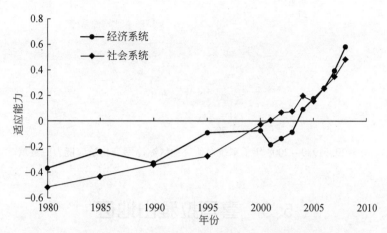

图 5-27　1980～2008 年玉龙雪山地区经济与社会系统适应能力变化

（2）玉龙雪山地区对冰冻圈变化的综合适应能力

如图 5-28 所示，玉龙雪山地区生态–经济系统对冰冻圈变化的综合适应能力呈上升趋势。生态、水资源系统适应能力的波动，在一定程度上被经济、社会系统适应能力的持续增强所抵消，综合适应能力可由经济、社会系统适应能力大小所表征。图 5-29 也表明，经济系统对综合适应能力的贡献最大，达到 37%，其次为社会系统，为 29%，水资源系统和生态系统分列第三位、第四位。而从表 5-57 中可以看出，交通运输能力对整个玉龙雪山地区适应能力影响最大，其次为地区 GDP、人均 GDP 和水资源总量。在玉龙雪山地区，旅游业发展驱动下的生态环境和雪山保护政策、地区经济实力的增强、交通设施建设、居民收入增加共同助推了该地区综合适应能力的提升。

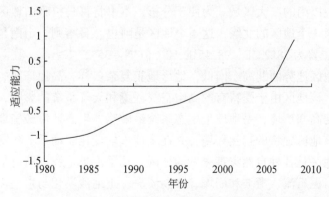

图 5-28　1980～2008 年玉龙雪山地区对冰冻圈变化影响的综合适应能力

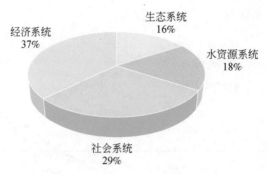

图 5-29　1980～2008 年子系统对研究地区冰冻圈变化适应能力的贡献

5.5　喜马拉雅山地区

5.5.1　喜马拉雅山地区自然与社会经济概况

喜马拉雅山西起巴基斯坦吉尔吉特附近的南迦帕尔巴特峰（海拔为 8125m），向东延伸到中国西藏墨脱县附近的南迦巴瓦峰（海拔为 7782m）东侧岗日嘎布曲西岸，全长 2400km。依照山系特征大致可将喜马拉雅山分为三段：西段——南迦帕尔巴特峰-纳木那尼（海拔为 7694m，81°07′E，30°30′N）；中段——纳木那尼-绰莫拉日（海拔为 7326m，88°54′E，27°57′N）；东段——绰莫拉日-南迦巴瓦（海拔为 7782m，97°04′E，29°37′N）（米德生等，2002）。

喜马拉雅山地区位于我国西南边陲，是青藏高原的重要组成部分。中国境内的喜马拉雅山地区通常指中国与印度、不丹、尼泊尔国界线以北，噶尔藏布（印度河）、玛旁雍错、雅鲁藏布江大断裂以南的广大区域。为便于分析，本书将喜马拉雅山地区扩展至西藏自治区西南及南部边缘 4 个地区的北缘，这 4 个地区是阿里、日喀则、山南与林芝地区，包括 1 市 43 县，地理位置为 78°23′E～98°45′E，26°51′N～35°27′N。

喜马拉雅山地区地势西北高东南低，地形地貌复杂多样，高山广布、冰川连绵、河流纵横、湖泊密布。该地区由于受特有的高空空气环境和天气系统的影响，形成了复杂多样且独特的中低纬度高寒环境，是地球上生态系统最敏感、生态环境最脆弱的区域。特殊的地理位置造就了该地区独特的自然环境，并在全球气候变化驱动下不断发生变化。

喜马拉雅山地区是各种自然灾害频发的地区，几乎汇集了我国所有的灾害类型。地质灾害主要有地震、泥石流、滑坡和崩塌、冰湖溃决、土地沙漠化与水土流失；气象灾害主要有大风、洪涝、干旱、雪灾等；生态灾害主要有鼠、虫害。这些灾害常给当地造成巨大的经济与财产损失，危及人、畜生命安全，严重破坏生态环境。

截至 2003 年，喜马拉雅山地区约有 120.7 万人口，分布有藏族、汉族、门巴族、珞巴族等民族和僜人、夏尔巴人。该地区耕地资源数量少且分布不平衡。全区土地总面积约为 68 万 km²，耕地面积约为 13.6 万 hm²，仅占土地面积的约 20%。其中，日喀则地区耕地最多，占整个区域耕地总面积的 62.6%，其次是山南地区，占 21.6%，而林芝和阿里地区耕地面积仅占 14.0% 和 1.8%。该地区经济发展落后，主要以畜牧业与种植业为主，边境贸易与手工业为辅。

喜马拉雅山地区经济发展差异显著。2003 年地区生产总值约为 64.39×10⁸ 元，其中日喀则地区经济发展相对较好，约占全区生产总值的 39.8%；其次是林芝地区，约占 27.3%；山南地区约占 24.6%，阿里地区相对最为落后，仅占 8.3%。该地区城镇化水平总体较低，2000~2004 年平均人口城镇化率如下：阿里地区约为 12.37%，日喀则地区约为 21.64%，林芝地区约为 23.76%，山南地区约为 17.97%。

5.5.2 喜马拉雅山地区冰冻圈变化的脆弱性评价方法

5.5.2.1 评价单元划分

评价单元的尺度将在很大程度上影响评价结果的精度，评价过程中能达到的精度越高，效果越好。然而评价越精细，对数据精度的要求也就越高。因此，科学选择恰当的评价单元是整个评价过程的基础。由于我国喜马拉雅山地区面积广阔，气象站点分布不均，中西部地区站点尤其稀少，加之社会经济发展统计资料较少，目前只收集到地区层面的统计年鉴。为了弥补站点资料较少，分布不均的问题，我们通过各种渠道获取了多种遥感资料，但由于社会经济资料滞后，本书评价单元只能设定为县域尺度。

5.5.2.2 脆弱性评价指标体系构建

基于构建的冰冻圈变化的脆弱性评价指标体系（表 2-2），在详细分析喜马拉雅山地区冰冻圈变化的特点与主要影响的基础上，围绕社会–生态系统对冰冻圈变化的脆弱性，从暴露度、敏感性与适应能力方面遴选了 14 个指标，构建了喜马拉雅山地区社会–生态系统对冰冻圈变化的脆弱性指标体系（表 5-60）。

表 5-60　喜马拉雅山地区冰冻圈变化的脆弱性评价指标与其说明

目标层	准则层	指标层	指标说明	单位
冰冻圈变化的脆弱性	暴露度	海拔	评价单元（县域）内的平均海拔	m
		冰川面积变化率	反映冰川的变化水平	km²/a
		积雪深度变率	衡量指标为年累积积雪深度变率，反映研究地区积雪深度变化的水平	cm/a
		0cm 地温变率	反映研究地区的地表温度变化水平	℃/a
		冻结深度变率	衡量指标为年最大冻结深度的变化率，反映研究地区冻结深度变化的水平	cm/a

续表

目标层	准则层	指标层	指标说明	单位
冰冻圈变化的脆弱性	敏感性	年平均气温变率	反映研究地区气温变化水平	℃/a
		年降水量变率	反映研究地区年降水量的变化	mm/a
		年 NPP 变率	说明陆地生态系统的初始物质和能量状况	gC/(m²/a)
	适应能力	农业总产值	指大农业的产值，即农林牧渔业总产值，主要反映适应的经济基础能力	万元
		农牧民人均纯收入	反映农牧民个体的经济适应能力	元/人
		人均耕地面积	是当地社会经济发展的重要物质基础，体现农村社会经济的发展能力与潜力及对不利环境变化的适应能力	km²/人
		人口城镇化率	即城镇人口与总人口之比，反映城镇化水平，城镇化水平越高、适应能力越强	%
		年末牲畜存栏数	反映研究区畜牧业发展水平	头
		交通运输能力	衡量指标为公路网密度，即各县单位面积通公路里程数，反映地区的交通运输保障能力；值越大，适应能力越强	km/km²

5.5.2.3 评价方法

（1）评价指标权重的确定

使用 AHP 方法确定评价指标的权重，具体见 5.4.4 小节中的研究方法介绍。确定的喜马拉雅山地区各指标的组合权重见表 5-61。

表5-61 喜马拉雅山地区冰冻圈变化脆弱性评价各指标组合权重及排序

目标	准则层（B）	权重	因素层（C）	权重	综合权重（Q）	排序
冰冻圈变化的脆弱性（A）	暴露度（B1）	0.23	C1	0.11	0.025	14
			C2	0.4	0.091	6
			C3	0.13	0.029	13
			C4	0.17	0.039	10
			C5	0.19	0.044	9
	敏感性（B2）	0.30	C6	0.4	0.12	2
			C7	0.31	0.092	5
			C8	0.29	0.086	7
	适应能力（B3）	0.47	C9	0.16	0.076	8
			C10	0.2	0.096	3
			C11	0.07	0.031	12
			C12	0.19	0.093	4
			C13	0.08	0.035	11
			C14	0.3	0.143	1

（2）基于 AHP 法的暴露度、敏感性与适应能力指数模型构建

采用多目标线性加权函数法，通过对 n 个因素层指标进行加权处理，计算冰冻圈变化暴露度指数、敏感性指数、适应能力指数。在获得上述指数的基础上，依据脆弱性与暴露度、敏感性与适应能力之间的逻辑关系，即脆弱性 = （暴露度×敏感性）/适应能力，综合评价喜马拉雅山地区冰冻圈变化的脆弱性。

A. 暴露度指数

暴露度指数模型为

$$E = \sum_{j=1}^{n} (D_{ij} \times Q_{ij}) \tag{5-40}$$

式中，E 为冰冻圈变化脆弱性的暴露度指数；D_{ij} 为第 i 个评价单元暴露度因素中第 j 个指标的标准化值；Q_{ij} 为第 i 个评价单元暴露度因素中第 j 个指标所对应的权重；n 为评价指标个数。E 值越大，表明系统对冰冻圈变化的暴露度越大。结合表 5-59 中暴露度各因素的权重，得到研究区冰冻圈变化暴露度指数公式如下

$$E = 0.14 \times C_1 + 0.31 \times C_2 + 0.16 \times C_3 + 0.18 \times C_4 + 0.21 \times C_5 \tag{5-41}$$

B. 敏感性指数

敏感性指数模型为

$$S = \sum_{j=1}^{n} (D_{ij} \times Q_{ij}) \tag{5-42}$$

式中，S 为冰冻圈变化脆弱性的敏感性指数，其他同上。S 值越大，表明系统对冰冻圈变化越敏感。结合表 5-61 中冰冻圈变化敏感性各因素的权重，得到研究区冰冻圈变化的敏感性指数公式如下

$$S = 0.53 \times C_6 + 0.23 \times C_7 + 0.24 \times C_8 \tag{5-43}$$

C. 适应能力指数

适应能力指数模型为

$$A = \sum_{j=1}^{n} (D_{ij} \times Q_{ij}) \tag{5-44}$$

式中，A 为冰冻圈变化脆弱性的适应能力指数，其他同上。A 值越大，表明系统对冰冻圈变化的适应能力越强。结合表 5-61 中适应能力各影响因素的权重，得到研究区冰冻圈变化的适应能力指数公式如下

$$A = 0.19 \times C_9 + 0.19 \times C_{10} + 0.09 \times C_{11} + 0.18 \times C_{12} + 0.11 \times C_{13} + 0.24 \times C_{14} \tag{5-45}$$

（3）脆弱性模型

脆弱性的模型为

$$V = \frac{(E \times Q_E) \times (S \times Q_S)}{A \times Q_A} \tag{5-46}$$

式中，V 为冰冻圈变化的脆弱性指数；E 为第 i 个评价单元冰冻圈变化的暴露度指数；S 为第 i 个评价单元冰冻圈变化的敏感性指数；A 为第 i 个评价单元冰冻圈变化的适应能力指

数，Q_E、Q_S、Q_A 分别为第 i 个县评价单元的暴露度指数、敏感性指数、适应能力指数相对于目标层的权重。

根据表 5-61 中脆弱性各影响因素的权重，可得到喜马拉雅山地区冰冻圈变化脆弱性评价模型

$$V = \frac{(0.23 \times E) \times (0.30 \times S)}{0.47 \times A} \tag{5-47}$$

5.5.3 喜马拉雅山地区冰冻圈变化的暴露度、敏感性与适应能力

5.5.3.1 系统对冰冻圈变化的暴露度

（1）暴露度分级

在对原始数据进行极差标准化处理的基础上，使用式（5-41），结合层次分析法确定各指标权重（表 5-61），计算得到我国喜马拉雅山地区县域尺度冰冻圈变化的暴露度指数。采用 ArcMap 软件中的自然分类法（Natural Breaks）(Jenks) 对该指数进行分类，按分值从高到低，将其分为 5 级，即 0.69 ~ 0.59、0.59 ~ 0.48、0.48 ~ 0.41、0.41 ~ 0.35、0.35 ~ 0.30，分别对应极高度暴露、高度暴露、中度暴露、低度暴露和较低度暴露，级别数越高，暴露度越大，其空间分布如图 5-30 所示。

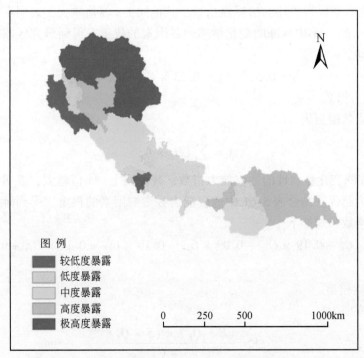

图 5-30　喜马拉雅山地区冰冻圈变化暴露度空间分布

由表 5-62 显示，低度暴露的县域占总县域数的比例最大，达 40.9%，其次为高度暴露县域，占比 25.0%，中度暴露县域占 22.7%，极高度暴露与较低度暴露县域的比例较小，分别为 4.5% 和 6.8%。在喜马拉雅山地区，以低度与较低度级别为主的低暴露县域合计占比为 47.7%，而以高度与极高度级别为主的高暴露县域占比为 29.6%，若把中度级别计算在内，这一比例上升为 52.3%。表明，喜马拉雅山地区对冰冻圈变化的暴露度具有两极化现象，近 50% 的地区暴露度较低，而其余地区暴露度较高。

表 5-62　喜马拉雅山地区冰冻圈变化暴露度分级与比例　　　　　（单位:%）

暴露度分级	县域数	占总县域数的比例
极高度暴露	2	4.6
高度暴露	11	25.0
中度暴露	10	22.7
低度暴露	18	40.9
较低度暴露	3	6.8

（2）暴露度的空间变化

喜马拉雅山地区对冰冻圈变化的暴露度具有东西两端高，中部低的分布特点（图 5-30）。除山南地区的部分县域外，整个研究区以日喀则地区的聂拉木县为中心，分别向西北和东南暴露度递增。西部的阿里地区，从南向北暴露度也增大。

地区尺度上，林芝、山南、日喀则与阿里 4 个地区冰冻圈变化暴露度得分依次为 0.53、0.43、0.40 和 0.48，这与上述分析一致。在各地区内，暴露度类型差异显著。阿里地区分布有所有级别的暴露类型，其中以极高度与极低度暴露县域为主，均占该地区所有县域数的 28.57%；日喀则地区主要为低度暴露，占比 66.67%，无高度与极高度暴露区；山南地区无极高度与极低度暴露类型，其余三种级别的暴露县域所占比例相同；林芝地区只有高度与较低度暴露两种类型，且高度暴露县域数占 85.71%。

（3）暴露度空间差异的关键影响因素

喜马拉雅山地区社会-生态系统对冰冻圈变化的暴露度较高且存在空间差异，这主要归因于该地区冰冻圈的变化及其差异性，其中以冰川面积变化率表征的冰川变化以及冻结深度与年平均 0cm 地温变化率表征的冻土变化是驱动该地区暴露度高与空间差异的关键因素。图 5-31 显示，在遴选的影响冰冻圈变化暴露度的因素中，首先是冰川面积变化率权重比例达 40%，位居首位；其次是冻结深度变化率和年平均 0cm 地温变化率，分别占 19% 和 17%。各评价指标的原始数据显示，除极个别县域无冰川外，其余各县冰川面积变化率均为负值，表明近几十年该地区冰川处于严重退缩状态；除墨脱县年最大冻结深度变率为正值外，其余各县域年最大冻结深度变率也均为负值，分别 -2.23 ~ -0.24cm/a，同时绝大多数县域年平均 0cm 地温变化率表现为正值，这些均表明研究地区冻土在加速退化。冰川快速消融与冻土加剧退化严重影响了喜马拉雅山地区冰冻圈的稳定性，从而增高了当地社会-生态系统对冰冻圈变化的暴露度。

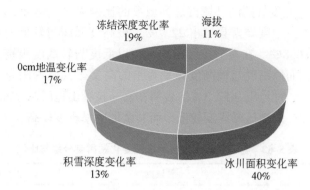

图 5-31　喜马拉雅山地区冰冻圈变化暴露度影响因素

5.5.3.2　系统对冰冻圈变化的敏感性

（1）敏感性分级

在对原始数据进行极差标准化处理的基础上，使用式（5-43），结合层次分析法确定的各指标权重（表5-61），计算得到我国喜马拉雅山地区县域尺度冰冻圈变化的敏感性指数。采用 Natural Breaks 方法对该指数进行分类，按分值从高到低，将其分为5级：0.68～0.53、0.53～0.48、0.48～0.38、0.38～0.24、0.24～0.20，分别对应于极高敏感、高敏感、中敏感、低敏感和较低敏感，级别数越高，敏感性越大（表5-63与图5-32）。

表 5-63　喜马拉雅山地区冰冻圈变化敏感性分级与比例　　　　　　（单位:%）

敏感性分级	县域数	占总县域数的比例
极高敏感	6	13.6
高敏感	8	18.2
中敏感	10	22.7
低敏感	18	40.9
较低敏感	2	4.6

喜马拉雅山地区社会–生态系统对冰冻圈变化具有不同级别的敏感程度，其中低敏感县域最多，有18个，占总县域数的40.9%（表5-63）；其次为中敏感级别的县域，占22.7%；高敏感与极高敏感的县域分别占18.2%和13.6%。可见喜马拉雅山地区冰冻圈变化以低敏感为主。尽管中等及其以上级别的各敏感县域比例较小，但三者合计达到54.5%，这表明喜马拉雅山50%以上的地区对冰冻圈变化很敏感。

（2）敏感性的空间变化

总体上，喜马拉雅山地区社会–生态系统对冰冻圈变化的敏感性具有自东南向西北逐渐增高的空间变化特征（图5-32）。然而，各地区对冰冻圈变化的敏感性差异显著，其中，阿里地区的敏感性最高，所辖7县平均敏感指数为0.63；其次是日喀则地区，敏感指数为0.42；山南地区相对较低，为0.38；林芝地区最低，为0.35。在各地区之内，敏感性类型也存在不同程度的差异（图 5-33）。阿里地区对冰冻圈变化非常敏感，极高敏感县域占地区总县域数的 85.7%；日喀则地区无极高与较低两类敏感级别，但高、中与低敏感三种敏感类型分布相当；山南和林芝地区均以低敏感为主，分别占地区总县域数的 75% 和 42.9%。

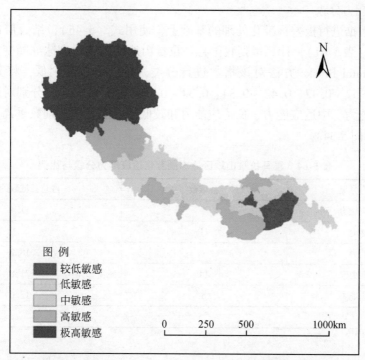

图 5-32　喜马拉雅山地区冰冻圈变化的敏感性空间分布

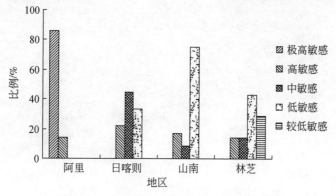

图 5-33　喜马拉雅山各地区敏感类型比例

（3）敏感性空间差异的关键影响因素

在遴选的敏感性诸因素中，年平均气温变化率所占权重最高，达 40%，其次是年降水量变化率，为 31%，二者合计占解释权重的 71%。近几十年，喜马拉雅山地区气候以 0.31℃/10a 的速度显著变暖，且温升速率自东南向西北递增（Yang et al.，2013）。喜马拉雅山地区社会–生态系统对冰冻圈变化敏感且空间差异显著主要归因于该地区显著的气候变化。

5.5.3.3 系统对冰冻圈变化的适应能力

（1）适应能力分级

在对原始数据进行极差标准化处理的基础上，使用式（5-45），结合层次分析法确定的各指标权重（表5-61），计算得到我国喜马拉雅山地区县域尺度冰冻圈变化的适应能力指数。采用 Natural Breaks 方法对该指数进行分类，按分值从高到低，将其分为 5 级：0.78～0.52、0.52～0.42、0.42～0.34、0.34～0.23、0.23～0.16，分别对应于极高适应能力、高适应能力、中适应能力、低适应能力和较低适应能力，级别数越高，适应能力越强（表5-64 与图5-34）。

表 5-64 喜马拉雅山地区冰冻圈变化适应能力分级与比例　　　　（单位：%）

适应能力分级	县域数	占总县域数的比例
极高适应能力	5	11.4
高适应能力	11	25.0
中适应能力	8	18.2
低适应能力	14	31.8
较低适应能力	6	13.6

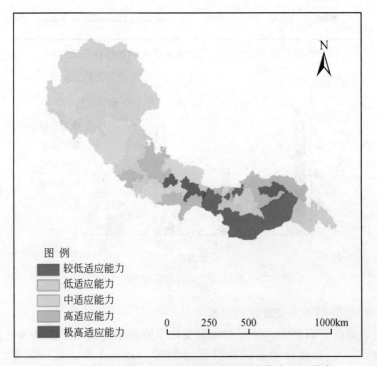

图 5-34 喜马拉雅山地区冰冻圈变化的适应能力空间分布

表 5-64 显示，首先具有低适应能力的县域占喜马拉雅山地区总县域数的比例最高，达 31.8%，这些县域分别是阿里地区的日土县、改则县、革吉县、札达县、普兰县和措勤县，日喀则地区的萨嘎县、聂拉木县和仁布县，山南地区的措美县、加查县和隆子县，以及林芝地区的朗县和察隅县。其次，高适应能力的县域占比为 25.0%，具有中等和极低适应能力的县域分别占 18.2% 和 13.6%，具有极高适应能力的县域只有 5 个，占总县域数的 11.4%，分别是日喀则地区的日喀则市和拉孜县、江孜县、白朗县，以及林芝地区的林芝县。喜马拉雅山地区对冰冻圈变化的适应能力整体较低，具有中等及其以下适应能力的县域占总县域的 63.6%，而具有高适应能力和极高适应能力的县域主要为地区和区域位置较好的地方，占比为 36.4%。

（2）适应能力的空间变化

我国喜马拉雅山地区冰冻圈变化的适应能力整体上表现为中部高、两端低的分布特征。除少部分县域外，研究区系统对冰冻圈变化的适应能力总体从中部分别向东、向西降低（图 5-34）。地区尺度上，各地区对冰冻圈变化的适应能力空间差异显著。日喀则地区适应能力最高，其所辖 1 市 17 县，平均适应能力指数为 0.43，其次是林芝地区，适应能力指数为 0.39，阿里地区位列第三，为 0.32，山南地区适应能力最差。在各地区内适应类型也存在明显差异（图 5-35）。阿里地区以低级适应能力为主，具有低适应能力的县域占该地区总县域数的 85.71%；日喀则地区，各种适应类型所占比例相差不大；山南地区以较低适应类型为主，占该地区总县域数的 41.7%；林芝地区高适应能力的县域占比为 42.9%。

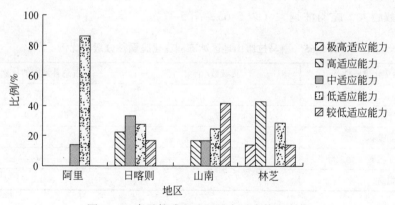

图 5-35　喜马拉雅山地区尺度适应能力变化

（3）适应能力空间差异的关键影响因素

喜马拉雅山地区社会–生态系统对冰冻圈变化的适应能力较低，这主要归因于该地区落后的交通运输条件与以农牧为主导产业的不发达经济发展水平。如图 5-36 所示，交通运输能力占冰冻圈变化适应能力影响因素解释权重的比例最大，达 30%，其次是农牧民人均纯收入和人口城镇化率，分别占 20% 和 19%，农业生产总值占 16%。4 个地区中，日喀则地区位于拉萨市西南，区位优势突出，开发相对较好，交通相对便捷，经济发展迅速，故而其适应能力较强。

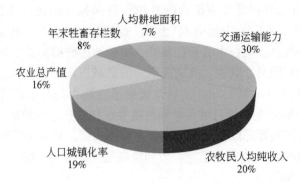

图 5-36　喜马拉雅山地区冰冻圈变化适应能力的影响因素

5.5.4　喜马拉雅山地区冰冻圈变化的脆弱性

（1）脆弱性分级

在对原始数据进行极差标准化处理的基础上，使用式（5-47），结合层次分析法确定的暴露度、敏感性与适应能力权重（表 5-61），计算得到我国喜马拉雅山地区县域尺度冰冻圈变化的脆弱性指数。采用 ArcMap 软件中的 Natural Breaks 方法对各评价单元得分进行分类，按分值从高到低，将其分为 5 级，分别为 0.21～0.15、0.15～0.11、0.11～0.07、0.07～0.05、0.05～0.02，分别对应于极强度脆弱、强度脆弱、中度脆弱、轻度脆弱和微脆弱，级别数越大，脆弱性越大（表 5-65，图 5-37）。

表 5-65　喜马拉雅山地区冰冻圈变化脆弱性分级与比例

冰冻圈变化脆弱性	县域数/个	占总县域数的比例/%
极强度脆弱	3	6.8
强度脆弱	7	15.9
中度脆弱	11	25
轻度脆弱	16	36.4
微脆弱	7	15.9

喜马拉雅山地区存在不同程度的脆弱性，其中，轻度脆弱型的县域所占比例最大，达36.4%，中脆弱型的县域占 25%，强脆弱型和微脆弱型的县域所占比例相同，均为15.9%，极脆弱型的县域所占比例最小，仅为 6.8%。尽管喜马拉雅山地区社会–生态系统对冰冻圈变化的脆弱性以轻度脆弱型为主，但明显地表现出两极化特征（表 5-65）：52.3% 的县域为轻脆弱型和微脆弱型，对冰冻圈变化的脆弱性小，而 47.7% 的县域又为中度脆弱型之上，表明这些地区社会–生态系统对冰冻圈变化脆弱。

（2）脆弱性的空间变化趋势

我国喜马拉雅山地区冰冻圈变化脆弱性具有两端大，中间小的分布特征。除山南地区的错那县、措美县、琼结县和林芝地区的墨脱县、察隅县脆弱性较小外，总体呈现从东南向西北脆弱性增大的趋势（图5-37）。各地区之间的脆弱性也存在明显的差异。阿里地区脆弱性最大，平均脆弱性为0.14，其次是山南地区，为0.09，林芝地区位列第三，平均脆弱性为0.07，日喀则地区脆弱性相对最小，为0.06。

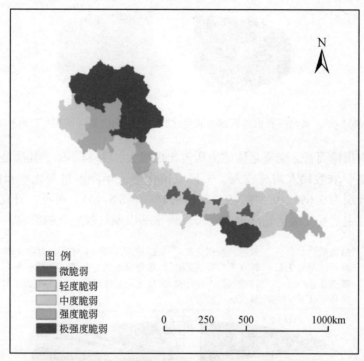

图 5-37　喜马拉雅山地区冰冻圈变化的脆弱性空间分布

各地区内部脆弱类型也表现出不同程度的差异（图5-38）。阿里地区分布有三种脆弱类型：极强脆弱型、强脆弱型和中脆弱型，其中极强脆弱型面积占地区总面积的比例高达56.2%，无微脆弱和轻脆弱型；山南地区五种脆弱类型均有分布，但以极强脆弱型为主，其面积占比为43.8%；林芝地区以中脆弱型为主，面积占比为39.3%，无极强脆弱型；日喀则地区无极强脆弱型和强脆弱型，以轻脆弱型为主，占该地区总面积的45.2%。

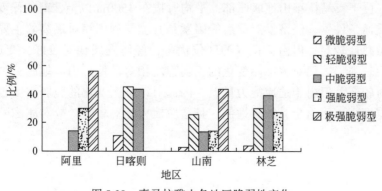

图 5-38　喜马拉雅山各地区脆弱性变化

（3）脆弱度性关键影响因素

在准则层面，适应能力是驱动喜马拉雅山地区社会–生态系统对冰冻圈变化脆弱性的主要因素，占解释权重的 47%，敏感性次之，占 30%，暴露度最少，占 23%（图5-39）。

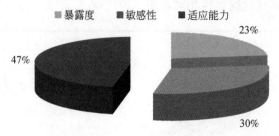

图5-39 喜马拉雅山地区冰冻圈变化脆弱性影响因素（准则层层面）

就具体影响指标而言，交通运输能力所占比例最大，为 14.3%，其次是年平均气温变化率，占 12.0%，农牧民人均纯收入、人口城镇化率、年降水量变化率和冰川面积变化率，所占比例分别为 9.6%、9.3%、9.2% 和 9.1%（图5-40）。可见，研究区系统对冰冻圈变化的脆弱性主要受交通运输能力、经济发展水平以及气候变化的影响。

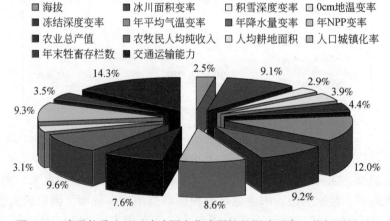

图5-40 喜马拉雅山地区冰冻圈变化脆弱性的影响因素（指标层层面）

阿里地区位于喜马拉雅山地区西部，平均海拔在4500m以上，对气候变化敏感，地形差异大、交通条件差、经济发展落后等因素是其脆弱程度相对最高的主要原因。日喀则地区，虽敏感性较高，但由于良好的区位优势，经济发展相对较好，交通较为便捷，使其适应能力较强，因而对冰冻圈变化的脆弱程度相对最低。山南地区，虽然暴露度和敏感性均相对较低，但由于适应能力最差，因而对冰冻圈变化的脆弱程度也较高；林芝地区，虽暴露度高，但由于其敏感性低，且适应能力相对较好，故对冰冻圈变化的脆弱性相对较小。

5.6 小 结

本书基于构建的冰冻圈变化的脆弱性评价指标体系，在西北干旱区的河西内陆河流域、新疆乌鲁木齐河和阿克苏河流域、长江黄河源区、横断山地区、喜马拉雅山典型流域与地区，针对冰冻圈变化这一特定外部压力，评价了社会-生态系统对冰冻圈变化的脆弱性程度，揭示了其空间格局变化，明晰了驱动脆弱性的关键因素，并从社会学视角对当前已开展的适应措施进行了案例评估。

1) 在西北干旱区，冰冻圈变化的影响主要体现为冰川变化的影响。冰川变化对绿洲系统的影响程度主要取决于冰川融水补给率，补给率大，影响程度相应较大。在河西地区，自石羊河流域向西至疏勒河流域，随着冰川融水补给率增大，冰川变化对绿洲社会经济的影响程度递增。情景预估显示，对于疏勒河这种水资源相对充足的流域，冰川变化的影响在近中期并不显著，而对于石羊河与黑河这种水资源相对缺乏的流域，冰川退缩将通过融水量变化显著影响流域农田灌溉与生态修复。

2) 中国冰冻圈变化的脆弱性程度地区差异显著。① 在西北干旱区的河西内陆河、新疆乌鲁木齐河流域和阿克苏河流域，社会经济快速发展驱动的绿洲面积扩大、GDP 增加和人口密度增大显著增大了绿洲社会-生态系统对冰冻圈变化的暴露度，致使绿洲中下游社会经济较发达地区对冰冻圈变化的脆弱程度高与极高，气候变暖、冰川融水量增加不足以克服暴露度增加的影响。② 长江黄河源区脆弱性高，中度及其以上脆弱级别地区的面积占比达 70.3%。受东部暴露度高、敏感性大与适应能力低的共同作用，总体上黄河源区的脆弱性水平明显高于长江河源区。情景预估显示，未来（2050 年）江河源区生态系统脆弱性整体上呈现逐渐增大后又减小的趋势，生态系统脆弱性以中度脆弱为主，且比例先增加后减少。③ 横断山地区对冰冻圈变化很脆弱，强度、极强度、中度脆弱型面积占研究区总面积的 67.2%。脆弱性总体上呈现南部向北递减的分布规律，丽江纳西族自治县及其北部地区脆弱性相对最大。横断山地区对冰冻圈变化的暴露度较低，但敏感性高，极高和高敏感区面积占比高达 80%，适应能力又偏低，低和较低适应区占比为 56.5%。因此，该地区脆弱性较高主要源于对冰冻圈变化的高度敏感与其自身的低适应能力。④ 近 30 年（1980～2008 年），受冰冻圈变化的显著影响，玉龙雪山地区社会-生态系统的脆弱性增大，但该地区对冰冻圈变化的适应能力亦呈增强态势，经济系统对适应能力的贡献居首位，达到 37%，其次为社会系统，占 29%。旅游业发展驱动下的生态环境保护，地区经济实力的增强，交通设施建设，居民收入增加共同助推了玉龙雪山地区综合适应能力的提升。⑤ 喜马拉雅山地区社会-生态系统对冰冻圈变化比较脆弱，中度及其以上脆弱类型面积占比约为 45.5%。空间上，自东南向西北脆弱性呈增大趋势，阿里地区脆弱性最大，日喀则地区脆弱性相对最小。

3) 西北干旱区内陆河流域水资源适应措施评估结果显示，针对气候变暖冰川变化的诸种影响，地方政府已经实施了生态措施、工程技术措施、结构调整措施、社会性措施等，但决策者与普通居民对这些措施的选择具有明显的倾向性差异，普通居民对适应措施的认可度与接受程度不同。

第6章　中国冰冻圈的灾害风险

冰冻圈快速变化对人类社会最主要的影响是冰冻圈灾害。20世纪70年代开始，全球变暖强度和持续性越来越显著，其影响范围和程度不断增加，冰冻圈灾害无论是频率、范围、强度，还是灾损都呈增加趋势。冰冻圈对气候变化极为敏感，冰冻圈的快速变化由此诱发了各类冰冻圈灾害（Wang et al.，2015；王世金等，2012，2014；王世金和任贾文，2012），这严重影响着冰冻圈承灾区居民的生命和财产安全，影响着寒区交通运输、基础设施、农牧业、冰雪旅游发展乃至国防安全，使承灾区经济社会系统遭到了巨大破坏并潜伏多种威胁。由于冰冻圈影响区地方财政薄弱，抵御灾害能力有限，因此灾害已成为经济社会系统健康持续发展面临的重要问题。

6.1　冰冻圈灾害的类型与特征

6.1.1　冰冻圈灾害的内涵与类型

冰冻圈灾害是自然灾害的一部分，是冰冻圈环境变化过程中，对人类生命安全、财产、资源和社会构成危害的事件或现象。冰冻圈灾害的形成不仅要有冰冻圈环境变化作为诱因，而且要有受到损害的人、财产、资源作为承受灾害的客体。冰冻圈灾害由物理过程、事件规模和发生概率组成，灾害的危险程度主要由时间规模和发生概率决定，而发生概率通常来源于一次灾害事件的频率和复发期。冰冻圈灾害按形成机理明显有别于洪涝、冰雹和暴雪等气象灾害，山体崩塌、滑坡和泥石流等地质灾害，火灾和酸雨等人为灾害，以及海洋灾害和生物灾害。按冰冻圈的组成要素，其灾害类型包括雪崩、冰崩、冰湖溃决洪水、冰川泥石流、凌汛、雪灾、风吹雪、融雪和冰凌洪水、冻融等，其中，特别是雪崩、冰崩、冰湖溃决及其次生灾害的预警、预防难度较大，危害较大。

6.1.2　冰冻圈灾害的特点

冰冻圈灾害总体特征表现在分布地域广、灾损大，并呈频发、群发、多发和并发趋势，其灾害影响已成为冰冻圈经济社会可持续发展面临的重要问题。冰冻圈灾害是在多种条件作用下形成的，既受冰冻圈自身内部动力控制，又受外部条件（气候气象条件、承灾体结构、地震强度等）的干涉，其灾害发生时间、地点、强度等均具有极大不确定性。但随着认识水平的提高，人们认识到冰冻圈灾害具有随机性的同时，冰冻圈灾害的发生、演变和结束也存在一定规律性。另外，冰冻圈灾害还具有一定的群发性和链发性。冰冻圈灾害的群发性表现在某一时间段内或某一地区接连发生多种自然灾害，这些灾害在其发生、发展过程中往往会诱发一系列的次生灾害和衍生灾害，这些灾害共同作用于人类社会，形成灾害的叠加作用过程，放大了源生灾害造成的影响。例如，冰雪强烈消融引发冰雪洪水的产生；冰湖溃决引发洪水/泥石流，洪水/泥石流引发山体崩塌、滑坡，山体崩塌、滑坡导致堰塞湖的形成；春雪、寒潮引发冷冻雨雪天气，冷冻雨雪天气导致生物冻害、交通瘫痪等。

当前，冰冻圈灾害加剧及潜在危害发生可能性的增大已引起全球各国的高度重视和警觉，其冰冻圈灾害风险评估已成为学术界关注的热点问题之一。1999 年，瑞士启动"监测和模拟高山冰川及冻土灾害"研究项目，以防患于未然。2001 年，法国、瑞士、意大利、奥地利、挪威和冰岛 6 个国家联合启动"冰川风险（GLACIORISK）欧洲山地极端冰川灾害监测与防治"研究计划，旨在诊断、监测和防治未来冰冻圈灾害，保护人民生命，减少灾害损失。同期，联合国环境发展计划支持国际山地中心在兴都库什-喜马拉雅地区开展冰湖研究工作，对全球变暖导致的潜在冰湖溃决洪水及泥石流灾害进行了识别。

6.2　冰冻圈灾害的影响

全球范围内，包括阿尔卑斯山、喀喇昆仑山、安第斯山、加拿大落基山、天山和喜马拉雅山在内的许多高山区往往是冰冻圈灾害的频发区和重灾区。冰冻圈灾害多发生在高海拔山区，区位闭塞，经济落后，居民对政府依赖心理较大，高山区冰冻圈灾害威胁着山区的人身和财产安全。例如，在南美洲安第斯山地区有记录的冰川灾害中，冰湖溃决灾害占其总数的 70%。自 1941 年以来，秘鲁布拉卡山区已发生冰湖溃决灾害 30 多起，造成了巨大的生命财产损失。自 1952 年以来，天山吉尔吉斯斯坦有超过 70 次的冰湖溃决灾难案例发生，对下游造成了巨大的经济损失。2002 年，俄罗斯高加索奥塞梯北部科卡（Kolka）冰川发生大规模的冰崩、岩崩泥石流灾害，泥石流冲向下游村落，河谷两岸的道路、通信设备及草地均被破坏，并导致下游村庄部分被埋，造成巨大生命损失。在过去 50 年中，美国雪崩死亡人数呈现稳定性增长趋势，仅 2004～2005 年冬天，就有 28 人因雪崩事件而罹难。特别地，2012 年 3 月 5 日，阿富汗东北部巴达赫尚省谢卡伊地区遭遇连续雪崩，145 人罹难。同年 4 月 8 日，巴基斯坦北部锡亚琴冰川地区遭遇近 20 年来最大的一次雪崩，139 人遇难。在中国，雪崩/冰崩/岩崩、冰湖溃决、冰雪洪水、凌汛灾害、牧区雪灾、冰冻雨雪、风吹雪、冰雹、霜冻、冻融、水资源短缺等冰冻圈灾害直接影响着寒区交通、电力、水利、通信等基础设施和农林牧产业、冰雪旅游、文化景观及人民的生命财产安全。主要影响区域包括天山、喜马拉雅山、念青唐古拉东段、喀喇昆仑山、青藏高原、黄河宁蒙山东段、西部牧区。据统计，1930～2013 年，中国西藏自治区有记录的冰湖溃决灾害呈增加趋势，截至 2013 年 8 月，西藏自治区累计发生冰湖溃决灾害超过 40 次，因灾遇难 715 人，冲毁大小桥梁 88 座，毁路超过 185km。1951～2002 年，西藏自治区发生 119 次雪灾，雪灾致死 320 多人，死亡牲畜超过 1090 万头。2000～2008 年，青海省每年因雪灾牲畜死亡数量介于 88 ~ 151 万头。2008 年初，低温雨雪冰冻极端天气袭击中国南方大部分地区，波及 14 省区，其冰冻灾害因灾遇难人数达到 129 人，直接经济损失 1516.5 亿元（王世金等，2012，2014；王世金和任贾文，2012；Wang et al. ，2015）。

我国"十二五"规划和党的"十八大"报告中指出要加强防灾减灾体系建设，提高气象、地质等自然灾害监测、预警及防御能力。可以说，加强中国冰冻圈灾害风险评估与管控研究，对于践行生态文明国家战略均具有重要的理论与实践价值。

6.3　冰冻圈灾害风险分析——以青藏高原三江源牧区雪灾为例

全球变暖正加剧中国冰冻圈灾害的强度与频度，冰冻圈灾害受多种致灾因子共同影响或作用，各灾种之间虽相互关联但也有区别。灾种不同，成灾机理各异。因成灾机理认知不同，风险内涵表达方式各异，其适应方式也不同。本节以青藏高原三江源牧区为典型案例区，进行雪灾综合风险评估，旨在为冰冻圈其他灾种风险分析、辨识及其评估提供理论支持。牧区雪灾是一种自然与人为因素综合作用而形成、发展的一种冰冻圈灾害，不仅受降雪量、气温、雪深、积雪日数、坡度、草地类型、牧草高度等自然因素影响，而且与畜群结构、饲草料储备、雪灾准备金、区域经济发展水平等社会因素息息相关。因三江源地区是中国牧区雪灾发生的高频区和潜在危险区，在该区开展雪灾风险研究对于其他冰冻圈灾害风险评估具有一定的理论意义。

6.3.1　研究区概况

三江源地区（地理坐标为 89°45′E ~ 102°23′E，31°39′N ~ 36°12′N）位于青藏高原腹地东缘，境内海拔为 3335 ~ 6860m，最高点为昆仑山布喀达坂峰（海拔为 6860m），平均海拔在 4000m 以上，整体地势由西向东缓慢倾斜，地貌类型主要由坡度变化平缓及相对高差变化不大的开阔高平原、丘陵以及界于低山和丘陵之间的盆地组成，主要由昆仑山及其支脉巴颜喀拉山、阿尼玛卿山和唐古拉山脉等组成，为长江、黄河和澜沧江的源头汇水区，其间分布着长江、黄河、澜沧江三大水系的 80 余条河流。三江源地区总面积为 34.86×10⁴km²，约占青海省总面积的 50.40%。三江源地区草地总面积达 28.58×10⁴km²，占总面积的 81.99%（图 6-1）。研究区与国家已批准的三江源国家级自然保护区范围一致。

在行政区划上，三江源牧区包括青海省玉树藏族自治州、果洛藏族自治州的 12 州县（曲麻莱、称多、杂多、治多、玉树、囊谦、玛多、玛沁、达日、甘德、班玛、久治），海南藏族自治州、黄南藏族自治州各两县（同德、兴海；河南、泽库）和格尔木市的唐古拉镇，共 16 个市县及 1 个镇，其中，藏族人口占 90% 以上。2010 年，三江源地区果洛藏族自治州、玉树藏族自治州、海南藏族自治州和黄南藏族自治州 4 个地区总人口达 125.85 万人，较 1982 年的 76.90 万人增加了 63.65%，成为青海省人口增长最快的地区。2010 年，三江源地区 GDP 为 101.77 亿元，仍属于青海省乃至我国最贫困地区。

图 6-1　三江源区位与数字高程

6.3.2　研究方法

（1）雪灾综合风险评估体系

雪灾综合风险评价是对致灾体积雪危险性和承灾体暴露性、脆弱性、适应性风险的综合评价。综合文献研究成果、灾害风险构成，以及雪灾历史事件，本书选取平均雪深、积雪日数、坡度、雪灾重现率（概率）、牲畜密度、冬春超载率、草地覆盖率、产草量、地区 GDP 和农牧民人均纯收入 10 项指标作为雪灾综合风险的影响因子。其中，雪灾致灾体和孕灾环境危险性评价是风险评估的基础，而承灾体暴露性和脆弱性（易损性）评价则是未来雪灾灾情（损）预估的核心。在不同等级下，影响因子对雪灾影响程度不同。因此，有必要对每个影响因子进一步细化等级。本书参考相关文献、青海省气象局行业标准以及三江源地区实际情况，对其 10 个影响因子进行了指标量化分级（表 6-1）。

表 6-1　雪灾风险评价指标及量化分级

风险构成	评价因子	影响因子分级与量化值				
		1 级	2 级	3 级	4 级	5 级
		极低风险	低风险	一般风险	高风险	极高风险
危险性	平均雪深/cm	≤2	2~5	5~10	10~20	≥20
	积雪日数/d	≤5	5~10	10~20	20~35	≥35
	雪灾重现率/%	≤10	10~20	20~30	30~40	≥40
	坡度/(°)	≥20	15~20	10~15	5~10	≤5

续表

风险构成	评价因子	影响因子分级与量化值				
		1级	2级	3级	4级	5级
		极低风险	低风险	一般风险	高风险	极高风险
暴露性	牲畜密度/(只/km²)	≤10	10~40	40~70	70~100	≥100
	冬春超载率/%	≤5	5~30	30~50	50~100	≥100
	草地覆盖率/%	≥90	75~90	60~75	30~60	≤30
脆弱性	产草量/(kg/hm²)	≥1100	800~1100	500~800	200~500	≤200
适应性	地区GDP/10⁸元	≥7	5~7	3~5	1.5~3	≤1.5
	农牧民人均纯收入/10⁴元	≥0.35	0.30~0.35	0.25~0.30	0.25~0.20	≤0.20

注：三江源地区各县产草量、冬春超载率数据来源于青南牧区 2008 年草地地上生物量、理论载畜量及关键场载畜量（张学通，2010）。草地覆盖率以 1981~1984 年草地植被盖度作为正常草地植被盖度，参照国家标准（GB 19377—2003），以此为基准进行三江源草地植被覆盖度等级划分。

（2）Logistic 回归模型

雪灾发生受两类因子影响：一类是致灾体危险性风险因子，如平均雪深、积雪日数等；另一类是承灾体暴露性、脆弱性和适应性因子，如牲畜密度、产草量、地区 GDP 等。对于雪灾而言，从统计学角度出发，产生影响的各因子数据可以作为自变量，而雪灾发生与不发生可以作为分类因变量，它是典型的二分类变量。自变量的不连续（如坡度、雪灾重现率），导致无法使用多元线性回归推导这类自变量和因变量之间的关系。然而，Logistic 回归模型则可以解决这类问题。Logistic 回归优势在于自变量可以是连续的，也可以是离散的，而且不要求自变量呈正态分布。同时，Logistic 回归模型应用案例已证明其预测精度相对其他预测模型来说比较高，这些优点进而也扩大了 Logistic 回归模型在社会科学与自然科学统计分析中的应用范围。

Logistic 回归模型是一种二分类变量非线性回归模型，其表达式如下

$$P(y = 1 \mid x_{1i}, \ x_{2i}, \ \cdots, \ x_{ki}) = \frac{1}{1 + e^{\varepsilon_i}} \tag{6-1}$$

$$\varepsilon_i = a + \sum_{k=1}^{k} \beta_k x_{ki} \tag{6-2}$$

式中，P 就是 ε_i 取值 $\alpha + \sum_{k=1}^{k} \beta_k x_{ki}$ 时的累积分布函数；ε_i 为一系列影响事件发生的因素的线性函数。事件发生的条件概率 $P(y = 1 \mid x_i)$ 与自变量 x_{ki} 之间是非线性单调函数，随着 x_i 增加也单调增加，或随着 x_i 减小 $P(y = 1 \mid x_{1i}, \ x_{2i}, \ \cdots, \ x_{ki})$ 也单调减少，其值域在 $[0, 1]$ 呈 S 形曲线，这种曲线类似于随机变量的累计分布曲线。Logistic 回归模型的这种特性，可以很好地拟合雪灾发生与否和影响雪灾发生的各因素之间的关系。

设 p 为雪灾发生概率，取值范围为 $[0, 1]$。$1-p$ 即为雪灾不发生概率，将其两者比值取自然对数 $\ln [p / (1-p)]$，以 p 为因变量，x_m 为自变量，建立 Logistic 回归方程

$$\log(p) = \log(\frac{p}{1-p}) = a + \beta_1 x_1 + \beta_2 x_2 + \cdots\cdots + \beta_m x_m \tag{6-3}$$

或

$$p = \frac{\exp(a + \beta_1 x_1 + \beta_2 x_2 + \cdots\cdots + \beta_m x_m)}{1 + \exp(a + \beta_1 x_1 + \beta_2 x_2 + \cdots\cdots + \beta_m x_m)} \tag{6-4}$$

式中，α 为常数；β_1，β_2，$\cdots$，β_m 为逻辑回归系数，表示其他自变量取值保持不变时，该自变量增加一个单位引起比数比自然对数值的变化量，其实际意义就是雪灾综合风险评价指标在评价过程中的权重值。通过式（6-3），如果逻辑回归系数确定，则根据不同的评价指标值计算某一区域雪灾发生的概率 p。Logistic 回归模型是普通多元线性回归模型的推广，其误差项服从二项分布，而非正态分布。逻辑回归具体过程为，根据采样点从各个影响因子图层中提取像元值，构建 Logistic 回归分析所需要的样本数据，通过二值 Logistic 回归分析，确定回归模型系数。最后，利用回归模型和 ArcGIS 栅格计算功能对三江源牧区雪灾进行综合风险评估。

Logistic 回归结果显示，草地覆盖率和牧民纯收入系数所对应的显著水平值略大于0.05，其余均小于0.05，可以认为回归结果通过5%的显著性水平检验。根据回归分析结果中的各因子系数值，建立雪灾综合风险评估 Logistic 回归模型

$$\log\left(\frac{p}{1-p}\right) = -24.562 + 0.332x_1 + 1.264x_2 + 1.371x_3 + 0.716x_4 + 0.591x_5$$
$$+ 0.819x_6 + 0.292x_7 + 2.167x_8 + 0.911x_9 + 0.438x_{10} \tag{6-5}$$

式中，p 为雪灾发生概率；x_1，x_2，$\cdots$，x_{10} 分别为草地覆盖率、产草量、雪灾重现率、地区 GDP、冬春超载率、积雪日数、农牧民人均纯收入、平均雪深、牲畜密度、坡度等影响因子，其回归系数分别为 0.332、1.264、1.371、0.716、0.591、0.819、0.292、2.167、0.911、0.438。

在描述各评价指标对雪灾发生概率的贡献度时，将各项逻辑系数与逻辑系数绝对值的和作为雪灾风险评价各因子权重计算的数值来源，求其比值

$$\sigma = \frac{\beta_i}{\sum\limits_{i=1}^{10} \beta_i} \tag{6-6}$$

式中，σ 为各指标权重；β_i 为 Logistic 回归方程中各指标的回归系数。计算结果显示，在绝对权重列表中平均雪深、雪灾重现率、产草量和牲畜密度的影响程度是前四位，其权重系数分别为 0.243、0.154、0.142 和 0.102。此外，积雪日数、地区 GDP 影响程度也较为重要，其权重系数分别为 0.092 和 0.080。农牧民人均纯收入的影响程度则较低，权重系数仅为 0.033，说明面对雪灾，个人适应能力作用甚微。这个模拟结果和实际相符，所以其回归方程［式（6-5）］可用于实际雪灾综合风险评价。

（3）雪灾风险评估流程

根据雪灾形成机理与过程以及统计学知识，基于 ArcGIS 和 Logistic 回归模型的三江源牧区雪灾综合风险评估流程如图 6-2 所示。

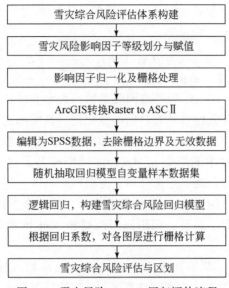

图 6-2　雪灾风险 Logistic 回归评估流程

综合风险评估步骤如下：①在雪灾综合风险评估体系基础上，根据分类标准，将风险因子划分为二级分类因子，同时，按照历史灾情和相关文献，计算各类二级因子指标值；②对各影响因子进行归一化及栅格处理，同时，将各影响因子栅格图层像元值转化为 ASCⅡ格式，导入 SPSS 经过数据编辑，去除栅格边界及无效数据，可得到雪灾发生自变量栅格对应的因变量数据集，形成 Logistic 回归分析所需要的统计样本数据；③把样本数据导入 SPSS 软件中进行二值 Logistic 回归分析，根据回归分析结果构建雪灾综合风险评价模型；④根据雪灾综合风险评估模型中的回归系数，借助 ArcGIS 栅格计算功能，通过各风险因子栅格图层的加权叠加，计算三江源雪灾综合风险指数，并制作风险区划图。

6.3.3　历史雪灾时空变化特征

（1）雪灾时间变化特征

牧区雪灾一般发生在上年 10 月至翌年 5 月，本书将该区间定为一个冬春，即将 1949 年 10 月至 1950 年 5 月作为 1950 年的冬春，依此类推，本书统计了三江源各地区 1950～2008 年冬季（10 月至翌年 2 月）和春季（3～5 月）发生雪灾的总月数。雪灾记录显示：1950～2008 年，三江源各地区共发生 229 次不同程度或规模的雪灾，总体上三江源雪灾呈微弱上升趋势，这与青藏高原东部积雪上升趋势一致。图 6-3 的 6 阶回归拟合曲线显示，1950～1980 年冬春雪灾发生频率较低，为一较长时期的低值区。1980～2008 年，冬春雪灾发生频率较高，为一高值期，雪灾频率出现增加态势。其间，雪灾频次占到 1950～2008 年雪灾总数的 62%。其中，1960 年、1975 年、1982 年、1985 年、1993 年、2008 年为 6 个峰值年，1950 年、1957 年、1958 年、1959 年、1962 年、1964 年、1968 年、1969 年、1977 年、1978 年、1979 年、1980 年、1984 年、2003 年、2004 年、2007 年为低谷年。总体上，三江源雪灾呈现"十年一大灾、五年两头灾、三年一小灾"的变化规律（图 6-3）。

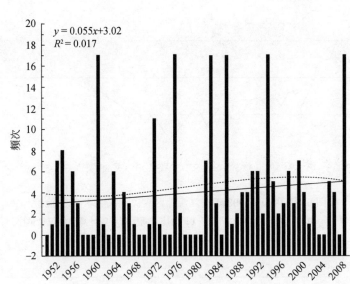

图 6-3　1950~2008 年三江源雪灾频次变化趋势

直线为线性拟合、虚线为 6 阶回归拟合曲线

　　将青海高原 1950~2008 年雪灾发生频次用曼–肯德尔（M-K）方法进行突变检验，结果表明，雪灾发生站次存在突变（图 6-4），突变点位于 1995 年前后。1954~1977 年雪灾频次总体出现下降趋势，之后出现上升态势。1998 年之后，雪灾频次再一次呈现略微的下降态势。从雪灾发生的实际频次图上也可以反映出 1995 年以前雪灾发生频次处于一个高值水平，但 1953~1980 年，雪灾频次却出现一个下降态势。特别是 2000 年以后，雪灾又出现一个上升态势。1975~1986 年，UF 值低于 0.05 临界线，表明这个阶段雪灾发生减少趋势是十分显著的。

　　（2）雪灾空间变化特征

　　雪灾频次空间分布显示，1950~2008 年，三江源雪灾总体上主要集中在玉树藏族自治州、果洛藏族自治州交界巴颜喀拉山南缘地带，以及四川省甘孜藏族自治州的石渠县一带，这也是中国雪灾最为频发的区域之一（图 6-5）。在县域尺度上，玉树藏族自治州称多县（长江源）和果洛藏族自治州达日县、甘德县、玛沁县（黄河源）这两个中心为三江源雪灾的高频区，雪灾数分别达 17 次、20 次、16 次、16 次，雪灾重现率介于 25%~32%，出现概率接近三年一遇，低频区则在唐古拉镇、兴海县、久治县和班玛县，雪灾次数分别为 10 次、10 次、11 次、11 次，雪灾重现率介于 15%~20%。其中，玉树藏族自治州称多县和果洛藏族自治州达日、甘德、玛沁县高值区雪灾次数占总雪灾次数的 30% 以上（图 6-5），这与积雪日数高值区分布区一致，这些区域是青海省南部乃至青藏高原雪灾发生的主要区域，应给予高度关注，其防灾减灾物资储备应抵抗三年一遇重大雪灾。

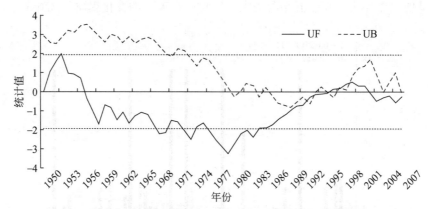

图 6-4　1950~2008 年三江源地区雪灾频次 M-K 突变检验

直线为 $a = 0.05$ 显著性水平临界线；UF 为按时间序列顺序计算出的统计量序列；

UB 为按逆时间顺序计算出的统计量序列

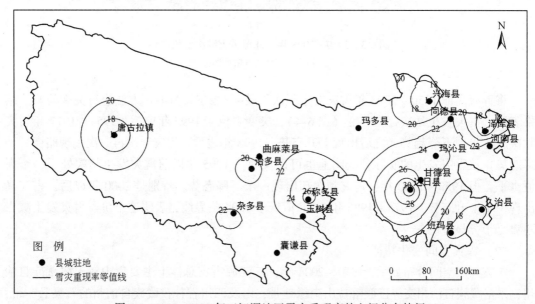

图 6-5　1950~2008 年三江源地区雪灾重现率的空间分布特征

　　在春季和冬季，该区域主要受两支气流的影响：一是来自青藏高原南侧，经孟加拉湾到达我国的西南水汽流；二是由南海进入我国华南，继而到达西南地区的东南水汽流。这两支水汽流主要在低空 30°N 附近汇合，然后向北发散，可向上述雪灾发生高频区输送水汽。另外，西南水汽流还可以越过横断山脉，直接到达青藏高原东部牧区，而后受到巴颜喀拉山的阻挡而抬升，如果水汽充沛，巴颜喀拉山南缘和东麓地区（即玉树藏族自治州称多县和果洛藏族自治州达日县、甘德县、玛沁县等地区）将发生雪灾。

6.3.4 雪灾综合风险评估

根据雪灾综合风险 Logistic 回归模型，在 ArcGIS 中利用栅格计算功能，得到研究区内每个像元雪灾发生概率值 P，最后对整个图层的概率值进行分类，总共分为 5 种类型。ArcGIS 自动提供了几种分类方法，虽然分类方法各有利弊，但不会影响灾点的整体分布。最后，在 ArcGIS 中制作雪灾风险区划图。图 6-6 显示，总体上雪灾风险区主要集中在三江源东南部地区，其中，雪灾极高风险区则主要集中在巴颜喀拉山南部的玉树县、称多县、杂多县和囊谦县，以及巴颜喀拉山与阿尼玛卿山之间的甘德县、达日县、玛沁县和久治县。2010 年，该区域平均雪深 0～12.78cm，其中，玉树藏族自治州囊谦县西南、杂多县北部、玉树县和称多县东南部，以及果洛藏族自治州达日县南部和久治县雪深均超过5cm，同时，这些地区雪灾重现率也均达到 20% 以上。加之这类区域拥有较高的承灾体密度（牲畜密度、超载率和草地覆盖率）和较低的适应能力，从而造成这类区域拥有较高的雪灾综合风险。相反，三江源雪灾极低风险区则地处西部无人区治多县的可可西里、唐古拉乡西北部、杂多县西北部，以及海南藏族自治州兴海县、同德县和黄南藏族自治州河南县，其他区域则处于雪灾低风险与一般风险区（图 6-6）。

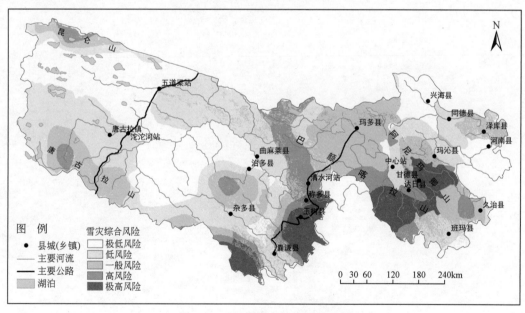

图 6-6　三江源雪灾综合风险区划

雪灾风险等级区划结果显示，极高风险和高风险区面积分别占三江源总面积的13.04% 和 12.63%。极低风险区、低风险区和一般风险区面积分别占三江源总面积的45.44%、20.22%、8.66%。可以看出，低风险区面积远大于高风险区面积。三江源雪灾综合风险评估结果与历史上雪灾空间分布基本吻合（图 6-5 与图 6-6）。然而，在三江源西部唐古拉乡南部的格拉丹东地区和治多县西北昆仑山布喀达坂峰与马兰山一带，由于该区有较厚的平均积雪和较多的积雪日数，加之牲畜密度、冬春超载率等指标格网化数据在这个区域的分布，因此出现了雪灾极高和高风险的散状分布。总体上，三江源雪灾综合风险较高区域与雪灾危险性风险较高区域一致（特别是与雪灾重现率一致），而三江源雪灾重灾区往往落在极高脆弱性风险区和高风险区（图6-6）。因此，在防灾减灾过程中，应给予极高和高的雪灾综合风险区域高度重视，一般风险区可以有选择地进行参考，而极低风险区和低风险区则不作为防灾减灾的重点区域。

6.4 小 结

全球气候变暖，冰冻圈相关灾害呈增加趋势。本章在分析冰冻圈灾害属性、特征及其社会经济影响的基础上，以青藏高原的长江、黄河和澜沧江源区为典型案例区，选取平均雪深、积雪日数、坡度、雪灾重现率（概率）、牲畜密度、冬春超载率、草地覆盖率、产草量、地区 GDP 和农牧民人均纯收入指标，构建了 Logistic 回归模型，综合评价了案例区雪灾风险。结果显示，雪灾高风险区主要集中在三江源巴颜喀拉山南部地区、巴颜喀拉山与阿尼玛卿山之间的区域，雪灾风险较高区域与雪灾危险性较高区域一致。

第 7 章　中国冰冻圈变化的脆弱性与适应

本章基于冰冻圈变化的脆弱性典型案例评价结果，综合评估中国冰冻圈变化的脆弱性程度，揭示其地区差异，从脆弱性与暴露度、敏感性、适应能力的逻辑关系探寻差异原因。在冰冻圈作用区范围内，采用层次分析法，定量评价了 1981～2000 年、2001～2020 年和 2001～2050 年 3 个时间段中国冰冻圈变化的脆弱性，并对其进行分区。将典型区层面与宏观层面中国冰冻圈变化脆弱性与适应研究结果与当前冰冻圈科学研究发展趋向、国家发展战略相结合，提出基于冰冻圈问题的适应战略与对策措施。

7.1　中国冰冻圈变化的脆弱性综合评估

前面章节对河西内流河流域、新疆典型内陆河流域、长江黄河源区、横断山地区与喜马拉雅山地区社会-生态系统对冰冻圈变化的脆弱性进行了案例评价与分析，本节将基于这些评价结果，从综合角度，系统评估中国冰冻圈变化的脆弱性程度，揭示其地区差异、驱动机制。

典型案例区的脆弱性评价指标体系均是在已构建的中国冰冻圈变化脆弱性评价指标体系（表 2-2）基础上，结合各地区特点建立的，虽然部分指标有差异，但总体上保持一致。同时，为消除因地区差异对评估结果的影响，采取无量纲的比例法统计各地区脆弱性、暴露度、敏感性与适应能力不同级别的占比，以方便各地区之间进行比较。

7.1.1　脆弱性

按三分法，将极强度与强度脆弱性划分为强脆弱性，轻度与微度脆弱划分为轻微脆弱性，中度脆弱性不变，为统一，称为中脆弱性。统计结果表明，强脆弱性的比例从高到低依次为横断山地区为 39.1%、河西内陆河流域为 28.6%、喜马拉雅山地区为 22.7%；就中脆弱性而言，比例从高到低依次为横断山地区（28.1%）、喜马拉雅山地区（25.0%）、河西内陆河流域（19.1%）；对于轻微脆弱性而言，河西内陆河流域比例最高，为52.4%，其次为喜马拉雅山地区，为 52.3%，横断山地区为 32.8%（表 7-1）。

表 7-1　各典型案例区脆弱性对比　　　　　　　　　　　　（单位:%）

项目	强脆弱性	中脆弱性	轻微脆弱性	综合脆弱性
河西内陆河流域	28.6	19.1	52.4	次高
横断山地区	39.1	28.1	32.8	最高
喜马拉雅山地区	22.7	25.0	52.3	第三

可见，中国冰冻圈变化的脆弱性程度不同地区差异显著。综合而言，3 个案例区中，横断山地区冰冻圈变化的脆弱性程度最高，其次为河西内陆河流域，喜马拉雅山地区位列第三。

7.1.2 暴露度

同样，按三分法，将极高与高暴露度划分为高暴露度，低与较低暴露度划分为低暴露度，中暴露度不变。除长江黄河源区无统计数据外，高暴露度的比例从高到低依次为河西内流河流域（42.9%）、喜马拉雅山地区（29.6%）、横断山地区（26.9%）；中暴露度从高到低依次为喜马拉雅山地区（22.7%）、横断山地区（20.2%）、河西内陆河流域（19.0%）；就低暴露度而言，横断山地区位列第一，为 52.9%，其次为喜马拉雅山地区，为 47.7%，河西内陆河流域位居第三，为 38.1%（表 7-2）。

表 7-2　各典型案例区暴露度对比　　　　　　　　　　　　　（单位:%）

项目	高暴露度	中暴露度	低暴露度	综合暴露度
河西内陆河流域	42.9	19.0	38.1	最高
横断山地区	26.9	20.2	52.9	第三
喜马拉雅山地区	29.6	22.7	47.7	次高

在冰冻圈作用区，社会–生态系统对冰冻圈变化的暴露程度不一。综合而言，3 个案例区中，河西内陆河流域的暴露度最高，其次为喜马拉雅山地区，横断山地区相对较低。

7.1.3 敏感性

按三分法，将极高与高敏感划分为高敏感，低与较低敏感划分为低敏感，中敏感不变。3 个典型区中，高敏感从高到低依次分别为横断山地区（高达 80.0%）、河西内陆河流域（33.3%）、喜马拉雅山地区（31.8%）；就中敏感而言，河西内陆河流域位列第一，为 28.6%，其次为喜马拉雅山地区，为 22.7%，横断山地区最小，只有 7.7%；喜马拉雅山地区低敏感的占比为 45.5%，其次为河西内陆河流域，为 38.1%，横断山地区仅为 12.3%（表 7-3）。

表 7-3　各典型案例区敏感性对比　　　　　　　　　　　　　（单位:%）

项目	高敏感	中敏感	低敏感	综合敏感性
河西内陆河流域	33.3	28.6	38.1	次敏感
横断山地区	80.0	7.7	12.3	最敏感
喜马拉雅山地区	31.8	22.7	45.5	第三

在中国西部，社会–生态系统对冰冻圈变化的敏感性差异显著。3 个典型区中，横断

山地区对冰冻圈变化最为敏感，占比高达 80.0%，其次为河西内陆河流域，喜马拉雅山地区相对最小。

7.1.4 适应能力

按三分法，将极高与高适应能力划分为高适应能力，低与较低适应能力划分为低适应能力，中适应能力不变。表 7-4 显示高适应能力从高到低依次为河西内陆河流域（42.8%）、喜马拉雅山地区（36.4%）、横断山地区（27.1%）；中适应能力也是河西内陆河流域最高，为 33.3%，喜马拉雅山地区与横断山地区分别为 18.2% 和 16.9%；低适应能力的地区从高到低顺序分别是横断山地区（56.5%）、喜马拉雅山地区（45.4%）、河西内陆河流域（23.8%）。

表 7-4　各典型案例区适应能力对比　　　　　　　　　　（单位:%）

项目	高适应能力	中适应能力	低适应能力	综合适应能力
河西内陆河流域	42.8	33.3	23.8	最强
横断山地区	27.1	16.9	56.5	第三
喜马拉雅山地区	36.4	18.2	45.4	次强

中国社会-生态系统对冰冻圈变化的适应能力不一，地区差异悬殊。综合而言，3 个典型地区中，河西内陆各流域的适应能力最强，其次为喜马拉雅山地区，横断山地区相对最弱。

7.1.5 综合分析

在 3 个典型区中，横断山地区对冰冻圈变化的暴露度位列第三，相对较低，但该地区对冰冻圈变化极为敏感，综合敏感性最高，同时其适应能力又较低（表 7-5）。因此，高度敏感与低适应能力是横断山地区社会-生态系统对冰冻圈变化最为脆弱的主因。

表 7-5　各典型案例区综合脆弱性、暴露度、敏感性与适应能力对比

项目	综合脆弱性	综合暴露度	综合敏感性	综合适应能力
河西内陆河流域	次高	最高	次敏感	最强
横断山地区	最高	第三	最敏感	第三
喜马拉雅山地区	第三	次高	第三	次强

横断山地区位于我国冰冻圈作用区的东南缘，岛状多年冻土分布，海洋型冰川发育，冰冻圈变化非常显著（Liu et al.，2014；杜建括等，2013；李宗省等，2009；何元庆和典章，2004），这构成了该地区社会-生态系统所暴露的自然环境。横断山地区山高谷深，民

族众多,社会经济发展落后。尽管近几年大力发展的旅游业使该地区社会经济有了长足发展,但仍是以农牧业为主的较单一的经济结构,这使该地区对冰冻圈变化高度敏感,也使其难以适应冰冻圈的快速变化。因此,快速变化的冰冻圈环境、以农业为主的较单一经济结构、多民族分布落后的社会环境共同驱动了横断山地区社会-生态系统对冰冻圈变化的高脆弱性。

河西内陆河流域绿洲系统深处内陆腹地,气候干旱,年降水量介于 30~300mm,经济社会发展高度依赖祁连山区冰雪、冻土融水与山区降水,这使其既高度暴露于冰冻圈变化的影响之下,又对冰冻圈变化很敏感。然而高效、成熟、发达的干旱农业灌溉体系、节水种植制度与水资源管理使之具有对冰冻圈变化的高适应能力(表7-5)。因此,河西内陆河流域绿洲系统对冰冻圈变化脆弱性高主要归因于其对冰冻圈变化的高暴露与较高敏感性。

喜马拉雅山地区包括阿里、日喀则、山南与林芝4个地区,东西跨度大。尽管该地区冰冻圈发育,且近几十年冰冻圈变化显著(刘时银等,2006;康世昌等,2007;Kang et al.,2010;向灵芝等,2013;Nan et al.,2005),其对冰冻圈变化的脆弱性在3个典型区中最小,这主要因其人口与经济体量小,对冰冻圈变化的暴露度低、敏感性较小。据《第六次全国人口普查主要数据公报(第1号)》(2010年),喜马拉雅山地区约有132.3万人,地区总面积为64.1699万 km²,人口密度小,仅为2.06人/km²。农牧业是该地区经济支柱产业,2013年全区GDP为339.6亿元。

一个地区脆弱与否是由暴露度、敏感性与适应能力3个要素决定,脆弱性与暴露度、敏感性正相关,与适应能力反相关。在中国西部,不同地区社会-生态系统对冰冻圈变化的脆弱性差异显著,这主要与地区所处位置、冰冻圈发育及其变化情况,以及各地区社会经济发展水平所决定的暴露度、敏感性与适应能力的异同有关。

7.2 中国冰冻圈变化的脆弱性评价与预估

7.2.1 冰冻圈变化的脆弱性评价方法

7.2.1.1 指标体系构建

基于已构建的中国冰冻圈变化的脆弱性评价指标体系(表2-2),以暴露度、敏感性与适应能力为标准,从宏观层面遴选了冰川面积覆盖率、冻土深度变化率、积雪面积覆盖变化率、地表径流变化率、地温变化率、植被生长变化率、人类发展指数变化率7个指标,构建了简化的中国冰冻圈变化脆弱性评价指标体(表7-6)。

表 7-6　简化的中国冰冻圈变化脆弱性评价指标体系

目标层	准则层	指标层
冰冻圈变化的脆弱性	暴露度	冰川面积覆盖率（逆向）
		冻土深度变化率（逆向）
		积雪面积覆盖变化率（逆向）
	敏感性	地表径流变化率（正向）
		地温变化率（正向）
	适应能力	植被生长变化率（逆向）
		人类发展指数变化率（逆向）

7.2.1.2　数据处理方法

中国冰冻圈变化的脆弱性评价地区为整个冰冻圈作用区，评价尺度为县级单元尺度，合计 1173 个县。基于各个指标的格点或栅格数据，使用全国分县图计算每个县各个指标数据，并在 GIS 技术支持下生成各个指标的空间图像。脆弱性预估选取的是 IPCC SRES 排放情景下的 A1、A1B 和 B1 情景。气候预估资料选用美国 CCSM3.0 参与 IPCC 第四次气候变化评价报告的模拟结果。

（1）指标权重确定方法

运用层次分析法，分别确定每个指标的权重值。权重值确定的关键就是判断矩阵的构建，即各个指标的相对重要性。本书所有判断矩阵都通过一致性检验，CR<0.10，具有满意的一致性，表明各层次的指标分配是合理的，最后将各层次的指标权重进行综合排序计算，得到 7 个指标数据层的权重，见表 7-7 ~ 表 7-10。

表 7-7　暴露度指标的判断矩阵及权重

项目	冰川面积覆盖率	冻土深度变化率	积雪面积覆盖变化率	权重
冰川面积覆盖率	1	0.5	0.3333	0.1667
冻土深度变化率	2	1	0.6667	0.3333
积雪面积覆盖变化率	3	1.5	1	0.5

注：$\lambda = 2.9999$；$CI = 0.0000$，$CR = 0.0000 < 0.10$，表示通过一致性检验，后同。

表 7-8　敏感性指标的判断矩阵及权重

项目	地表径流变化率	地温变化率	权重
地表径流变化率	1	3	0.75
地温变化率	0.3333	1	0.25

注：$\lambda = 3.0037$，$CI = 0.0000$，$CR = 0.0000 < 0.10$。

表 7-9 适应能力指标的判断矩阵及权重

项目	NDVI 变化率	人类发展指数变化率	权重
NDVI 变化率	1	2	0.6667
人类发展指数变化率	0.5	1	0.3333

注：$\lambda = 2$，$CI = 0.0000$，$CR = 0.0000 < 0.10$。

表 7-10 冰冻圈变化的脆弱性评价指标权重总排序

项目	暴露度 0.33	敏感性 0.33	适应能力 0.33	层次总排序结果
冰川面积覆盖率	0.166 7	—	—	0.055 56
冻土深度变化率	0.333 3	—	—	0.111 09
积雪面积覆盖变化率	0.5	—	—	0.166 65
地表径流变化率	—	0.75	—	0.249 98
地温变化率	—	0.25	—	0.083 33
NDVI 变化率	—	—	0.333 3	0.111 09
人类发展指数变化率	—	—	0.666 7	0.222 21

（2）指标标准化方法

指标标准化的计算方法如下所示。

A. 正向指标 $V_{正}$

即正相关指标——指标值越大，脆弱性越高。其标准化的方法如下

$$V_{正} = \frac{x - \min(x)}{\max(x) - \min(x)} \tag{7-1}$$

式中，min（x）为所有地市级行政单元内某项指标数据的最小值；max（x）为所有县级行政单元内该项指标数据的最大值；x 为每个地市级行政单元内该项指标数据值。

B. 逆向指标 $V_{负}$

即负相关指标——指标值越小，脆弱性越高。其标准化的方法如下

$$V_{负} = \frac{\max(x) - x}{\max(x) - \min(x)} \tag{7-2}$$

标准化后的指标值介于 0 ~ 1。

7.2.1.3 冰冻圈变化的脆弱性评价公式

$$F = \frac{(\sum_{i=0}^{l} W_{1i} \times E_i) \times (\sum_{i=0}^{m} W_{2i} \times S_i)}{\sum_{i=0}^{n} W_{3i} \times A_i} \tag{7-3}$$

式中，F 为脆弱性指数；i 为各类指标序数；l 为暴露度指标个数；m 为敏感性指标个数；n 为适应能力指标个数；W_{1i} 为第 i 个暴露度指标的权重；W_{2i} 为第 i 个敏感性指标的权重；W_{3i} 为第 i 个适应能力指标的权重；E_i 为第 i 个暴露度指标；S_i 为第 i 个敏感性指标；A_i 为第 i 个适应能力指标。

7.2.2 中国冰冻圈变化的暴露度、敏感性与适应能力评价结果

（1）暴露度

采用聚类分析方法，对 1981～2000 年冰冻圈变化的暴露度指数进行聚类分析，找出聚类阈值 0.34、0.46、0.57 和 0.69，据此可将冰冻圈变化的暴露度划分为 5 级：较低度暴露（<0.34）、低度暴露（0.34～0.46）、中度暴露（0.46～0.57）、高度暴露（0.57～0.69）与极高度暴露（>0.69）。

1981～2000 年，冰冻圈作用区的暴露度较低，只有新疆西部部分地区、西藏阿里地区的西南、珠穆朗玛峰（简称珠峰）地区与三南地区的南部暴露度较大，呈高度与极高度暴露。

在 SRES A1 和 B1 情景下，2001～2020 年冰冻圈变化的暴露度最大，区域平均分别为 0.46 和 0.47，A1B 情景下暴露度最小，仅为 0.32。在 A1 情景下，极高度暴露度的区域主要分布在西藏西部、新疆北部以及四川西部等地；A1B 情景下，极高度暴露的区域分布在西藏东南部、青海南部以及四川的西北部等地；B1 情景下，极高度暴露的区域分布在西藏的西北部以及青海北部等地。

相较 2001～2020 年，2001～2050 年冰冻圈作用区的暴露度降低，3 个情景下区域平均暴露度指数分别为 0.2517、0.2524、0.2492，比较接近，只有西藏西北部的暴露度较大，达到极高度暴露级别。

（2）敏感性

采用聚类分析方法，对 1981～2000 年冰冻圈变化的敏感性指数进行聚类分析，找出聚类阈值 0.47、0.59、0.70 和 0.82，据此可将冰冻圈变化的敏感性划分为 5 级：较低敏感（<0.47）、低敏感（0.47～0.59）、中敏感（0.59～0.70）、高敏感（0.70～0.82）与极高敏感（>0.82）。

1981～2000 年，冰冻圈作用区的敏感性高，平均敏感性指数为 0.70，西北以及西藏大部的敏感性指数均在 0.70～0.82，为高度敏感，新疆南部部分地区大于 0.82，为极高度敏感地区。

在 SRES 3 个情景下，2001～2020 年冰冻圈变化的敏感性降低，区域平均敏感性指数分别为 0.52、0.51、0.50。A1 情景下高敏感区与极高敏感区主要分布在西藏的西北部、珠峰与念青唐古拉山一带，A1B 情景下主要分布在西藏西北部与陕甘宁交界地带，B1 情景下主要分布在西藏的西北部、南部与云南四川西部地区。

2001～2050 年，除 A1 情景下冰冻圈变化的敏感性略有增大之外，其余两个情景的敏感性进一步减弱，区域敏感性指数分别为 0.59（A1）、0.50（A1B）和 0.45（B1）。在

A1 情景下，中度及其以上敏感的区域主要分布在华北中部以及青海、四川等地；A1B 情景下，这些区域分布在陕西、山西、河北以及西藏南部等地；B1 情景下，这些区域分布在河北中部与西藏西北部等地，其中西藏西北部部分地区敏感性极高。

（3）适应能力

采用聚类分析方法，对 1981～2000 年冰冻圈变化的适应能力指数进行聚类分析，找出聚类阈值 0.12、0.18、0.24 和 0.29，据此将冰冻圈变化的适应能力划分为 5 级：较低适应能力（<0.12）、低适应能力（0.12～0.18）、中适应能力（0.18～0.24）、高适应能力（0.24～0.29）与极高适应能力（>0.29）。

1981～2000 年，冰冻圈作用区的适应能力总体较低，区域平均适应能力指数仅为0.15，其中西藏的适应能力最小，为较低适应能力级别；西北地区、华北和东北大部，适应能力指数介于 0.12～0.18，为低适应能力级别；北京、辽宁和黑龙江等地的适应能力指数大于 0.18，为中及其以上适应能力。

与 1981～2000 年相比，2001～2020 年冰冻圈作用区的适应能力有所增大，在 SRES A1、A1B 和 B1 情景下区域平均适应能力指数分别为 0.17、0.16 和 0.17。空间上，新疆西部、华北和东北地区适应能力明显增强。

2001～2050 年，冰冻圈作用区适应能力进一步增强，3 个情景下区域平均适应能力指数分别为 0.18、0.17 和 0.17。空间上，西部地区适应能力变化不大，而华北地区适应能力逐渐增强。

未来冰冻圈作用区的适应能力逐渐增强，主要归因于三方面：①气候变暖导致植被生长增加；②人类发展指数提高；③人类适应冰冻圈变化的能力增强。

7.2.3 中国冰冻圈变化的脆弱性评价结果

采用聚类分析方法，对 1981～2000 年冰冻圈变化的脆弱性指数进行聚类分析，找出聚类阈值 0.22、0.36、0.56 和 0.77。按照该阈值，将脆弱性分为 5 个等级，即微度脆弱（<0.22）、轻度脆弱（0.22～0.36）、中度脆弱（0.36～0.56）、强度脆弱（0.56～0.77）和极强度脆弱（>0.77）。

1981～2000 年，冰冻圈变化导致的区内脆弱性以轻度脆弱为主，区域平均脆弱性指数为 0.26，只有喜马拉雅山地区呈高度与极高度脆弱。

2001～2020 年，冰冻圈作用区的脆弱性有所降低，除西藏大部地区为中度及以上脆弱之外，其余地区均为轻、微度脆弱。SRES A1B 情景下区域平均脆弱性最小，脆弱性指数只有 0.13。

2001～2050 年，冰冻圈作用区的脆弱性进一步降低，在 SRES 3 个情景下区域平均脆弱性分别仅为 0.10、0.10 和 0.09，除西藏之外，其余冰冻圈区域均为微度脆弱。

上述分析显示，未来冰冻圈变化导致的冰冻圈作用区的脆弱性将逐渐减小，其对人类社会和生态系统的压力也在减弱。

7.3 中国冰冻圈变化的脆弱性分区

采用聚类分析方法，对 1981~2000 年脆弱性指数进行聚类分析，划分为 5 个聚类，找出聚类阈值，即 0.22、0.36、0.56 和 0.77。按照该阈值，将 1981~2000 年冰冻圈变化的脆弱性划分为微度脆弱区、轻度脆弱区、中度脆弱区、强度脆弱区和极强度脆弱区。勾勒出每个等级区的边界，从而得到脆弱性等级区划。

1981~2000 年，冰冻圈变化极强度脆弱区分布在西藏珠峰地区，强度脆弱区分布在西藏整个喜马拉雅山地区，中度脆弱区分布在西藏北部与东部地区，其他地区为轻度和微度脆弱区（图 7-1）。

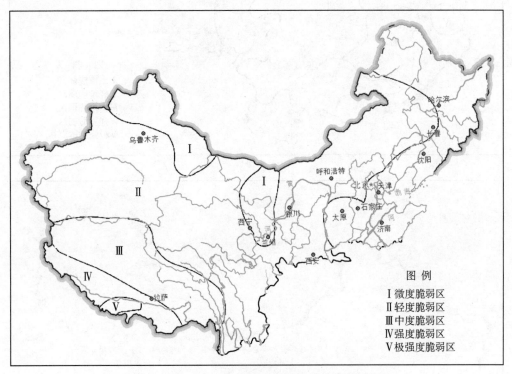

图 7-1 1981~2000 年我国冰冻圈变化的脆弱性分区

2001~2020 年，SRES A1 情景下，极强度脆弱区分布在西藏西北部和以珠峰为中心的南部地区，强度脆弱区分布在西藏东南部地区，西藏北部为中度脆弱区，其他地区为轻度和微度脆弱区。A1B 情景下，极强度脆弱区仅分布在西藏西北部，强度脆弱区分布在西藏中南部，中度脆弱区零星分布在西藏西部、北部和东南部，其他地区为轻度和微度脆弱区。B1 情景下，西藏西部和南部地区为极强度脆弱区，北部为强度脆弱区，中度脆弱区呈斑块状分布在极强度与强度脆弱区之间，其他地区为轻度和微度脆弱区（图 7-2）。

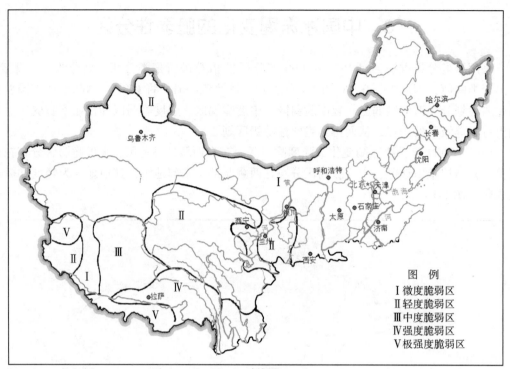

(a)A1情景

图 例
I 微度脆弱区
II 轻度脆弱区
III 中度脆弱区
IV 强度脆弱区
V 极强度脆弱区

(b)A1B情景

图 例
I 微度脆弱区
II 轻度脆弱区
III 中度脆弱区
IV 强度脆弱区
V 极强度脆弱区

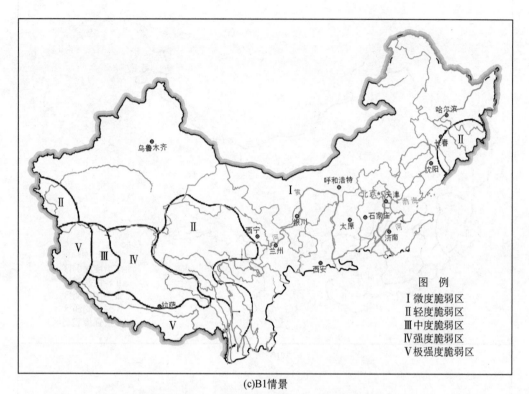

(c)B1情景

图 7-2　2001～2020 年我国冰冻圈变化的脆弱性分区

　　2001～2050 年，SRES A1 情景下，极强度脆弱区消失，强度脆弱区分布在西藏西北部，中度脆弱区分布在西藏西北和东南大部，其余地区为轻度和微度脆弱区。A1B 情景下，极强度脆弱区仍旧分布在西藏西北部，强度脆弱区分布在西藏南部，中度脆弱区主要分布在西藏的中南部部分地区。B1 情景下，极强度脆弱区范围缩小到西藏的西北部，强度脆弱区分布在西藏的中西部，中度脆弱区分布在西藏的东南部，其余地区为轻度和微度脆弱区（图 7-3）。

　　综上所述，2001～2020 年，2001～2050 年，在 SRES A1 情景下，极强度脆弱区（Ⅴ）的范围消失，强度脆弱区（Ⅳ）、中度脆弱区（Ⅲ）、轻度脆弱区（Ⅱ）的范围缩小，微度脆弱区（Ⅰ）的范围扩大。在 A1B 情景下，极强度脆弱区、强度脆弱区、中度脆弱区、轻度脆弱区的范围变化不大，但是位置有所改变，微度脆弱区的范围变化不大。在 B1 情景下，极强度脆弱区、强度脆弱区、中度脆弱区、轻度脆弱区的范围缩小，微度脆弱区的范围增大。

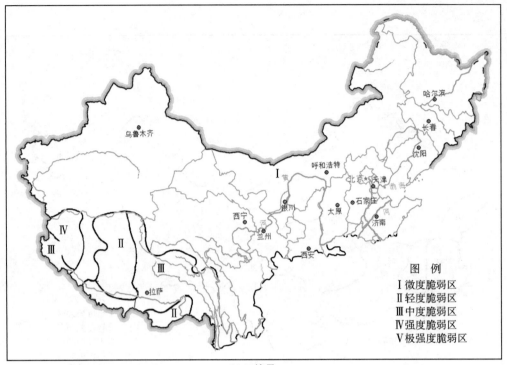

(a)A1情景

(b)A1B情景

(c)B1情景

图 7-3　2001~2050 年我国冰冻圈变化的脆弱性分区

7.4　冰冻圈变化的适应战略与对策措施

7.4.1　中国冰冻圈变化适应战略

7.4.1.1　中国适应冰冻圈变化的必要性与重要性

中国是中、低纬度地区冰冻圈最发育的国家，也是受冰冻圈快速变化显著影响的国家。中国冰冻圈要素众多，冰川、冻土、积雪、河湖冰的变化与影响方式不同，区域差异显著，故将其对社会经济的影响归纳为冰冻圈与水、冰冻圈与生态、冰冻圈与灾害三类。在西北干旱区，冰冻圈发育分布于高山区，其主要通过冰、雪、冻土融水量的补给与调节作用间接影响中下游绿洲社会经济；青藏高原是冰冻圈作用与影响重叠区，多年冻土变化直接影响高寒生态系统，从而间接影响寒区畜牧业经济；冰川洪水、冰湖溃决、雪灾、热融滑塌等灾害严重影响基础设施、威胁人民生命财产；在东部地区，气候变暖背景下，冰冻雨雪极端天气气候事件增加，冰冻圈相关灾害严重威胁社会经济建设成果。除青藏高原第三极之外，北极与南极是全球冰冻圈变化的另外两个主阵地。中国虽远离北极与南极，但也受这两个地区冰冻圈变化的影响。极地冰盖物质损失，海平面上升（Dutton et al.，2015），中国东部沿海将受到威胁。北极海冰融化，北极航道开通深远影响国际航运格局，对中国未来航运事业发展产生重大影响（彭振武和王云闯，2014）。

中国 21 世纪伟大发展倡议中的"陆上丝绸之路经济带""中巴经济走廊""中俄蒙经济走廊""孟中印缅经济走廊"在自然地理环境上均为冰冻圈发育分布地区。"陆上丝绸之路经济带"的中国境内和中亚沿线国家均高度依赖高山冰雪水资源，冰川变化导致冰川融水量的未来变化将成为该经济带能否成功实施、社会经济繁荣发展与否的关键因素，也是最大的可变因素。"中巴经济走廊"途经的喀喇昆仑山、兴都库什与喜马拉雅山脉地区是冰川跃动、冰雪融水、雪崩等冰冻圈灾害频发地区，气候变暖条件下，这些灾害将更加活跃，严重威胁该"经济走廊"公路、铁路、光缆、油气管道等基础设施的建设与后期安全运行。"孟中印缅经济走廊"是我国"一带一路"倡议的组成部分，该经济走廊包括青藏高原东南与南缘地区，冰冻圈灾害异常活跃，严重制约"经济走廊"的建设。另外因冰冻圈变化引发的国际河流水资源利用争端也可能成为该"经济走廊"建设谈判的附带条件。"中俄蒙经济走廊"位于北半球多年冻土南缘地区，气候变暖，多年冻土融化，冻融灾害明显增加威胁该"经济走廊"交通运输与基础设施建设。可见，冰冻圈变化引发的水资源支撑问题、生态屏障问题、冰冻圈灾害问题、国际河流水资源利用争端问题等已成为、并将进一步成为"一带一路"倡议建设的重要影响因素。因此，从全球到中国区域，从地方社会经济发展到国家发展战略，适应冰冻圈变化是中国社会经济可持续发展的国家战略需求。

7.4.1.2 中国适应冰冻圈变化的战略举措

由冰川（山地冰川、冰帽、极地冰盖、冰架等）、冻土（季节冻土和多年冻土）、积雪、固态降水、海冰、河冰、湖冰组成的冰冻圈是地球表层的一个独特圈层，其变化影响既具有全球性，又具有区域性。冰冻圈变化通过改变热、盐状况影响大洋环流，在不同尺度影响全球气候；区域尺度上，北极海冰变化与中国冬季气候密切关联，欧亚大陆积雪显著影响中国东部的夏季降水。因此，适应冰冻圈变化应具有全球视野，注重顶层设计，全方位布局。

（1）实施地–空–天三位一体模式精准监测冰冻圈变化，建立冰冻圈资源定期调查机制，实施冰冻圈变化专项研究计划群，广泛开展国际合作交流，加强、深化冰冻圈科学研究，定期发布冰冻圈变化评估报告

适应冰冻圈变化即通过实施适应决策与行动降低冰冻圈变化的风险与脆弱性，寻求机遇，建设国家、相关地区、城市、企业、社区、个人和自然系统应对冰冻圈变化影响的能力。因此，需要充足的有关冰冻圈变化、影响、风险与脆弱性的知识和信息以确定适应方案，这样开展冰冻圈变化及相关研究成为适应冰冻圈变化的首要前提和基础。目前的冰冻圈研究正处于由分散、独立研究向学科体系化发展的过程中（丁永建与效存德，2013），如何着手深化冰冻圈科学研究？

A. 地–空–天三位一体模式精准监测冰冻圈变化

俗语说"兵马未动，粮草先行"，冰冻圈监测是开展研究的"先锋"。目前中国已经

建立了覆盖西部、延伸南北极的冰冻圈监测系统，但该系统的所有监测站、监测点均在地面，分布不均，且有大片地区尚无监测。在未来气候持续变暖条件下，掌握冰冻圈变化速度、幅度、服务功能变化、风险可能性与程度、可能经济损失等，首先需要模型量化冰冻圈变化及其影响，目前的监测系统恐难以支撑研究对数据的需要。因此需要：① 将目前的综合监测站升级为超级站，半定位站升级为定位站，在未监测地区增加监测站和监测点，完善、加强现有监测系统；② 加大站点建设投入，超级站配置小型飞机，定位站配置无人机，以便开展低空监测；③ 研究冰冻圈要素传感器，搭载轨道卫星，实行全天候监测。

B. 建立冰冻圈资源定期调查机制

中国是冰冻圈资源大国，20 世纪 50 年代开始，中国陆续开展了冰川、冻土、积雪调查。第一次冰川大普查始于 1978 年，历时 24 年完成；2006~2012 年实施了第二次冰川资源系统调查。20 世纪 50 年代至 21 世纪早期对大小兴安岭、天山、祁连山、青藏与青康公路开展了区域式、线路式调查；2007~2012 年将点、线、面结合全面调查了青藏高原多年冻土本底情况。积雪方面，2016 年年底中国启动了“积雪特性及分布调查”，通过遥感和地面调查相结合方式全面、系统清查积雪特性与积雪分布。目前，中国已经或正在开展的冰冻圈资源调查为冰冻圈与气候变化研究、水资源评估、国家重大工程建设、冻土资源开发（如天然气水合物）、冰冻圈灾害监测和预警提供了基础数据，为国家和地方经济规划、产业布局提供了科学依据。气候不断变化，冰冻圈也随气候变化而变化，为满足未来冰冻圈科学研究和社会经济宏观战略布局与建设的需求，应建立定期调查机制，定期对主要冰冻圈要素进行全面普查。

C. 实施冰冻圈变化专项研究计划群

随着冰冻圈变化影响日益凸显，2007 年中国启动了冰冻圈研究领域首个国家级研究项目，即国家重点基础研究发展计划（973 计划）项目“我国冰冻圈动态过程及其对气候、水文和生态的影响机理与适应对策”（实施期为 2007~2011 年），2010 年在全球变化研究国家重大科学研究计划中实施了“北半球冰冻圈变化及其对气候环境的影响与适应对策”项目（研究期为 2010~2014 年）。为进一步发展和完善冰冻圈科学体系，满足国家需求，2013 年又启动了资源环境领域第一个全球变化研究重大科学研究计划重大科学目标导向项目“冰冻圈变化及其影响研究”（执行期为 2013~2017 年）。纵观上述项目，研究区域由中国扩展到北半球、全球，研究内容囊括了冰冻圈变化机理、影响与适应的方方面面，研究视角由区域逐渐转向全球，具有明显的综合集成性特征。然而，由于冰冻圈变化的社会经济影响、风险、脆弱性与适应研究是冰冻圈研究领域的新兴研究方向，该部分研究在这些项目中仍比较弱。目前国际冰冻圈研究正在由以自然科学为主导转向以自然、人文和社会经济交叉融合为主导的、服务于可持续发展的跨学科集成研究，这一国际总趋势显示，在未来一段时间，从社会经济发展视角研究冰冻圈变化的影响、冰冻圈变化风险（灾害风险和渐变风险）、冰冻圈变化的适应将是冰冻圈科学的重中之重。然而这一研究方向不是冰冻圈科学的“独角戏”，需要冰冻圈变化研究的支撑，尤其是模式研究的支撑。因此，针对冰冻圈变化的独特性、影响的广域性、适应的复杂性，创立冰冻圈变化专项研究计划群，主要有：①冰冻圈模式开发及关键技术研究；②冰冻圈变化的人文社会与经济影响；③冰冻圈变化的人居环境与健康影响研究；④冰冻圈变化的风险与适应，包括冰冻圈灾害风险和冰冻圈渐变风险；⑤极区冰冻圈变化及其对中国经济的影响与适应；⑥冰冻圈变化综合适应研究，单独设立冰冻圈变化适应研究部分，对冰冻圈变化的适应需求、适应机会、适应方案、适应障碍等进行全方位、深入研究。

D. 广泛开展国际合作交流，加强、深化冰冻圈科学研究，定期发布冰冻圈变化评估报告

经过 60 多年的研究积累，中国在冰冻圈变化过程、机理、自然影响方面成果颇丰，但冰冻圈模式不仅成为认识冰冻圈自身变化，而且成为深入研究冰冻圈变化影响、风险与适应的瓶颈。模式开发是一项综合性工程，是多学科的集成，这对科学家是一大挑战，因此要拓展、加强国际合作与交流，以及吸引国外人才合作，共同研发这一难题。冰冻圈模式如同冰冻圈研究领域的一个"结"，只要打开了这个结，其他方面研究将会有质的飞跃。

中国是国际冰冻圈科学协会（International Association of Cryospheric Sciences，IACS）的成员，每年向该协会提交中国冰冻圈年度研究报告，但该报告概况性强、相对简略，只能反映这一年的工作情况。建议成立中国冰冻圈变化专家委员会，定期发布中国冰冻圈变化评估报告，全面总结一段时期冰冻圈变化的科学事实、影响、适应与脆弱性，以及冰冻圈变化的减缓。

（2）建立冰冻圈变化预警与应急方案，完善国家预警机制与应急管理体系

中国的预警机制与应急管理体系主要是针对灾害风险与突发事件的，其基本囊括了所有的灾种风险和可能的突发事件。然而由于其过于全面，以及以往形成的对冰冻圈变化风险和突发事件认识的局限性，使其在应对气候持续变暖条件下冰冻圈变化风险增加时可能存在机制不完备、应急迟滞、储备不足等问题。因此，鉴于气候持续变暖，冰冻圈显著变化及其影响日益凸显的新情况，在国家预警机制与应急管理体系下建立冰冻圈变化预警与应急方案，细化冰冻圈灾害、渐进变化风险、工程灾害与风险，人居环境与健康风险等的预警与应急，尤其加强冰冻圈核心区和作用区所有省、市、县预警方案的科学设置与应急管理。

（3）加大冰冻圈相关装备研发技术力度，开发新型冰冻圈相关装备，服务南极、北极科考与资源开发利用

随着在南极、北极中国科学考察研究的深入，尤其是在北极海冰逐渐消减，北极航道全年通航成为可能，北极地区的能源、矿产资源开发越来越成为现实的情况下，中国应积极加大冰冻圈相关装备的研发，如新型破冰船、小型无人飞机、多栖息环境的科研、钻探平台等，进一步拓展、深化南极、北极冰冻圈科考研究，优化北极航道线路，多渠道参与资源开发。

7.4.2　中国应对冰冻圈变化的对策措施

7.3 节主要从宏观层面阐述了中国的冰冻圈变化适应战略，本节主要就冰冻圈变化–

水、冰冻圈变化–生态、冰冻圈变化–灾害三大问题，在当前、近期尺度上分析具体的对策措施。

7.4.2.1 冰冻圈变化–水适应方案

水是构成生命的最基本物质，也是社会经济这一巨大系统运转、发展的基础自然资源。作为地球表层水以固态形式存在的冰冻圈，中国冰冻圈变化引发的"水"（冰川、积雪与冻土融水）效应具有显著的区域性。西北地区身居内陆，气候干旱，散落于干旱区的片片绿洲严重依赖周边高山区的冰雪融水。随着气候持续变暖，冰川快速退缩，未来绿洲系统面临严重的水资源短缺风险。我国西南地区水资源相对比较丰富。萨尔温江（上游为怒江）、湄公河（上游为澜沧江）、布拉马普特拉河（上游为雅鲁藏布江）这些国际河流均发源于中国青藏高原。冰冻圈变化引发的水资源与水灾害问题成为中国与下游相关国家之间产生摩擦与纠纷的主要原因之一。因此，西北地区冰冻圈变化的水效应主要是缺水风险，而西南地区主要是跨境河流的水纠纷问题。适应冰冻圈变化水问题实质就是通过采取一系列可用的、合适的策略和措施利用机遇、降低冰冻圈变化影响的脆弱性，提高个体、社区、企业和政府的应对能力。依据 5.1 节、5.2 节和 5.4 节河西内陆河流域、新疆乌鲁木齐河、阿克苏河流域和横断山地区冰冻圈变化的脆弱性评价结果，结合这些地区已有适应措施评估，以系统论为思想，以降低风险和脆弱性、提高适应能力为行动指针，通过结构性、社会性、制度性策略与措施（表 7-11），实现区域社会经济可持续发展。

表 7-11　当前与近期冰冻圈变化的"水"问题适应方案清单

类型		具体策略与措施
结构性方案	工程措施	跨流域调水； 完善现有渠系配套工程； 增加山区水库建设，提高蓄水、防洪、排涝能力； 增加废污水处理厂建设，加大废污水处理能力，提高用水效益
	技术措施	实施高效灌溉技术； 推广节水技术，包括雨水收集； 培育抗旱作物品种和优良畜种； 使用少耕免耕、秸秆覆盖与地膜覆盖等传统技术与耕作方法； 加强建设冰冻圈变化预警系统、应急体系
	结构调整措施	调整经济结构，调整三产及其内部产业配比，优化产业结构，加快经济快速发展
	服务措施	冰冻圈变化风险应急医疗服务； 普及社会安全网络，提供必要的社会服务； 国际贸易与援助

类型		具体策略与措施
社会性方案	教育措施	中小学阶段增加冰冻圈科学的内容，大学阶段设置冰冻圈科学专业； 通过多种媒体渠道，为大众科普冰冻圈科学知识
	信息措施	加强冰冻圈变化地面和遥感监测； 冰冻圈变化水资源、脆弱性和适应能力研究，为决策者和公众传递有效信息； 划定绿洲面积红线； 提高冰冻圈变化相关突发事件的预报能力； 畅通预警与应急信息； 制订基于社区的冰冻圈变化适应计划
	行为措施	家庭防御与疏散计划； 撤退与搬迁； 生计多样化； 改变耕作方法、模式与种植日期； 建立良好的可依赖的社会网络关系
制度性方案	经济措施	生态补偿； 调整水价； 保险、小额保险、再保险，风险分担安排； 储备救灾应急资金； 减免税收和增加补贴
	法律法规措施	水权贸易与转让制度； 节水法规； 鼓励购买保险的法律法规； 冰冻圈–生态综合保护区
	政策措施	国家和地方冰冻圈变化适应计划； 冰冻圈变化相关防灾减灾计划； 水资源联合调度与适应管理； 土地流转

结构性方案突出强调了适应策略与措施的具体性，其结果和目标具有清晰明确的时间、空间和范畴，结构性方案包括工程措施、结构调整措施、技术措施、服务措施。综合考虑中国冰冻圈变化的水问题，工程措施主要包括跨流域调水；完善现有渠系配套工程；增加山区水库建设，提高蓄水、防洪、排涝能力；增加废污水处理厂建设，加大废污水处理能力，提高用水效益。工程措施具有专业性强、资本激励、规模大和高度复杂的特点，因此，通常由政府部门出资、牵头和指导实施。

社会性方案包括教育、信息和行为等多种措施，其目的是降低国家、劣势群体的脆弱性和社会不平等现象。冰冻圈变化适应严重受到知识及其共享形式的影响，因此，冰冻圈科学知识教育和科普是当前迫切需要实施的措施。除此之外，需要加强冰冻圈变化监测，提高预警、预报能力，深化冰冻圈变化的风险、脆弱性与适应研究，为决策者和公众及时提供有效信息，制订基于社区的冰冻圈变化适应计划，畅通信息传达与交流渠道。在个体与家庭层面，制订防御与疏散计划，生计多样化增加家庭可支配收入，增加适应支出，建立良好的可依赖的社会关系，可使应对与适应更加有效。社会性方案的实施需个体、家庭、社区、政府不同利益相关者共同参与，这些利益相关者对冰冻圈变化及其影响的感知和认识对应对与适应冰冻圈变化具有巨大的推动或阻碍作用。

制度性方案主要用于规范、促进适应措施的实施，主要包括经济、法律法规和政策措施。适应冰冻圈变化的制度性措施见表7-11。这些措施主要由国家或各级政府制定，各部门联合实施。

7.4.2.2　冰冻圈变化–生态适应方案

在中国，冰冻圈变化的生态效应主要表现为青藏高原多年冻土变化对高寒生态系统、高寒畜牧业的影响。青藏高原素有全球"第三极"之称，拥有世界上海拔最高、面积最大的高原湿地系统，是气候变化的敏感区，不仅具有重要的减缓气候变化功能作用，还具有支撑周边省市经济社会持续稳定的作用，在我国生态安全格局中具有战略性。

青藏高原草地生态系统的主体特征，直接影响草地的理论载畜能力，而畜牧业是青藏高原，尤其是藏北、青南地区的主导产业，经济结构极为单一，加重了这些地区对草地资源的依赖性，草地生态系统脆弱性增加，将直接导致载畜能力下降，进而导致牧民收入的降低、贫困人口的增加。为着力解决青藏高原农牧民生产生活面临的突出问题，要加快产业转型、解决再就业，不仅需要强化技能培训和产业转型扶持的力度，而且需要适应的、针对性的扶持政策。另外，更需要政府加大民生支出，从国家层次制定相应的适应政策，形成金融支持、典型示范、扶持长效的机制。

冰冻圈变化的适应是未来冰冻圈变化研究的主要方向，对社会经济可持续发展具有凸显的国家战略需求（秦大河等，2006）。青藏高原作为我国冰冻圈的主要核心区，对冰冻圈变化敏感，对生态系统脆弱，根据脆弱性研究，本书梳理出了该区生态系统适应的主要决策，构建了表7-12适应措施矩阵（Fang et al.，2011a，2016；Fang，2013b；许科研和方一平，2010；杨建平等，2013，2015）。其中重点突出降低人口密度、做好牧区人口的适度集聚、提高劳动生产率、增强草地生态系统的人工正向干预（围栏、畜棚、灭鼠、人工草地）、强化冰冻圈影响科学研究、完善冰冻圈变化的监测与定位系统、完善自然保护区生态补偿机制、做好应对冰冻圈变化的社会经济发展中长期规划、进一步强化基于社区的能力建设等方面，重点强调以下内容。

（1）加快开展青藏高原冻土退化对社会经济尤其是牧民生计的影响研究

在气候变化影响既成事实的情况下，完全限制人类活动和过度减畜，既不符合生态系统发展规律，也不符合区域经济社会发展实际，因此，为最大限度利用草地资源，减轻农牧民对草地资源的依赖，提高农牧民生活水平，建议组织科研院所和管理部门开展冻土变化对牧民生计以及畜牧产业发展的影响研究（Fang，2013c），了解它们之间的关系和规律，界定具体的影响范围和程度。

表 7-12　中国冰冻圈变化–生态适应决策矩阵

	经济适应	社会适应	技术适应
经济适应	提高草地围栏面积； 强化畜棚建设广度； 进行人工草地建设干预； 发展生态畜牧业； 推进对口经济支援	加强冰冻圈变化社会经济影响监测； 布局冰冻圈变化可持续生计定位试验； 加强冰冻圈变化的综合影响评估； 做好冰冻圈变化影响下草地畜牧业与水资源利用中长期规划； 做好冰冻圈变化影响下区域可持续发展综合规划； 深化自然保护区生态保护和建设工程	
社会适应		降低人口密度； 人口适度集聚； 进行社区能力建设； 进行素质教育与长期培训； 更新牧民传统观念； 完善生态补偿机制； 增强抗灾救灾保障力	
技术适应	加强冰冻圈变化的社会经济影响监测； 布局冰冻圈变化可持续生计定位试验； 加强冰冻圈变化的综合影响评估； 做好冰冻圈变化影响下草地畜牧业与水资源利用中长期规划； 做好冰冻圈变化影响下区域可持续发展综合规划； 深化自然保护区生态保护和建设工程		提高综合劳动生产率； 推广草地综合管理技术； 推广畜牧良种驯化技术； 推广草地畜牧生态技术； 推广草地灭鼠生态技术； 推广建设工程生态恢复技术； 完善冰冻圈变化监测体系

（2）开展多年冻土、季节冻土区草地退化分区治理，分类指导草地畜牧业和牧民生计模式

针对冻土类型、冻土退化程度和不同影响区，组织开展多年冻土区、季节冻土区、多年与季节冻土过渡区等草地退化分区示范、分级治理，总结草地退化分类管理模式，有针对性地开展科学的、系统的区划和治理示范，分类指导该区畜牧业和牧民生计的可持续发展。

（3）尽快启动青藏高原畜牧业发展和牧民持续生计的专项规划

鉴于青藏高原特殊的高寒环境，以及冻土变化格局和牧民生计之间紧密的关联性，建议尽快启动畜牧业和牧民生计专项发展规划编制工作，将冻土变化影响区划纳入该区畜牧业专项发展规划和布局中，提高专项规划的科学性和指导性。

（4）开展草地生态系统服务与脱贫示范，提高草业富民能力

围绕"让草原绿起来，让草业兴起来，让农牧民富起来"的目标，以草地生态系统服务与脱贫为主线，建议组织建设国家、省、区、县不同等级的草地生态系统服务与脱贫富

民示范区,构造草地退化分区分级治理—草地生态系统服务—畜牧业开发—脱贫致富综合链条,以点带面提高草业富民的能力。

(5) 对源区生态移民方式、规模、效应进行跟踪评估和区划

针对目前生态移民出现就业难、生计难、融入城市生活方式难的新情况、新问题,建议对青藏高原生态的移民方式、移民规模、移民空间区域进行跟踪评估,并先行示范、后续推广,系统总结,稳步推进。

7.4.2.3 冰冻圈变化–灾害适应方案

冰冻圈灾害是一种特殊的自然灾害,其既具有突发性、又具有渐变性。例如,冰川跃动、冰湖溃决、雪崩等为突发灾害,冻融沉陷、融冻滑塌等为渐发灾害。全球气候持续变暖,冰冻圈快速变化导致与冰冻圈相关的灾害明显增加。预防与减少冰冻圈灾害,降低灾害风险与损失已成为当前乃至未来相当长时期人类面临的共同课题。

鉴于冰冻圈灾害的独特性,应对与适应冰冻圈灾害应以人为本,预防为主、避让与治理相结合为指导思想,建立灾前预警预报、风险规避与处置、灾害风险全过程管理于一体的灾害群测群防管理体系(表 7-13)。

表 7-13 当前与近期冰冻圈灾害适应方案清单

类型		具体策略与措施
结构性方案	工程措施	根据可行性,在山区建立冰湖坝体,变冰湖为水库; 增加居民区或居民点的防洪堤/坝; 提高寒区交通、道路、建筑物的设计标准
	技术措施	提升冰冻圈变化风险制图与监测技术; 提高早期预报技术水平; 推广寒区建筑技术
	服务措施	冰冻圈变化风险应急医疗服务; 普及社会安全网络,提供必要的社会服务
社会性方案	教育措施	将冰冻圈科学知识融入教育,提高认知; 共享地方传统知识; 建立知识共享与学习平台,形成长期培训与社会性学习的良好机制; 通过多种媒体渠道,科普冰冻圈灾害知识; 激励女性接受教育,参与培训与社会性学习; 拓展政府服务范围
	信息措施	加强冰冻圈变化遥感监测; 冰冻圈变化灾害风险与适应研究,绘制风险与脆弱性分级地图,为决策者和公众传递有效信息; 建立早期预警、预报与响应系统,提高冰冻圈变化相关突发事件的预报能力、应急处置能力; 畅通预警与应急信息; 制订基于社区的冰冻圈灾害适应计划

类型		具体策略与措施
社会性方案	行为措施	家庭防御与疏散计划； 撤退与搬迁； 改变畜牧养殖方式； 生计多样化； 建立良好的可依赖的社会网络关系
制度性方案	经济措施	生态补偿； 保险、小额保险、再保险，风险分担安排； 储备救灾应急资金； 减免税收和增加补贴
	法律法规措施	建立奖励制度，鼓励群众自发观测冰冻圈变化、及时提供相关信息； 鼓励购买保险的法律法规； 冰冻圈-生态综合保护区
	政策措施	国家、地方、城市、社区、部门冰冻圈灾害适应计划； 冰冻圈防灾减灾计划； 灾害适应管理

7.5 小　　结

　　基于典型区冰冻圈变化的脆弱性评价结果，本章综合评估了中国冰冻圈变化的脆弱性程度，揭示了其地区差异，并从脆弱性与暴露度、敏感性与适应能力的逻辑关系探寻了脆弱性差异的原因。在冰冻圈作用区范围内，采用层次分析法，定量评价了 1981~2000 年、2001~2020 年和 2001~2050 年 3 个时间段中国冰冻圈变化的脆弱性，并对其进行了分区。将典型区层面与宏观层面中国冰冻圈变化脆弱性与适应研究结果与当前冰冻圈科学研究发展趋向、国家发展战略相结合，提出了基于问题的中国冰冻圈变化的适应战略与对策措施。

　　1）1981~2000 年，冰冻圈变化导致冰冻圈作用区内的脆弱性以轻度脆弱为主，只有喜马拉雅山地区为高度与极高度脆弱。通过 IPCC SRES A1B 情景预估显示，2001~2020 年，冰冻圈作用区的脆弱性有所降低，主要为轻、微度脆弱。2001~2050 年，冰冻圈作用区的脆弱性进一步降低，除西藏外，其余冰冻圈作用地区均为微度脆弱。未来冰冻圈变化导致的冰冻圈作用区的脆弱性将逐渐减小，其对人类社会和生态系统的压力也在减弱。

　　2）冰冻圈变化具有影响范围广、持续时间久、程度日益增加的趋势。在中远期尺度，中国适应冰冻圈变化的战略措施有：①实施地-空-天三位一体模式精准监测冰冻圈变化，建立冰冻圈资源定期调查机制，实施冰冻圈变化专项研究计划群，广泛开展国际合作交流，加强、深化冰冻圈科学研究，定期发布冰冻圈变化评估报告；② 建立冰冻圈变化预警、预报与应急方案，完善国家预警机制与应急管理体系；③ 加大冰冻圈相关装备研发技术力度，开发新型冰冻圈相关装备，服务南极、北极科考与资源开发利用。在当前和近期尺度，中国应从结构性、社会性与制度性三方面综合应对冰冻圈变化引发的水、生态、灾害问题。

第 8 章　结论与展望

8.1　结　　论

8.1.1　冰冻圈变化的脆弱性与适应理论框架体系

冰冻圈变化的脆弱性与适应研究是以探索冰冻圈及其变化的脆弱性概念为前提和基础，以冰冻圈变化的自然影响为链接点，以社会经济影响研究为突破，以脆弱性研究为桥梁与纽带，以应对与适应冰冻圈变化影响、风险为目的的冰冻圈科学领域的新兴研究方向。基于国际国内脆弱性与适应概念，尤其是 IPCC 气候变化脆弱性与适应概念及其属性特征，结合中国冰冻圈及其组成要素特征分析，建立了冰冻圈变化的脆弱性概念框架，明确了冰冻圈及其变化的脆弱性概念，并阐述了冰冻圈研究领域脆弱性的构成要素——暴露度、敏感性与适应能力的概念。在此基础上，以冰冻圈变化影响/风险—脆弱性—适应为主线，论述了冰冻圈变化的社会经济影响、脆弱性、适应研究内容及其关键科学问题，明晰了脆弱性评估的一般模型，探讨了脆弱性与适应研究的时空尺度，构建了中国冰冻圈及其变化的脆弱性评价指标体系，较详细地介绍了冰冻圈及其变化的脆弱性评价方法与社会调查方法，在将中国冰冻圈划分为核心区、作用区与影响区的基础上，勾勒了中国冰冻圈及其变化的脆弱性与适应研究布局，初步建立了中国冰冻圈及其变化的脆弱性与适应研究体系。

8.1.2　自然层面解读冰冻圈对气候变化的脆弱性

在建立中国冰冻圈变化的脆弱性与适应研究体系框架下，借助 RS 与 GIS 技术平台，使用空间主成分模型，在区域尺度上定量评价了中国冰冻圈及其主要要素冰川和冻土对气候变化的脆弱性，揭示了它们的脆弱性程度，剖析了驱动脆弱性的关键因素，并对冰冻圈脆弱性进行了区域划分。1961~2007 年，中国冰川对气候变化十分脆弱，约 92% 的冰川作用区存在不同程度的脆弱性，且以强度与极强度脆弱为主；冻土以中度脆弱为主，但青藏高原多年冻土对气候变化尤为脆弱，与季节冻土相比，多年冻土对气候变化更脆弱。就冰冻圈整体而言，1961~2007 年中国冰冻圈作用区脆弱与基本不脆弱的区域各占一半，但局部地区的脆弱程度为强与极强。中国冰冻圈可划分为不脆弱区、中脆弱区和极强脆弱区，面积占比分别约为 50%、16.4% 和 33.6%。在 SRES A1B 情景下，21 世纪 30 年代和

50 年代中国冰川作用区的大部分地区脆弱程度会呈减弱趋势，但阿尔泰山、天山、昆仑山、祁连山中西部、喜马拉雅山中东部、藏东南地区冰川则仍处于强度、极强度脆弱状态。

冰冻圈脆弱性是多因素综合作用的结果，地形（坡向、海拔和地形遮蔽度）暴露是驱动冰冻圈脆弱性的共性因素，也是关键因素，其次为冰川变化对气候变化的高敏感性，以及由冻土类型和积雪日数表征的自适应能力。在当前升温幅度条件下，冰川对气候变化的高敏感性、冻土对气候变化的适应能力分别是二者脆弱性较高的主要原因，而气温和降水量变化对其脆弱性的影响较小。

8.1.3 案例层面解读冰冻圈变化的脆弱性与灾害风险

基于中国冰冻圈变化及其影响的区域性，选取西北干旱区的河西内陆河流域、新疆乌鲁木齐河和阿克苏河流域，青藏高原的长江黄河源区、横断山地区和喜马拉雅山地区为典型研究流域和地区，针对冰冻圈变化这一特定外部压力，评价了上述流域与地区社会-生态系统对冰冻圈变化的脆弱程度，并从社会学视角对当前已开展的适应措施进行了评估。冰冻圈灾害是一种特殊的自然灾害，针对目前冰冻圈变化引发的相关灾害增加的态势，以三江源牧区为案例区，综合评价了该地区的雪灾风险。

在西北干旱区，冰冻圈变化的影响主要表现为冰川变化的影响。冰川变化对绿洲系统的影响程度主要取决于冰川融水补给率，补给率大，影响程度相应较大。在河西地区，自石羊河流域向西至疏勒河流域，随着冰川融水补给率增大，冰川变化对绿洲社会经济的影响程度递增。IPCC SRES 情景预估显示，对于疏勒河流域这种水资源相对充足的流域，冰川变化的影响在近中期并不显著，而对于石羊河流域与黑河流域这种水资源相对缺乏的流域，冰川退缩将通过融水量变化显著影响流域农田灌溉与生态修复。

中国冰冻圈变化的脆弱性程度地区差异显著，这主要因地区所处位置、冰冻圈发育及其变化情况、各地区社会经济发展水平所决定的暴露度、敏感性与适应能力的异同所致。具体如下。

1）在西北干旱区的内陆河流域，中下游社会经济相对较发达地区对冰川变化极强与强度脆弱，绿洲面积扩大、地区生产总值增加与人口密度增大使得绿洲系统的自然体量与社会经济体量增大，致使社会-生态系统对冰川变化的暴露程度显著增高是绿洲系统高脆弱的主要原因，气候变暖，冰川融水量增加不足以克服暴露度增加的影响。

2）长江黄河源区以中度脆弱为主，面积占江河源区总面积的41.3%。在东部暴露度高、敏感性大与适应能力低的共同作用下，黄河源区的脆弱程度总体上大于长江河源区。情景预估显示，未来（2050年）江河源区生态系统脆弱性整体上呈现逐渐变差然后变好的趋势，生态系统脆弱性以中度脆弱为主，且比例先增加后减少。

3）横断山地区对冰冻圈变化很脆弱，强度、极强度、中度脆弱区面积占研究区总面积的67.2%。空间上，脆弱性呈现南部向北递减的分布规律，丽江及其北部地区脆弱性相对最大。横断山地区对冰冻圈变化的暴露度较低，但敏感性高，极高和高敏感区面积占比高达80%，适应能力又偏低，低和较低适应区占比为56.5%。因此，对冰冻圈变化的高度敏感与其自身的低适应能力是横断山地区脆弱性高的主因。

4）1980~2008年，受冰冻圈变化的显著影响，玉龙雪山地区社会–生态系统的脆弱性增大，但该地区对冰冻圈变化的适应能力也呈增强态势，经济系统对适应能力的贡献居首位，达到37%，其次为社会系统，占29%。旅游业发展驱动下的生态环境保护、地区经济实力的增强、交通设施建设、居民收入增加共同助推了玉龙雪山地区综合适应能力的提升。

5）在喜马拉雅山地区，约52.3%的地区处于轻度脆弱之下，对冰冻圈变化基本不脆弱，而22.7%的地区又非常脆弱。落后的交通运输条件与以农牧为主导产业的不发达经济共同驱动的较低适应能力是喜马拉雅山地区社会–生态系统对冰冻圈变化脆弱性的主要因素。空间上，阿里地区脆弱性最大，日喀则地区脆弱性相对最小。突出的区位优势、发展较快的经济、相对便捷的交通条件共同助推的较高适应能力是日喀则地区脆弱性相对较小的关键因素。而位于喜马拉雅山西段的阿里地区之所以非常脆弱，主要源于对冰冻圈变化的高度敏感与其自身的低适应能力。

全球气候变暖，中国冰冻圈相关灾害呈增加趋势。在三江源牧区，25.67%的区域雪灾风险高与极高，而大部分地区处于一般风险之下，风险等级低。雪灾高风险区主要集中于巴颜喀拉山南部地区、巴颜喀拉山与阿尼玛卿山之间的区域，较高的承载体密度与较低的适应能力是这些地区雪灾风险高的主要原因。

8.1.4 中国冰冻圈变化的脆弱性与适应

在冰冻圈作用区范围内，采用层次分析法，定量评价了1981~2000年、2001~2020年和2001~2050年3个时间段中国冰冻圈变化的脆弱性，并对其进行了分区。1981~2000年，冰冻圈变化导致冰冻圈作用区内的脆弱性以轻度脆弱为主，只有喜马拉雅山地区呈高度与极高度脆弱。2001~2020年冰冻圈作用区的脆弱性有所降低，主要为轻、微度脆弱；2001~2050年，冰冻圈作用区的脆弱性进一步降低，除西藏之外，其余冰冻圈作用地区均为微度脆弱。

基于聚类分析法，中国冰冻圈变化的脆弱性划分为微度脆弱区、轻度脆弱区、中度脆弱区、强度脆弱区和极强度脆弱区，未来各区范围随脆弱性程度降低而有所变化，总体上较高级别的脆弱区或消失，或缩小，只有微度脆弱区范围扩大。

基于宏观层面与典型区冰冻圈及其变化的脆弱性与适应研究，结合当前国际国内冰冻圈科学研究趋势、国家发展战略与近期社会经济发展需要，在中远期与近期两种尺度，提出中国适应与应对冰冻圈变化的战略与对策措施。适应冰冻圈变化就是通过采取一系列可用的、合适的策略和措施，利用机遇，降低冰冻圈变化的脆弱性，提高不同利益相关者的应对与适应能力。在中、远期尺度上，中国应实施地–空–天三位一体模式精准监测冰冻圈变化，建立冰冻圈资源定期调查机制，制订冰冻圈科学研究中远期规划，实施冰冻圈变化专项研究计划群，广泛开展国际合作交流，加强、深化冰冻圈科学研究，定期发布冰冻圈变化评估报告；建立冰冻圈变化预警、预报与应急方案，完善国家预警机制与应急管理体系；加大冰冻圈相关装备研发技术力度，开发新型冰冻圈相关装备。在近期尺度上，根据冰冻圈变化引发的水、生态、灾害问题，结合相关地区的实际情况，从结构性、社会性与制度性三大方面，开具了中国应对冰冻圈变化的适应方案。

8.2 展 望

8.2.1 进一步完善冰冻圈变化的影响/风险、脆弱性与适应理论体系

理论体系是一门学科或某一研究领域的灵魂与核心，具有与其他学科相区别的独特性，其随学科发展而不断发展。虽然本书第 1 章和第 2 章阐述了冰冻圈及其变化的脆弱性与适应概念框架、研究范畴、研究内容及其关键科学问题，初步建立了冰冻圈变化的脆弱性与适应研究方法，展示了冰冻圈变化的脆弱性与适应研究布局，基本构建了中国冰冻圈变化的脆弱性与适应研究体系框架。然而，该体系框架是基于 IPCC 第三次、第四次评估报告中有关气候变化的脆弱性与适应概念及其属性特征构建的，目前随着背景发展、知识和需求变化，气候变化脆弱性与适应概念、研究内容与方式已明显发生变化。另外，随着冰冻圈学科体系的不断完善、研究内容的不断扩展，已构建的冰冻圈变化的脆弱性与适应研究体系框架已显现局限性。因此，应开展以下几方面工作，丰富与充实冰冻圈变化的影响、脆弱性与适应研究内容，进一步完善其体系框架。

1）基于国际上脆弱性与适应的新概念、新理念，结合冰冻圈自身特征与目前研究水平，开拓创新冰冻圈变化的脆弱性与适应概念，进一步完善已建概念框架。

2）以传统的负向影响研究为基础，扩展影响研究的维度，丰富影响研究内容，使其成为包含冰冻圈变化负面影响、正面影响与渐进影响的较完善影响研究体系。

冰冻圈变化的影响研究是脆弱性与适应研究的基础，在目前的体系框架中主要包括冰冻圈变化的负面影响与渐进影响，并未涉及正面影响，即新兴起的冰冻圈服务功能。冰冻圈服务功能研究虽然与其他冰冻圈传统研究一样，是从冰冻圈这一自然圈层切入，但其主要考量冰冻圈对社会经济服务功能的强弱、变化、转化与价值问题，尤其是冰冻圈显著变化后，其对社会经济可持续发展的现状服务能力与潜力，其隶属冰冻圈变化影响、脆弱性与适应研究范畴。因此，在已建大体系框架下，增扩冰冻圈服务功能研究，完善其研究内容，以生态服务功能研究为蓝本，构建冰冻圈服务功能研究亚体系。

3）转变适应研究方式，扩展适应研究内容。目前，冰冻圈领域的适应研究方式主要是通过评估已实施的适应措施，结合脆弱性评价，从战略性与战术性提出应对与适应措施。这种研究目的虽然是为了提出应对与适应冰冻圈变化的策略与措施，但其研究过程更倾向于脆弱性评价与已有措施评估，适应方面明显不足，而且研究涉及内容过于单一，仅仅局限于提出对策措施，并未对适应需求、适应机遇、适应约束与限制、适应规划与设施，以及适应方案组合系统性研究。因此，未来应弱化适应措施评估研究，加强适应方

案、适应规划、适应约束与限制等的研究，使适应研究真正成为全方位、多尺度的研究。

8.2.2 构建冰冻圈与社会经济耦合模型，量化冰冻圈变化的影响/风险与脆弱性程度

方法是使理论、想法、假设转变成实际成果的工具与手段，在目前的冰冻圈变化影响、脆弱性与适应研究中，急需可量化的影响、风险与脆弱性评估方法。就影响评估而言，方法较多，有系统动力学模型、经济学模型、统计模型等，但这些模型只是将冰冻圈某一要素作为输入，建立其与社会经济要素之间的关系，从而实现单一要素影响量化研究。可以说，在目前的冰冻圈变化社会经济影响研究中，还未真正将冰冻圈变化与社会经济有机结合起来。就风险与脆弱性评估而言，目前主要使用综合指标评价法，然而该方法对风险与脆弱性的评价缺乏系统的观点，忽略风险与脆弱性各构成要素间的相互作用机制，与风险、脆弱性内涵之间缺乏相互对应的关系。严格讲，这种方法为半定量方法，还难以达到完全定量的程度。因此，要实现冰冻圈变化影响、风险与脆弱性的模型量化研究，应建立冰冻圈-社会系统理念，在推动冰冻圈各要素自身模型研究发展的基础上，通过多学科交叉，构建冰冻圈与社会经济耦合模型。

8.2.3 加强冰冻圈变化风险研究

近几年，冰冻圈变化风险受到高度关注，目前已开展了冰湖溃决与雪灾风险评估研究。但就研究方法而言，仍为指标体系法；就研究内容而言，实为危险性评价；就研究结果而言，主要是现状评估，还谈不上风险预估。上述三方面显示，当前的冰冻圈变化风险研究仍处于初级阶段。因此要大力加强冰冻圈变化风险研究。风险包括现实风险与未来风险，服务社会经济可持续发展主要关注未来风险。近期及未来一段时间冰冻圈变化风险研究应主要聚焦于：① 基于气候变化新视角，提升对冰冻圈变化风险的认识，辨识冰冻圈变化的危险性类型，明晰其空间分布；② 创新超越概率法，构建包含危险性、暴露度、脆弱性、适应能力四位一体的风险评估模型，综合评估冰冻圈变化的风险水平，并进行区域划分；③ 高危险性地区各部门、各行业受冰冻圈变化的风险评估。

参 考 文 献

陈隆亨, 曲耀光. 1992. 河西地区水土资源及其合理开发利用. 北京: 科学出版社.

陈守煜. 1998. 工程模糊集理论与应用. 北京: 国防工业出版社.

程国栋, 王绍令. 1982. 试论中国高海拔多年冻土带的划分. 冰川冻土, 4(2): 1-17.

邓铭江, 章毅, 李湘权. 2010. 新疆天山北麓水资源供需发展趋势研究. 干旱区地理, 33(3): 315-324.

丁永建, 秦大河. 2009. 冰冻圈变化与全球变暖: 我国面临的影响与挑战. 中国基础科学, 11(3): 4-11.

丁永建, 效存德. 2013. 冰冻圈变化及其影响研究的主要科学问题概论. 地球科学进展, 28(10): 1067-1076.

丁永建, 张世强. 2015. 冰冻圈水循环在全球尺度的水文效应. 科学通报, 60: 593-602.

丁永建, 刘时银, 刘凤景, 等. 2012a. 中国寒区水文学研究的新阶段. 冰川冻土, 34(5): 1009-1022.

丁永建, 穆穆, 林而达. 2012b. 中国气候与环境演变: 2012. 第二卷. 影响与脆弱性. 北京: 北京气象出版社.

丁永建, 周成虎, 邵明安, 等. 2013. 地表过程研究概论. 北京: 科学出版社.

丁永建, 张世强, 陈仁升, 等. 2017. 寒区水文导论. 北京: 科学出版社.

丁贞玉, 马金珠, 张宝军, 等. 2007. 近50年来石羊河流域气候变化趋势分析. 干旱区研究, 24(6): 779-784.

杜际增, 王根绪, 李元寿. 2015. 近45年长江黄河源区高寒草地退化特征及成因分析. 草业学报, 24(6): 5-15.

杜建括, 辛惠娟, 何元庆, 等. 2013. 玉龙雪山现代季风温冰川对气候变化的响应. 地理科学, 33(7): 890-896.

方一平, 秦大河, 丁永建. 2009a. 气候变化脆弱性及其国际研究进展. 冰川冻土, 31(3): 540-545.

方一平, 秦大河, 丁永建. 2009b. 气候变化适应性研究综述——现状与趋势. 干旱区研究, 26(3): 299-305.

方一平, 秦大河, 丁永建. 2009c. 全球风险和脆弱性评估方法及其尺度转换的局限性. 干旱区地理, 32(3): 319-326.

方一平, 秦大河, 丁永建. 2009d. 浅析江河源区生态系统脆弱性研究的科学问题. 山地学报, 27(2): 140-148.

高前兆. 2003. 河西内陆河流域的水循环特征. 干旱气象, 21(3): 22-28.

高荣, 韦志刚, 董文杰. 2004. 青藏高原西部冬春积雪和季节冻土年际变化. 冰川冻土, 26(2): 153-159.

高鑫. 2010. 西部冰川融水变化及其对径流的影响. 北京: 中国科学院研究生院硕士学位论文.

高鑫, 张世强, 叶柏生, 等. 2011. 河西内陆河流域冰川融水近期变化. 水科学进展, 22(3): 50-56.

韩万海, 马牧兰, 栾元利, 等. 2007. 石羊河流域水资源优化配置与可持续利用. 水利规划与设计, (5): 22-26.

何元庆, 章典. 2004. 气候变暖是玉龙雪山冰川退缩的主要原因. 冰川冻土, 26(2): 230-231.

胡建勋, 甄计国. 2009. 石羊河流域地下水水位下降原因及对策研究. 人民长江, 10(1): 31-41.

金会军, 李述训, 王绍令, 等. 2000. 气候变化对中国多年冻土和寒区环境的影响. 地理学报, 55(2): 161-173.

康世昌, 陈锋, 叶庆华, 等. 2007. 1970~2007年西藏念青唐古拉峰南、北坡冰川显著退缩. 冰川冻土, 29(6): 869-873.

库新勃. 2007. 青藏高原多年冻土区天然气水合物可能分布区域研究. 北京: 中国科学院研究生院硕士学位论文.

蓝永超，丁永建，沈永平，等．2003．河西内陆河流域出山径流对气候转型的响应．冰川冻土，25（2）：188-192．

冷疏影，刘燕华．1999．中国脆弱生态区可持续发展指标体系框架设计．中国人口、资源与环境，9（2）：40-45．

李迪强，李建文．2002．三江源生物多样性——三江源自然保护区科学考察报告．北京：中国科技出版社．

李弘毅，王建．2013．积雪水文模拟中的关键问题及其研究进展．冰川冻土，35（2）：430-437．

李吉均．1996．横断山冰川．北京：科学出版社．

李述训，程国栋，郭东信．1996．气候持续转暖条件下青藏高原多年冻土变化趋势．中国科学（D 辑），26（4）：342-347．

李洋．2008．石羊河流域水循环要素变化特征研究．杨凌：西北农林科技大学硕士学位论文．

李晔，蒋海涛，陈新才．2001．环境污染治理实施评价指标体系权重赋值方法．武汉理工大学学报，23（12）：51-53．

李忠勤，李开明，王林．2010．新疆冰川近期变化及其对水资源的影响研究．第四纪研究，30（1）：96-106．

李宗省，何元庆，贾文雄，等．2008．近年来中国典型季风海洋性冰川区气候、冰川、径流的变化．兰州大学学报（自然科学版），44（S1）：1-5．

李宗省，何元庆，王世金，等．2009．1900～2007 年横断山部分海洋型冰川变化．地理学报，64（11）：131-1330．

李宗省，何元庆，温煜华，等．2010．我国典型海洋型冰川区高海拔区输出水量变化对气候变暖的响应．地球科学，35（1）：43-50．

林纾，李红英，党冰，等．2014．甘肃河西走廊地区气候暖湿转型后的最新事实．冰川冻土，36（5）：1111-1121．

刘建坤，童长江，房建宏．2005．寒区岩土工程引论．北京：中国铁道出版社．

刘时银，王宁练，丁永建，等．1999．近 30 年来乌鲁木齐河流域冰川波动特征与流域高山带升温幅度的估算．地球科学进展，14（3）：279-285．

刘时银，丁永建，李晶，等．2006．中国西部冰川对近期气候变暖的响应．第四纪研究，26（5）：762-771．

刘时银，姚晓军，郭万钦，等．2015．基于第二次冰川编目的中国冰川现状．地理学报，70（1）：3-16．

刘庄，谢志仁，沈渭寿．2003．提高区域生态环境质量综合评价水平的新思路．长江流域资源环境，12（2）：163-168．

马德海．2006．疏勒河流域水资源开发利用研究．水利水电技术，37（4）：1-4．

孟猛，倪健，张治国．2004．地理生态学的干燥度指数及其应用评述．植物生态学报，28（6）：853-861．

米德生，谢自楚，罗祥瑞，等．2002．中国冰川目录——恒河、印度河水系．西安：西安地图出版社．

南卓铜，李述训，刘永智．2002．基于年平均地温的青藏高原冻土分布制图及应用．冰川冻土，24（2）：142-148．

宁宝英，何元庆，和献中，等．2006．玉龙雪山冰川退缩对丽江社会经济的可能影响．冰川冻土，28（6）：885-892．

宁宝英，何元庆，和献中，等．2008．黑河流域水资源研究进展．中国沙漠，28（6）：1180-1185．

彭振武，王云闯．2014．北极航道通航的重要意义及对我国的影响．水运工程，（7）：86-89．

祁永安，李吉均，张建明，等．2006．石羊河流域生态功能区研究．兰州大学学报（自然科学版），42（4）：29-33．

气候变化国家评估报告编写委员会．2007．气候变化国家评估报告．北京：科学出版社．

秦大河．2009．气候变化：区域应对与防灾减灾：气候变化背景下极端事件相关灾害影响及应对策略．北京：科学出版社.

秦大河，丁永建. 2009. 冰冻圈变化及其影响研究——现状、趋势及关键问题. 气候变化研究进展，5(4)：187-195.

秦大河，效存德，丁永建，等. 2006. 国际冰冻圈研究动态和我国冰冻圈研究的现状与展望. 应用气象学报，17(6)：649-656.

乔青，高吉喜，王维，等. 2008. 生态脆弱性综合评价方法与应用. 环境科学研究，21(5)：117-123.

任贾文. 2013. 全球冰冻圈现状和未来变化的最新评估：IPCC WGI AR5 SPM 发布. 冰川冻土，35(5)：1065-1067.

《三江源自然保护区生态保护与建设》编辑委员会. 2007. 三江源自然保护区生态保护与建设. 西宁：青海人民出版社.

尚占环，龙瑞军，马玉寿. 2006. 江河源区"黑土滩"退化草地特征、危害及治理思路探讨. 中国草地学报，28(1)：69-74.

沈永平，王国亚，苏宏超，等. 2007. 新疆阿尔泰山区克兰河上游水文过程对气候变暖的响应. 冰川冻土，23(6)：845-854.

沈永平，王国亚，丁永建，等. 2009. 天山萨雷贾茨-昆马力克河流域冰川融水变化与未来趋势及其对河流水资源的影响. 冰川冻土，31(5)：790-800.

沈永平，王国亚. 2013. IPCC 第一工作组第五次评估报告对全球气候变化认知的最新科学要点. 冰川冻土，35(5)：1068-1076.

施雅风. 2000. 中国冰川与环境：现在、过去与未来. 北京：科学出版社.

苏珍，宋国平，王立伦，等. 1985. 天山托木尔峰地区的冰川与气象. 乌鲁木齐：新疆人民出版社.

孙武，侯玉，张勃. 2000. 生态脆弱带波动性、人口压力、脆弱度之间的关系. 生态学报，20(3)：369-373.

汪青春，李林，李栋梁. 2005. 青海高原多年冻土对气候增暖的响应. 高原气象，24(5)：708-713.

王得祥，李轶冰，杨改河. 2004. 江河源区生态环境问题研究现状及进展. 西北农林科技大学学报(自然科学版)，32(1)：5-10.

王根绪，程国栋. 2001. 江河源区的草地资源特征与草地生态变化. 中国沙漠，21(2)：101-107.

王根绪，程国栋，沈永平，等. 2001. 江河源区的生态系统变化及其综合保护研究. 兰州：兰州大学出版社.

王世金. 2015. 中国冰川旅游资源空间开发与规划. 北京：科学出版社.

王世金，任贾文. 2012. 国内外雪崩灾害研究综述. 地理科学进展，31(11)：1529-1536.

王世金，秦大河，任贾文. 2012. 冰湖溃决灾害风险研究进展及其展望. 水科学进展，23(5)：735-742.

王世金，魏彦强，方苗. 2014. 青海省三江源牧区雪灾综合风险评估与管理. 草业学报，23(2)：108-116.

王顺利，刘贤德，王建宏，等. 2012. 甘肃省森林生态系统服务功能及其价值评估. 干旱区资源与环境，26(3)：139-145.

王小丹，钟祥浩. 2003. 生态环境脆弱性概念的若干问题探讨. 山地学报，21(增刊)：21-25.

王欣，谢自楚，冯清华，等. 2005. 长江源区冰川对气候变化的响应. 冰川冻土，27(4)：498-502.

王亚平，黄耀，张稳. 2008. 中国东北三省 1960～2005 年地表干燥度变化趋势. 地球科学进展，23(6)：619-627.

王一博，王根绪，常娟. 2004. 人类活动对青藏高原冻土环境的影响. 冰川冻土，26(5)：517-522.

文星，王涛，薛娴，等. 2013. 1975～2010 年石羊河流域绿洲时空演变研究. 中国沙漠，33(2)：478-485.

向灵芝，刘志红，柳锦宝，等. 2013. 1980～2010 年西藏波密县冰川变化及其对气候变化的响应. 冰川冻土，35(3)：593-600.

肖洪浪，程国栋，李彩芝，等. 2008. 黑河流域生态-水文观测试验与水-生态集成管理研究. 地球科学进展, 23(7)：666-670.

谢自楚, 冯清华, 刘朝海. 2002. 冰川系统变化的模型研究. 冰川冻土, 24(1)：16-27.

谢自楚, 王欣, 康尔泗, 等. 2006. 中国冰川径流的评估及其未来50a变化趋势预测. 冰川冻土, 28(4)：457-466.

《乌鲁木齐河流域志》编纂委员会. 2000. 乌鲁木齐河流域志. 乌鲁木齐：新疆人民出版社.

许科研, 方一平. 2010. 基于3S技术的抗灾能力评价——以江河源区为例. 三峡环境与生态, 38(2)：29-31.

杨惠安, 李忠勤, 叶柏生, 等. 2005. 过去44年乌鲁木齐河源一号冰川物质平衡结果及其过程研究. 干旱区地理, 28(1)：76-80.

杨建平, 张廷军. 2010. 我国冰冻圈及其变化的脆弱性与评估方法. 冰川冻土, 32(6)：1084-1096.

杨建平, 丁永建, 陈仁升. 2007. 长江黄河源区生态环境脆弱性评价初探. 中国沙漠, 27(6)：1012-1017.

杨建平, 李曼, 杨岁桥, 等. 2013a. 中国冰川脆弱性现状评价与未来预估. 冰川冻土, 35(5)：1077-1087.

杨建平, 杨岁桥, 李曼, 等. 2013b. 中国冻土对气候变化的脆弱性. 冰川冻土, 35(6)：1436-1445.

杨建平, 丁永建, 方一平, 等. 2015. 冰冻圈及其变化的脆弱性与适应研究体系. 地球科学进展, 30(5)：517-529.

杨岁桥, 杨建平, 王世金, 等. 2012. 生态-经济系统对冰冻圈变化的适应能力评价——以玉龙雪山地区为例. 冰川冻土, 34(2)：485-493.

杨针娘. 1991. 中国冰川水资源. 兰州：甘肃科学技术出版社.

姚檀栋, 秦大河, 沈永平, 等. 2013. 青藏高原冰冻圈变化及其对区域水循环和生态条件的影响. 自然杂志, 35(3)：179-186.

叶柏生, 丁永建, 焦克勤, 等. 2012. 我国寒区径流对气候变暖的响应. 第四纪研究, 32(1)：103-110.

於琍, 曹明奎 李克让. 2005. 全球气候变化背景下生态系统的脆弱性评价. 地理科学进展, 24(1)：61-69.

张波, 虞朝晖, 孙强, 等. 2010. 系统动力学简介及其相关软件综述. 环境与可持续发展, (2)：1-4.

张明军, 王圣杰, 李忠勤, 等. 2011. 近50年气候变化背景下中国冰川面积状况分析. 地理学报, 66(9)：1155-1165.

张若琳. 2006. 石羊河流域水资源分布特征及其转化规律. 北京：中国地质大学硕士学位论文.

张山清, 普宗朝, 王胜兰. 2011. 乌鲁木齐河流域降水量时空变化特征. 新疆农业大学学报, 34(1)：66-70.

张学通. 2010. 青海省积雪监测与青南牧区雪灾预警研究. 兰州：兰州大学博士学位论文.

赵平, 彭少麟, 张经炜. 1998. 生态系统的脆弱性与退化生态系统. 热带亚热带植物学报, 6(3)：179-186.

赵希涛, 郑本兴, 肖泽榕, 等. 1998. 玉龙雪山冰川公园旅游资源调查、规划和深层次开发研究报告. 中国科学院地质研究所, 北京.

中国1：1 000 000地貌图编辑委员会西宁幅地貌制图研究组. 1992. 祁连山区域地貌与制图研究. 北京：科学出版社.

周嘉慧 黄晓霞. 2008. 生态脆弱性评价方法评述. 云南地理环境研究, 20(1)：55-59.

周梅. 2003. 大兴安岭森林生态系统水文规律研究. 北京：中国科学技术出版社.

周幼吾, 郭东信, 邱国庆, 等. 2000. 中国冻土. 北京：科学出版社.

朱林楠, 吴紫汪, 刘永智. 1995. 青藏高原东部的冻土退化. 冰川冻土, 17(2)：120-124.

ACIA. 2005. Arctic Climate Impact Assessment-Scientific Report. Cambridge：Cambridge University Press.

Adger W N. 2001. Scales of governance and environmental justice for adaptation and mitigation of climate change. Journal of International Development, 13：921-931.

Adger W N, Kelly M. 1999. Social vulnerability to climate change and the architecture of entitlements. Mitigation and Adaptation Strategies for Global Change, 4: 253-266.

Albinet M, Margat J. 1970. Cartographie de la vulnérabilité á la pollution des nappes d'eau souterraine. Bulletin BRGM 2nd Series, 3(4): 13-22.

Alexander M A, Bhatt U S, Walsh J E, et al. 2004. The atmospheric response to realistic sea ice anomalies in an AGCM during winter. Journal of Climate, 17: 890-905.

AMAP. 2012. Snow, Water, Ice and Permafrost in the Arctic(SWIPA): Climate Change and the Cryosphere. Arctic Monitoring and Assessment Programme(AMAP), Oslo, Norway. xii:538.

Balk B, Elder K. 2000. Combining binary decision tree and geostatistical methods to estimate snow distribution in a mountain watershed. Water Resource Research, 36(1):13-26.

Bankoff G, Frerks G, Hilhorst D. 2004. Mapping Vulnerability, Disasters, Development and People. London: Earthscan Publishers.

Barnett J. 2001. Adapting to climate change in Pacific island countries: the problem of uncertainty. World Development, 29:977-993.

Bavay M, Grünewald T, Lehning M. 2013. Response of snow cover and runoff to climate change in high Alpine catchments of Eastern Switzerland. Advances in Water Resources, 55(3):4-16.

Biagini B, Bierbaum R, Stults M, et al. 2014. A typology of adaptation actions: A global look at climate adaptation actions financed through the global environment facility. Global Environmental Change, 25(1):97-108.

Birkmann J. 2005. Danger need not spell disaster—but how vulnerable are we? Research Brief, Number I, United Nations University, Tokyo.

Birkmann J. 2006. Measuring Vulnerability to Natural Hazards-Towards Disaster-Resilient Societies. Tokyo, New York: UNU Press.

Birkmann J. 2007. Risk and vulnerability indicators at different scales: Applicability, usefulness and policy implications. Environmental Hazards, 7(1): 20-31.

Blaikie P, Cannon T, Davis I, et al. 1994. At Risk: Natural Hazards, People's Vulnerability and Disasters. Routledge, London.

Boer M M, Puigdefabregas J. 2005. Assessment of dry land condition using remotely sensed anomalies of vegetation index values. International Journal of Remote Sensing, 26(20):4045-4065.

Boer M M, Puigdefdbregas J. 2003. Predicting potential vegetation index values as a reference for the assessment and monitoring of dry land condition. International Journal of Remote Sensing, 24(5): 1135-1141.

Brooks N, Adger W N, Kelly P M. 2005. The determinants of vulnerability and adaptive capacity at the national level and the implications for adaptation. Global Environmental Change, 15: 151-163.

Burton I, Kates R W, White G F. 1993. The Environment As Hazard. The Guilford Press, New York, NY, USA:290.

Burton I, Smith J B, Lenhart S. 1998. Adaptation to climate change: theory and assessment//Handbook on Methods for Climate Change Impact Assessment and Adaptation Strategies. United Nations Environment Programme and Institute for Environmental Studies, Free University of Amsterdam, Amsterdam, 5. 1-5. 20.

Callaghan T V, Johansson M, Key J, et al. 2011. Feedbacks and Interactions: From the Arctic Cryosphere to the Climate System. AMBIO,40:75-86.

Cardona O D. 2004. The need for rethinking the concepts of vulnerability and risk from a holistic perspective: a necessary review and criticism for effective risk management//Bankoff G, Frerks G, Hilhorst D. Mapping Vulnerability: Disasters, Development and People. London: Earthscan Publishers.

Carey M, Molden O C, Rasmussen M B, et al. 2017. Impacts of Glacier Recession and Declining Meltwater on Mountain Societies. Annals of the American Association of Geographers, 107(2):350-359.

Carter T R, Parry M L, Harasawa H, et al. 1994. IPCC Technical Guidelines for Assessing Climate Change Impacts and Adaptations, 59. Department of Geography, University College London and Center for Global Environmental Research, National Institute for Environmental Studies, London, UK and Tsukuba, Japan.

Chan N, Parker D. 1996. Response to dynamic flood hazard factors in peninsular Malaysia. The Geographic Journal, 162(3): 313-325.

Che T, Dai L Y, Zheng X M, et al. 2016. Estimation of snow depth from MWRI and AMSR-E data in forest regions of Northeast China. Remote Sensing of Environment, 183:334-349.

Church J A, White N J, Domingues C M, et al. 2013. Sea-level and ocean heat-content change//Gerold S, Stephen M, Griffies J G, et al. International Geophysics. New York: Academic Press, Elsevier:697-725.

Cogley J C. 2009. Geodetic and direct mass balance measurements: comparison and joint analysis. Annals of Glaciology, 50: 96-100.

Costanzaa R, de Rudolf G, Paul S, et al. 2014. Changes in the global value of ecosystem services. Global Environment Change, 26:152-158.

Cutter S L. 1996. Vulnerability to environmental hazards. Progress in Human Geography, 20:529-539.

Cyert R, Kumar P. 1996. Strategies for technological innovation with learning and adaptation costs. Journal of Economics and Management Strategy, 5(1): 25-67.

Daniel B, Manfred S, Aure'le P, et al. 2005. The influence of seasonally frozen soil on the snowmelt runoff at two Alpine sites in southern Switzerland. Journal of Hydrology, 309:66-84.

Downing T E. 2000. Human Dimensions Research: Toward a Vulnerability Science? International Human Dimensions Program Update, 3:16-17.

Deline P, Gardent M, Magnin F, et al. 2012. The morphodynamics of the Mont Blanc massif in a changing cryosphere: a comprehensive review. Geografiska Annaler, 94:265-283.

Deng M Z, Qin D H, Zhang H G. 2012. Public perceptions of climate and cryosphere change in typical arid inland river areas of China: Facts, impacts and selections of adaptation measures. Quaternary International, 282: 48-57.

Deser C, Magnusdottir G, Saravanan R, et al. 2004. The effects of North Atlantic SST and sea ice anomalies on the winter circulation in CCM3. Part II: Direct and indirect components of the response. Journal of Climate, 17(5): 877-889.

Diakoulaki D, Mavrotas G, Papayannakis L. 1995. Determining objective weights in multiple criteria problems: the critic method. Computers & Operations Research, 22(7):763-770.

Dibesh K, Mukand S B, Sangam S, et al. 2014. Climate change impact on glacier and snow melt and runoff in Tamakoshi basin in the Hindu Kush Himalayan(HKH) region. Journal of Hydrology, 511:49-60.

Dilley M, Boudreau T E. 2001. Coming to terms with vulnerability: A critique of the food security definition. Food Policy, 26: 229-247.

Dow K. 1992. Exploring differences in our common future: The meaning of vulnerability to global environmental change. Geoforum, 23: 417-436.

Downing T E. 2000. Human dimensions research: toward a vulnerability science? International Human Dimensions Program Update, 31(3):16-17.

Downing T E, Patwardhan A. 2003. Vulnerability assessment for climate adaptation. APF Technical Paper 3. United

Nations Development Programme, New York City, NY.

Downing T E, Ringius L, Hulme M, et al. 1997. Adapting to climate change in Africa. Mitigation and Adaptation Strategies for Global Change, 2(1):19-44.

Dutton A, Carlson A E, Long A J, et al. 2015. Sea-level rise due to polar ice-sheet mass loss during past warm periods. Science, 349(6244):aaa4019.

Elsasser H, Burki R. 2002. Climate change as a threat to tourism in the Alps. Climate Research, 20:253-257.

Epstein H, Myers-Smith I, Walker D A. 2013. Recent dynamics of arctic and sub-arctic vegetation. Environment Research Letters, 8(1):015040.

Eric M, Pierre E. 2005. Impact of climatic changes on snow cover and snow hydrology in the French Alps//Huber U M. Global Change and Mountain Regions. New York:Springer:235-242.

Falk M, Hagsten E. 2016. Importance of early snowfall for Swedish ski resorts:Evidence based on monthly data. Tourism Management, 53:61-73.

Fang Y P. 2013a. Managing the three-rivers headwater region, China:from ecological engineering to social Engineering. AMBIO, 42(5):566-576.

Fang Y P. 2013b. The effect of pastoralist's perception innovation on livelihood improvement:based on empirical analysis in the source region of Yellow River, China. Journal of Sustainable Development, 6(3):16-30.

Fang Y P. 2013c. The effects of natural capital protection on pastoralist's livelihood and management implication in the source region of the Yellow River, China. Journal of Mountain Science, 10(5):885-897.

Fang Y P, Qin D H, Ding Y J, et al. 2011b. The impacts of permafrost change on NPP and implications:a case of the source regions of Yangtze and Yellow rivers. Journal of Mountain Science, 8(3):437-447.

Fang Y P, Qin D H, Ding Y J. 2011a. Frozen soil change and adaptation of animal husbandry:a case of the source regions of Yangtze and Yellow rivers. Environmental Science and Policy, 15(4):555-568.

Fang Y P, Zhao C, Ding Y J, et al. 2016. Impacts of snow disaster on meat production and adaptation:an empirical analysis in the yellow river source region. Sustainability Science, 11:246-260.

Field C B, Barros V R, Mach K J, et al. 2014. Technical summary//Field C B, Barros V R, Dokken D J, et al. Climate Change 2014:Impacts, Adaptation, and Vulnerability. Part A:Global and Sectoral Aspects. Contribution of Working Group II to the Fifth Assessment Report of the Intergovernmental Panel on Climate Change. Cambridge:Cambridge University Press.

Forrester J W. 1992. From the ranch to system dynamics:An autobiography//Bedeian A G. Management Laureates. San Jose:JAI Press,343-369.

Füssel H M. 2007. Vulnerability:A generally applicable conceptual framework for climate change research. Global Environmental Change, 17(2):155-167.

Füssel H M, Klein R J T. 2006. Climate change vulnerability assessments:an evolution of conceptual thinking. Climatic Change, 75:301-329.

Gagné K, Rasmussen M B, Orlove B. 2014. Glaciers and society:attributions, perceptions, and valuations. Wiley Interdisciplinary Reviews Climate Change, 5(6):793-808.

Gao X J, Shi Y, Zhang D F, et al. 2012. Climate change in China in the 21st century as simulated by a high resolution regional climate change model. Chinese Science Bulletin, 57(10):1188-1195.

Gao X, Ye B S, Zhang S Q, et al. 2010. Glacier runoff variation and its influence on river runoff during 1961-2006 in the Tarim River Basin, China. Science China, 53(6):880-891.

Georg J, Dan M R, Markus W, et al. 2009. Use of distributed snow measurements to test and improve a snowmelt model for predicting the effect of forest clear-cutting. Journal of Hydrology, 376:94-106.

Gertseva V, Schindler J E, Gertsev V I, et al. 2004. A simulation model of the dynamics of aquatic macro invertebrate communities. Ecological Modelling, 176(1): 173-186.

Grover V I, Borsdorf A, Breuste J H, et al. 2015. Impact of Global Changes on Mountains-Responses and Adaptation. New York:CRC Press.

Haeberli W, Whiteman C, Shroder J F. 2015. Snow and Ice-Related Hazards, Risks and Disasters. Amsterdam: Elsevier.

Hans Martin F, Richard J T K. 2006. Climate change vulnerability assessments: an evolution of conceptual thinking. Climatic Change, 75: 301-329.

Houghton J T, Jenkins G J, Ephraums J J. 1990. Climate Change: the IPCC Scientific Assessment. Cambridge University Press.

He Y, Pu T, Li Z X, et al. 2010. Climate Change and Its Effect an Annual Runoff in Lijiang Basin-Mt. Yulong Region. China Journal of Earth Science, 21(2):137-147.

He Y, Wu Y F, Liu Q F. 2012. Vulnerability assessment of areas affected by Chinese cryospheric changes in future climate change scenarios. Chinese Science Bulletin, 57(36): 4784-4790.

Higgins S I, Turpie J K, Costanza R, et al. 1997. An ecological economic simulation model of mountain fynbos ecosystems dynamics, valuation and management. Ecological Economics, 22(2): 155-169.

Hijioka Y E, Lin J J, Pereira R T, et al. 2014. Asia//Barros V R, Field C B, Dokken D J, et al. Climate Change 2014: Impacts, Adaptation, and Vulnerability. Part B: Regional Aspects. Contribution of Working Group II to the Fifth Assessment Report of the Intergovernmental Panel on Climate Change. Cambridge: Cambridge University Press, 1327-1370.

Houghton J T, Ding Y, Griggs D J, et al. 2001. Climate Change 2001: The Scientific Basis. Cambridge: Cambridge University Press.

Houghton J T, Jenkins G J, Ephraums J J. 1990. Climate Change: the IPCC Scientific Assessment. Cambridge University Press.

IPCC. 1990. Climate Change: The IPCC Impacts Assessment. Contribution of Working Group II to the First Assessment Report of the Intergovernmental Panel on Climate Change. Canberra: Australian Government Publishing Service Press.

IPCC. 1995. Climate Change 1995, The Science of Climate Change. Intergovernmental panel on climate change. Cambridge:Cambridge University Press.

IPCC. 1996. Climate Change 1995: Impacts, Adaptations and Mitigation of Climate Change: Scientific-technical Analyses. Contribution of Working Group II to the Second Assessment Report of the Intergovernmental Panel on Climate Change. Cambridge: Cambridge University Press.

IPCC. 2001. Climate Change 2001: Impacts, Adaptation, and Vulnerability of Climate Change. Contribution of Working Group II to the Third Assessment Report of the Intergovernmental Panel on Climate Change. Cambridge: Cambridge University Press.

IPCC. 2007a. Climate change 2007: Impacts, adaptation and vulnerability. Contribution of Working Group II to the Fourth Assessment Report of the Intergovernmental Panel on Climate Change. Cambridge, UK and New York, USA: Cambridge University Press.

IPCC. 2007b. Climate change 2007: The physical science basis. Contribution of Working Group I to the Fourth Assessment Report of the Intergovernmental Panel on Climate Change. Cambridge: Cambridge University Press.

IPCC. 2012. Managing the risks of extreme events and disasters to advance climate change adaptation: a special report of working groups I and II of the Intergovernmental Panel on Climate Change. Cambridge and New York: Cambridge University Press.

IPCC. 2013. Climate Change 2013: The Physical Science Basis: Summary for Policymakers. Working Group I Contribution to the IPCC Fifth Assessment Report. Cambridge: Cambridge University Press.

IPCC. 2014. Climate Change 2014: Impacts, Adaptation, and Vulnerability. Part A: Global and Sectoral Aspects. Contribution of Working Group II to the Fifth Assessment Report of the Intergovernmental Panel on Climate Change. Cambridge: Cambridge University Press.

Joe T K, Sandeep C R. 2005. An Overview of Glaciers, Glacier Retreat, and Subsequent Impacts In Nepal, India and China. WWF Nepal Program: 51.

Kalyuzhnyi I L, Lavrov S A. 2012. Basic Physical Processes and Regularities of Winter and Spring River Runoff Formation under Climate Warming Conditions. Russian Meteorology and Hydrology, 37(1):47-56.

Kang S C, Xu Y W, You Q L, et al. 2010. Review of climate and cryospheric change in the Tibetan Plateau. Environmental Research Letter, 5: 015101.

Kelly P, Adger W N. 1999. Assessing Vulnerability to Climate Change and Facilitating Adaptation. Working Paper GEC 99-07, Centre for Social and Economic Research on the Global Environment, University of East Anglia, Norwich, United Kingdom:32.

Klein R J T, Nicholls R J, Mimura N. 1999. Coastal adaptation to climate change: Can the IPCC Technical Guidelines be applied? Mitigation and Adaptation Strategies for Global Change, 4(3-4):239-252.

Knight J, Harrison S. 2014. Mountain glacial and paraglacial environments under global climate change: lessons from the past, future directions and policy implications. Geografiska Annaler: Series A, Physical Geography, 96 (3):245-264.

Larsen J N, Anisimov O A, Constable A, et al. 2014. Polar regions//Barros V R, Field C B, Dokken D J, et al. Climate Change 2014: Impacts, Adaptation, and Vulnerability. Part B: Regional Aspects. Contribution of Working Group II to the Fifth Assessment Report of the Intergovernmental Panel on Climate Change. Cambridge University Press, Cambridge, United Kingdom and New York, NY, USA:1567-1612.

Leclercq P W, Oerlemans J, Cogley J G. 2011. Estimating the Glacier Contribution to Sea-Level Rise for the Period 1800-2005. Surveys in Geophysics, 32:519-535.

Levermann A, Bamber J, Drijfhout S, et al. 2012. Potential climatic transitions with profound impact on Europe. Climate Change, 110:848-878.

Lewis A, Owen, Glenn T, et al. 2009. Integrated research on mountain glaciers: Current status, priorities and future prospects. Geomorphology, 103: 158-159.

Li B L, Zhu A, Zhang Y, et al. 2006. Glacier change over the past four decades in the middle Chinese Tien Shan. Journal of Glaciology, 52(178): 425-432.

Li P X, Zhang Z H, Liu J P. 2010. Dominant climate factors influencing the Arctic runoff and association between the Arctic runoff and sea ice. Acta Oceanological Sinica, 29(5):10-20.

Liu J, Hayakawab N, Lub M, et al. 2003. Hydrological and geocryological response of winter streamflow to climate warming in Northeast China. Cold Regions Science and Technology, 37:15- 24.

Liu S Y, Shangguan D H, Xu J L, et al. 2014. Glaciers in China and their variations. Global Land Ice Measurements from Space.

Locantore N W, Tran L T, O'neill R V, et al. 2004. An overview of data integration methods for regional assessment. Environmental Monitoring and Assessment, 94: 249-261.

Luers A L, Lobell D B, Sklar L S, et al. 2003. A method for quantifying vulnerability, applied to the agricultural system of the Yaqui Valley, Mexico. Global Environmental Change, 13: 255-276.

McCarthy J J, Canziani O F, Leary N A, et al. 2007. Climate change 2001: Impacts, adaptations, and vulnerability. Contribution of Working Group II to the Third Assessment Report of the Intergovernmental Panel on Climate Change(IPCC). Journal of Environmental Quality, 37(6):2407.

Meier M F, Dyurgerov M B, Rick U K. et al. 2007b. Glaciers dominate Eustatic sea-level rise in the 21st century. Science, 317(5841):1064-1067.

Nan Z T, Li S X, Cheng G D. 2005. Prediction of permafrost distribution on the Qinghai-Tibetan Plateau in the next 50 and 100 years. Science in China(Series D), 48(6):797-804.

O'Brien K, Leichenko R M. 2000. Double exposure: assessing the impacts of climate change within the context of e-conomic globalization. Global Environmental Change, 10(3):221-232.

O'Briena K, Lerchenko R, Kelkar U, et al. 2004. Mapping vulnerability to multiple stressors: Climate change and globalization in India. Global Environmental Change, 14: 303-313.

Paepe R. 2001. Cycuc evolution of man and permafrost: the role of permafrost on societal environment//Paepe R, Melnikov V. Permafrost Response on Economic Development, Environmental Security and Natural Resources. Amsterdam:Kluwer Academic Publishers,3-13.

Pang H X, He Y Q, Zhang N N, et al. 2010. Observed glaciohydrological changes in China's typical monsoonal temperate glacier region since 1980s. Journal of Earth Science, 21(2): 179-188.

Qin D H, Liu S Y, Li P J. 2006. Snow cover distribution, variability, and response to climate change in Western China. Journal of Climate, 19: 1820-1833.

Qin D H, Ding Y J, Xiao C D, et al. 2018. Cryosphere Science: research framework and disciplinary system. National Science Review,5:255-268.

Quinton W L, Baltzer J L. 2013. The active-layer hydrology of a peat plateau with thawing permafrost(Scotty Creek, Canada). Hydrogeology Journal, 21: 201-220.

Rayner S, Malone E L. 1998. Human Choice and Climate Change. Volume 3: The Tools for Policy Analysis. Battelle Press, Columbus, OH, USA:429.

Reid W V, Chen D, Goldfarb L, et al. 2010. Earth System Science for Global Sustainability: Grand Challenges. Science, 330: 916-917.

Reilly J, Schimmelpfennig D. 2000. Irreversibility, uncertainty, and learning: portraits of adaptation to long-term climate change. Climatic Change, 45(1):253-278.

Reiser D W, Wesehe T A, Estes C. 1989. Status of instream flow legislation and practice in North America. Fisheries, (14): 22-29.

Ren J W, Qin D H, Kang S C, et al. 2003. Glacier variations and climate warming and drying in the central Himalayas. Chinese Science Bulletin, 48(23): 2478-2482.

Richardson R B, Loomis J B. 2003. The effects of climate change on mountain tourism:a contingent behavior methodology. First International Conference on Climate Change and Tourism, Djerba, Tunisia:9-11.

Scheraga J, Grambsch A. 1998. Risks, opportunities, and adaptation to climate change. Climate Research, 10: 85-95.

Schneider S, Sarukhan J. 2001. Overview of Impacts, Adaptation, and Vulnerability to Climate Change. Chapter 1//McCarthy J J, Canziani O F, Leary N A, et al. Climate Change 2001: Impacts, Adaptation, and Vulnerability. Contribution of Working Group Ⅱ to the Third Assessment Report of the Intergovernmental Panel on Climate Change. Cambridge: Cambridge University Press.

Schröter D, Polsky C, Patt A. 2005. Assessing vulnerabilities to the effects of global change: an eight step approach. Mitigation and Adaptation Strategies for Global Change, 10(4):573-595.

Shi Y F, Liu S Y. 2000. Estimation of the response of the glaciers in China to the global warming in the 21st century. Chinese Science Bulletin, 45: 668-672.

Slaymaker O, Kelly R E J. 2007. The cryosphere and global environmental change. Hoboken: Blackwell Publishing.

Smit B, Wandel J. 2006. Adaptation, adaptive capacity and vulnerability. Global Environmental Change, 16: 282-292.

Smit B, Burton I, Klein R J T, et al. 1999. The science of adaptation: a framework for assessment. Mitigation and Adaptation Strategies for Global Change, 4:199-213.

Smith J B. 1997. Setting priorities for adaptation to climate change. Global Environmental Change, 7(3):251-264.

Smith J B, Lenhart S S. 1996. Climate change adaptation policy options. Climate Research, 6(2):193-201.

Smithers J, Smit B. 1997. Human adaptation to climatic variability and change. Global Environmental Change, 7(2):129-146.

Steffen K, Yang D Q, Ryabinin V, et al. 2012. ACSYS: A Scientific Foundation for the Climate and Cryosphere (CliC) Project//Lemke P, Jacobi H W, et al. Arctic Climate Change: The ACSYS Decade and Beyond, Atmospheric and Oceanographic Sciences. Library 43, Springer Science+Business Media B. V.

Stoms D M. 2000. Potential NDVI as a Baseline for Monitoring Ecosystem Functioning. International Journal of Remote Sensing, 21(2): 401-407.

Sutherland K, Smit B, Wulf V, et al. 2005. Vulnerability to climate change and adaptive capacity in Samoa: the case of Saoluafata village. Tiempo, 54:11-15.

Sygna L. 2005. Climate vulnerability in Cuba: the role of social networks. CICERO Center for International Climate and Environment Research Oslo, Norway:12.

Thywissen K. 2006. Core terminology of disaster reduction: a comparative glossary//Birkmann J. Measuring Vulnerability to Natural Hazards-Towards Disaster Resilient Societies. Tokyo, New York, Paris: UNU-Press.

Tompkins E. 2005. Planning for climate change in small islands: insights from national hurricane preparedness in the Cayman Islands. Global Environment Change, 15:139-149.

Tran L T, Knight C G, O'neill R V, et al. 2002. Fuzzy decision analysis for integrated environmental vulnerability assessment of the Mid-Atlantic region. Environmental Management, 29(6): 845-859.

Turner B L, Kasperson R E, Matson P, et al. 2003. A framework for vulnerability analysis in sustainability science. Proceedings of National Academy of Sciences, 100(14):8074-8079.

UNDHA. 1993. Internationally Agreed Glossary of Basic Terms Related to Disaster Management, DNA/93/36. United Nations Department of Humanitarian Affairs, Geneva, Switzerland.

UNDP. 2006. Human development report 2006. UNDP, New York:165-166.

UNEP. 1998. Handbook on Methods for Climate Impact Assessment and Adaptation Strategies. United Nations Environment Program, Insitute for Environmental Studies, Amsterdam, The Netherlands.

UNEP. 2007. Global Outlook for Ice and Snow. United Nations Environmenal Program. http://hdl. handle. net/11374/1675. [2017-5-11].

UNEP. 2012. Policy Implications of Warming Permafrost. http://www. indiaenvironmentportal. org. in/files/file/Policy%20Implications%20of%20Warming%20Permafrost. pdf. [2017-5-20].

United Nations International Strategy for Disaster Reduction(UN/ISDR). 2004. Living with Risk. A Global Review of Disaster Reduction Initiatives. Geneva: UN Publications.

Valentina R, Hock R. 2014. Glaciers in the Earth's Hydrological Cycle: Assessments of Glacier Mass and Runoff Changes on Globaland Regional Scales. Surveys in Geophysics Journal, 35:813-837.

Vaughan D G, Comiso J C, Allison I, et al. 2013. Observations: Cryosphere//Stocker T F, Qin D, Plattner G K, et al. Climate Change 2013: The Physical Science Basis. Contribution of Working Group I to the Fifth Assessment Report of the Intergovernmental Panel on Climate Change. Cambridge: Cambridge University Press.

Vergara W, Deeb A M, Valencia, et al. 2007. Economic impacts of rapid glacier retreat in the Andes. Eos Transactions American Geophysical Union, 88(25):261-264.

Vicuña S, Garreaud R D, McPhee J. 2011. Climate change impacts on the hydrology of a snowmelt driven basin in semiarid Chile. Climatic Change, 105:469-488.

Wang G X, Li Y S, Wu Q B, et al. 2006. Impacts of permafrost changes on alpine ecosystem in Qinghai-Tibet Plateau. Science in China(Series D), 49(11):1156-1169.

Wang G, Liu L, Liu G, et al. 2010. Impacts of grassland vegetation cover on the active-layer thermal regime, northeast Qinghai-Tibet Plateau, China. Per-mafrost Periglac Process, 21(4):335-344.

Wang S J, He Y Q, Song X D. 2010. Impacts of climate warming on alpine glacier tourism and adaptive measures: a case study of Baishui Glacier No. 1 in Yulong snow mountain, Southwestern China. Journal of Earth Science, 21(2): 166-178.

Wang S J, Qin D H, Xiao C D. 2015. Moraine-dammed lake distribution and outburst flood risk in the Chinese Himalaya. Journal of Glaciology, 61(225): 115-126.

Wisner B. 2002. Who? What? Where? When? in an emergency: notes on possible indicators of vulnerability and resilience: by phase of the disaster management cycle and social actor//Plate E. Environment and Human Security: Contributions to a Workshop in Bonn, 23-25 October 2002, Germany: 12/7-12/14.

Wu B, Yang K, Zhang R. 2009. Eurasian snow cover variability and its association with summer rainfall in China. Advances in Atmospheric Sciences, 26(1):31-34.

Wu B, Handorf D, Dethloff K, et al. 2013. Winter weather patterns over northern Eurasia and Arctic sea ice loss. Monthly Weather Review, 141:3786-3800.

Xiao C D, Liu S Y, Zhao L, et al. 2007. Observed changes of cryosphere in China over the second half of the 20th century: an overview. Annals of Glaciology, 46:382-390.

Xiao C, Wang S, Qin D. 2015. A preliminary study of cryosphere service function and value evaluation. Advances in Climate Change Research, 6(Z1):181-187.

Yang J P, Tan C P, Zhang T J. 2013. Spatial and temporal variations in air temperature and precipitation in the Chinese Himalayas during the 1971-2007. International Journal of Climatology, 33:2622-2632.

Ye B S, Yang D Q, Zhang Z L, et al. 2009. Variation of hydrological regime with permafrost cover Lena basin in Siberia. Journal of Geophysical Research- atmosphere, 114(D7):1291-1298.

Zhang S Q, Ding Y J, Ye B S. 2006. The monthly discharge simulation/construction on upper Yangtze River with absent or poor data Coverage. IAHS-PUB:324-333.

Zhang Y, Liu S Y, Xu J L, et al. 2008. Glacier change and glacier runoff variation in the Tuotuo River basin, the source region of Yangtze River in western China. Environ Geol, 56:59-68.

Zhao Q D, Ye B S, Ding Y J, et al. 2011. Simulation and analysis of river runoff in typical cold regions. Sciences in cold and arid regions, 3(6):498-508.